TURING

图灵程序
设计丛书

图解TCP/IP

(第5版)

【日】竹下隆史 村山公保 荒井透 苅田幸雄 著

乌尼日其其格 译

U0262263

人民邮电出版社

北 京

图书在版编目（ＣＩＰ）数据

图解 TCP/IP：第 5 版 / （日）竹下隆史等著；乌尼日
其其格译. --北京：人民邮电出版社，2013.7（2023.11重印）
（图灵程序设计丛书）
ISBN 978-7-115-31897-8

Ⅰ. ①图… Ⅱ. ①竹… ②乌… Ⅲ. ①计算机网络—
通信协议 Ⅳ. ①TN915.04

中国版本图书馆 CIP 数据核字（2013）第 111114 号

内 容 提 要

这是一本图文并茂的网络管理技术书籍，旨在让广大读者理解 TCP/IP 的基本知识、掌握 TCP/IP 的基本技能。

书中讲解了网络基础知识、TCP/IP 基础知识、数据链路、IP 协议、IP 协议相关技术、TCP 与 UDP、路由协议、应用协议、网络安全等内容，引导读者了解和掌握 TCP/IP，营造一个安全的、使用放心的网络环境。

本书适合计算机网络的开发、管理人员阅读，也可作为大专院校相关专业的教学参考书。

◆ 著　　　　[日] 竹下隆史　村山公保　荒井透　苅田幸雄
　　译　　　　乌尼日其其格
　　责任编辑　乐　馨
　　执行编辑　金松月
　　责任印制　焦志炜

◆ 人民邮电出版社出版发行　　北京市丰台区成寿寺路 11 号
　　邮编　100164　　电子邮件　315@ptpress.com.cn
　　网址　http://www.ptpress.com.cn
　　固安县铭成印刷有限公司印刷

◆ 开本：787×1092　1/16
　　印张：20.5　　　　　　　　2013 年 7 月第 1 版
　　字数：525 千字　　　　　　2023 年 11 月河北第 61 次印刷
　　著作权合同登记号　图字：01-2012-3274 号

定价：69.00 元
读者服务热线：(010) 84084456-6009　印装质量热线：(010) 81055316
反盗版热线：(010) 81055315
广告经营许可证：京东市监广登字 20170147 号

版 权 声 明

序

信息通信社会这个词俨然已经是现代社会的一个代名词。人们可以使用手机等信息终端随时随地进行交流，而这种环境正是要依赖于网络才得以实现。在这些网络当中，目前使用最为广泛的协议就是 TCP/IP。

在 TCP/IP 出现之前，计算机网络以连接每台计算机进行信息交互为目的，只能在有限的设备之间进行通信。由于可连接的设备有限，因而对网络的使用方法也有很大程度的限制，显然不能与现代网络的便捷性相提并论。正是在这个背景之下，为了能够自由、简单地连接更多的设备，构筑更容易使用的网络，研究人员开发了 TCP/IP。

现在，网络已经不再局限于仅连接计算机了。通过 TCP/IP 还可以连接汽车、数码相机、家用电器等各种不同的设备。目前广泛倡导的计算机系统虚拟化和云计算也都在使用以 TCP/IP 为核心的网络技术。因此，以 TCP/IP 为基础的现代网络技术，已渗透到对各种设备的控制和它们之间的信息传输当中，俨然演变为重要的社会基础设施。

然而，随着网络的发展和普及，也出现了很多新的挑战。面对使用者数量的激增、使用方法的多样化，为了能够在瞬间高效地传送大量数据，有必要研究如何构造一个复杂的网络。甚至，还需要考虑在这样复杂的网络上如何进行严格的路由控制。为了克服这些挑战，人们正致力于提高构建网络的性价比，审时度势地根据市场要求更新网络设备，并为复杂的网络能够稳定运转而开发更好的运维工具。与此同时，还在为尽早培养一批有能力的网络技术人员而不断努力。

除此之外，在网络的使用层面上也出现了新的问题。现代网络中，不论是有意还是无意，有时会因为某些错误的操作或行为对其他网络使用者产生巨大的影响。以窃取信息或诈骗为目的的网站频频出现，蓄意篡改数据以及信息泄露等犯罪行为也在与日俱增。很多情况下，人们可能会认为人性本善，在享受着网络所带来的便捷性的同时，也就降低了对网络犯罪的设防。但是，对于网络供应商而言，他们不得不对各种可能的故障或犯罪进行防范。

因此，为了构造和运营一个安全的、使用户安心的网络环境，理解 TCP/IP 刻不容缓。本书旨在让广大读者理解 TCP/IP 的基本知识，掌握 TCP/IP 的基本技能。

希望本书成为读者朋友们在掌握 TCP/IP 与计算机网络过程中的一块奠基石，对整体把握计算机网络有所帮助。同时，本书若能为 TCP/IP、计算机网络、信息社会安全的发展起到一定的作用，那将是作者的荣幸。

2012 年 2 月

关于第 5 版修订

自 1994 年 6 月《图解 TCP/IP 入门篇》出版以来，该书相继在 1998 年 5 月出版了《图解 TCP/IP 入门篇（第 2 版）》，在 2002 年 2 月出版了《图解 TCP/IP 入门篇（第 3 版）》，在 2007 年 2 月出版了《图解 TCP/IP 入门篇（第 4 版）》。本书是第 5 版。

在 1994 年原书第一次出版时，计算机网络、互联网以及 TCP/IP 还未普及。在随后的普及阶段中，人们主要考虑的是"如何能够不受限制地、更为方便地进行连接"的问题。然而，在计算机网络、互联网已经得到广泛普及的今天，它们的重要性日益提高，人们已不再满足于简单地连接，而是更加注重如何安全地连接、安全地使用网络。

计算机网络、互联网领域的发展依然在继续，新的需求和新的服务不断涌现，今后势必会朝着多样化、复杂化的方向继续发展。而作为支持计算机网络、互联网的 TCP/IP 技术也是如此。它也会随着用户的需求不断进步。

因此，秉承前几版的风格和方向，结合互联网的普及、数据链路的变革以及 TCP/IP 的进步，为适应不断变化的社会网络环境，我们更新了其中部分内容，这本书的第五版才得以问世。

目　录

第 2 章　TCP/IP 基础知识　　51

第 3 章　数据链路

第 4 章　IP 协议

第 5 章　　IP 协议相关技术

第 6 章　TCP 与 UDP

第 8 章　应用协议

第 9 章　网络安全

附录

第1章

网络基础知识

本章总结了深入理解TCP/IP所必备的基础知识，其中包括计算机与网络发展的历史及其标准化过程、OSI参考模型、网络概念的本质、网络构建的设备等。

7 应用层	**<应用层>** TELNET, SSH, HTTP, SMTP, POP, SSL/TLS, FTP, MIME, HTML, SNMP, MIB, SIP, RTP …
6 表示层	
5 会话层	
4 传输层	**<传输层>** TCP, UDP, UDP-Lite, SCTP, DCCP
3 网络层	**<网络层>** ARP, IPv4, IPv6, ICMP, IPsec
2 数据链路层	**以太网、无线LAN、PPP……** （双绞线电缆、无线、光纤……）
1 物理层	

1.1 计算机网络出现的背景

1.1.1 计算机的普及与多样化

计算机正对我们的社会与生活产生着不可估量的影响。现如今,计算机已应用于各种各样的领域,以至于有人说"20 世纪最伟大的发明就是计算机"。计算机不仅被广泛引入到办公室、工厂、学校、教育机关以及实验室等场所,就连在家里使用个人电脑也已是普遍现象。同时,笔记本电脑、平板电脑、手机终端(智能手机)等便携设备的持有人群也日益增多,甚至外观上一点都不像计算机的家用电器、音乐播放器、办公电器、汽车等设备中,一般也会内置一个小型的芯片,使这些设备具有相应的计算机控制功能。在不经意间,我们的工作生活已与计算机紧密相连。而且我们所使用的计算机和带有内置计算机的设备当中,绝大多数都具有联网功能。

▼指通用机、大型机,有时也叫主机。此外,在 TCP/IP 中只要是能够设定 IP 地址的计算机(即使它是笔记本电脑)也叫做主机。特此注明,以免混淆。

▼计算能力极强的一种计算机,常用于复杂的科学计算。

▼与大型机相比,体积较"小"的一种计算机。虽说是"小型机",但实际大小其实足有五斗柜那么大。

计算机自诞生伊始,经历了一系列演变与发展。大型通用计算机▼、超级计算机▼、小型机▼、个人电脑、工作站、便携式电脑以及现如今的智能手机终端等都是这一过程的产物。它们的性能逐年增强,价格却逐年下降,机体规模也正在逐渐变小。

1.1.2 从独立模式到网络互连模式

▼指计算机未连接到网络,各自独立使用的方式。

起初,计算机以单机模式被广泛使用(这种方式也叫独立模式▼)。然而随着计算机的不断发展,人们已不再局限于单机模式,而是将一个个计算机连接在一起,形成一个计算机网络。连接多台计算机可以实现信息共享,同时还能在两台物理位置较远的机器之间即时传递信息。

图 1.1

以独立模式使用计算机

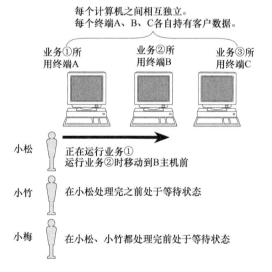

图 1.2

以网络互连方式使用计算机

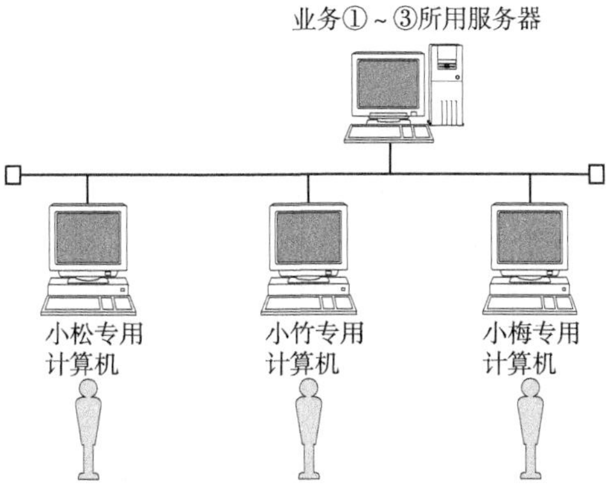
业务①～③所用服务器
小松专用
计算机
小竹专用
计算机
小梅专用
计算机

每个人都使用各自独立的计算机，业务①、②、③之间随时自由切换。
共享数据由服务器集中管理。

▼指覆盖多个远距离区域的远程网络。比广域网再小一级的、连接整个城市的网络叫城域网（MAN，Metropolitan Area Network）。

▼指一个楼层、一栋楼或一个校园等相对较小的区域内的网络。

计算机网络，根据其规模可分为 WAN（Wide Area Network，广域网）▼ 和 LAN（Local Area Network，局域网）▼。

图 1.3

LAN

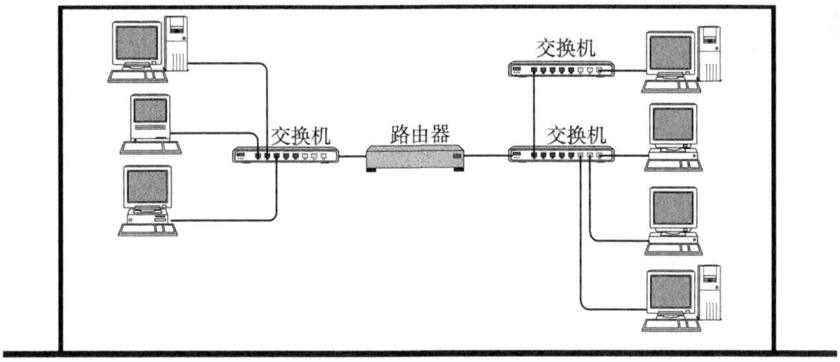
交换机
交换机
路由器
交换机

一栋楼或大学校园中有限的、狭小的、区域内网络。

图 1.4

WAN

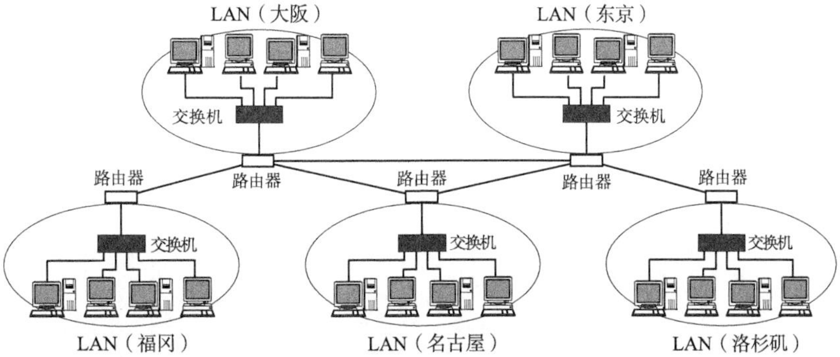
LAN（大阪）
LAN（东京）
交换机
交换机
路由器
路由器
路由器
路由器
路由器
交换机
交换机
交换机
LAN（福冈）
LAN（名古屋）
LAN（洛杉矶）

跨接相距较远的计算机或LAN的网络。

1.1.3 从计算机通信到信息通信

最初，由管理员将特定的几台计算机相连在一起形成计算机网络。例如，将同一公司、同一实验室所持有的计算机接连在一起，或是将有业务往来的企业之间的计算机相连在一起。总而言之，形成的是一种私有的网络。

随着这种私有网络的不断发展，人们开始尝试将多个私有网络相互连接组成更大的私有网络。这种网络又逐渐发展演变成为互联网为公众所使用。在这个过程中，网络环境俨然已发生了戏剧性的变化。

连接到互联网以后，计算机之间的通信已不再局限于公司或部门内部，而是能够与互联网中的任何一台计算机进行通信。互联网作为一门新兴技术，极大地丰富了当时以电话、邮政以及传真为主的通信手段，逐渐被人们所接受。

此后，人们不断研发各种互联网接入技术，使得各种五花八门的通信终端都能够连接到互联网，使互联网成为了一个世界级规模的计算机网络，形成了现在这种综合通信环境。

1.1.4 计算机网络的作用

计算机网络好比一个人的神经系统。一个人身体上的所有感觉都经由神经传递到大脑。与之类似，世界各地的信息也通过网络传递到每个人的计算机当中。

随着互联网爆发性地发展与普及，信息网络已随处可见。社团成员、学校同窗之间可以通过邮件组▼、主页、BBS 论坛相互联系，甚至可以通过网络日志▼、聊天室、即时通信以及 SNS▼ 实现互联与信息互换。

信息网络如同我们身边的空气，触手可及。然而，就在不久之前，岂止是网络，对一般人来说就是使用一台计算机都不是那么容易的事。

▼使用电子邮件实现公告板的功能。所有订阅该邮件组的成员都可以收到发送给该组的邮件。

▼以文本为中心的主页或服务。用户可以像写日记一样很方便地更新内容。

▼社交网络。指由一群个人或团体在互联网上组成的关系网络。通过 SNS，人们可以发布自己近期的活动、生活感想以及最新作品，让圈内成员实时掌握个人动态。

1.2 计算机与网络发展的 7 个阶段

迄今为止，计算机与网络具体经历了一个怎样的发展过程呢？谈到 TCP/IP 就不免让人想到这个话题。如果能够了解计算机与网络发展的历史与现状，也就能够理解 TCP/IP 的重要性了。

本节旨在介绍计算机的发展与网络发展的历史。计算机从 20 世纪 50 年代开始普及，到现在为止，在使用模式上发生了诸多变化。计算机与网络的发展大致可以分为 7 个阶段。

▼ 1.2.1 批处理

为了能让更多的人使用计算机，出现了批处理（Batch Processing）系统。所谓批处理，是指事先将用户程序和数据装入卡带或磁带，并由计算机按照一定的顺序读取，使用户所要执行的这些程序和数据能够一并批量得到处理的方式。

当时这种计算机价格昂贵体积巨大，无法在一般的办公场所中使用。因此，通常放置于专门进行计算机管理与运维的计算机中心。而用户除了事先将程序和数据装入卡带或磁带送到这样的中心运行之外别无选择。

图 1.5

批处理

装入卡带的程序由读卡机读入并输入给计算机。
计算机处理数小时之后由打印机打印出最终结果。

当时的计算机操作起来相当复杂，不是所有人都能够轻松自如地使用。因此在实际运行程序时通常会交给专门的操作员去处理。有时程序处理时间较长，在用户较多的情况下，用户程序可能无法立即得到运行。这时用户只能将程序留给操作员，过些时日再来计算机中心取结果。

批处理时代的计算机主要用于大规模计算或处理，因此那时的计算机尚不是一个便于普通人使用的工具。

▼ 1.2.2 分时系统

继批处理系统之后，20 世纪 60 年代出现了分时系统（TSS▼）。它是指多个终端▼与同一个计算机连接，允许多个用户同时使用一台计算机的系统。当时计算机造价非常昂贵，一人一台专有计算机的费用对一般人来说可望不可即。然而分时系统的产生则实现了"一人一机"的目的，让用户感觉就好像"完全是自己在使用一台计算机一样"。这也体现了分时系统的一个重要特性——独占性①。

---

① 分时系统的重要特性包括多路性、独占性、交互性和及时性。——译者注

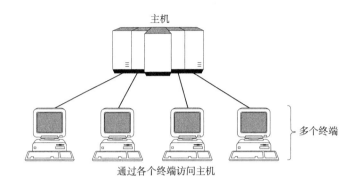

图 1.6

分时系统

主机

多个终端

通过各个终端访问主机

▼指计算机依据用户给出的指令完成处理并将结果返回给用户。这种操作方法在现代计算机中极其普遍，然而在分时系统诞生之前，这种方式是不可能实现的。

▼1965 年由美国达特茅斯学院 John G. Kemeny 与 Thomas E. Kurtz 两位教授为分时系统初学者设计的一种编程语言。由于该语言的简单、易学等特性，它也成为众多 PC 出厂设置中既有的标准安装语言。

▼中心有一台计算机，周围连接着众多终端，形似星形（＊）。

分时系统出现以来，计算机的可用性得到了极大的改善，尤其是在交互式（对话式）操作▼上。从此，计算机变得更加人性化，逐渐贴近我们的生活。

此外，分时系统还促进了像 BASIC▼这样能够与计算机实现交互的编程语言的发展。而在此之前的 COBOL 和 FORTRAN 等计算机编程语言都必须以批处理系统为基础才能开发和运行。其实 BASIC 语言的发明是为了让更多的人学习如何编程，因此也可以说它是关注分时系统的初学者们必学的一门开发语言。

由于分时系统的独占性，使得装备一套用户可直接操作的计算机环境变得比以前简单。分时系统中每个终端与计算机之间使用通信线路连接形成一个星形▼结构。正是从这一时期开始，网络（通信）与计算机之间的关系逐渐浮出水面。小型机也随即产生，办公场所与工厂也逐渐引入计算机。

▌1.2.3　计算机之间的通信

图 1.7

计算机之间的通信

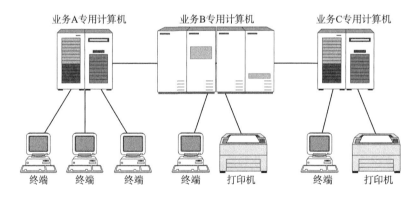

业务A专用计算机　　业务B专用计算机　　业务C专用计算机

终端　　终端　　终端　　终端　　打印机　　终端　　打印机

如图 1.7 可见在分时系统中，计算机与每个终端之间用通信线路连接，这并不意味着计算机与计算机之间也已相互连接。

到了 20 世纪 70 年代，计算机性能有了飞速发展，体积也趋于小型化，同时价格急剧下降。于是计算机不再仅仅局限于在研究机关使用，一般的企业也逐渐开始使用计算机。因为企业内部对使用计算机处理日常事务的呼声越来越高。为了提高工作效率，人们开始研究计算机与计算机之间通信的技术。

▼可插拔的存储计算机信息的设备。最初只有磁盘与软盘，现在用的比较多的是 CD/DVD 以及 USB 存储等电子存储介质。

在计算机间的通信技术诞生之前，想要将一台计算机中的数据转移到另一台计算机中是相当繁琐的。那时，得将数据保存到磁带、软盘等外部存储介质中▼，再将这些介质送到目的计算机才能实现数据转储。然而有了计算机间的通信技术

（计算机与计算机之间由通信线路连接），人们能够很轻松地即时读取另一台计算机中的数据，从而极大地缩短了传送数据的时间。

计算机间的通信显著地提高了计算机的可用性。人们不再局限于仅使用一台计算机进行处理，而是逐渐使用多台计算机分布式处理，最终一并得到返回结果。这一趋势打破了一家公司仅购入一台计算机进行业务处理的局面，使每家公司内部能够以部门为单位引入计算机，来处理部门内部的数据。每个部门处理完本部门内的数据以后，经由通信线路传送到总部的计算机，再由总部计算机处理并得出最终的数据结果。

从此，计算机的发展又进入了一个崭新的历史阶段。在这一阶段计算机更侧重于满足使用者的需求、架构更灵活的系统，且操作比以往更加人性化。

▼ 1.2.4　计算机网络的产生

图 1.8

计算机网络（20 世纪 80 年代）

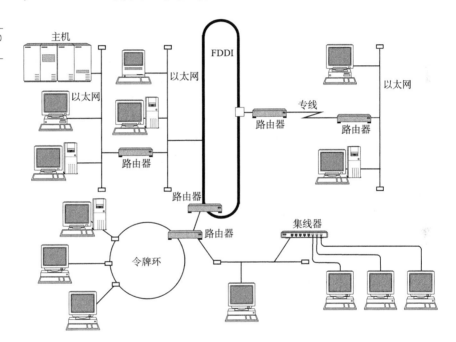

20 世纪 70 年代初期，人们开始实验基于分组交换技术的计算机网络，并着手研究不同厂商的计算机之间相互通信的技术。到了 80 年代，一种能够互连多种计算机的网络随之诞生。它能够让各式各样的计算机相互连接，从大型的超级计算机或主机到小型的个人电脑。

计算机的发展与普及使人们对网络不再陌生。其中窗口系统▼的发明，更是拉近了人们与网络之间的距离，使用户更加体会到了网络的便捷之处。有了窗口系统，用户不仅可以同时执行多个程序，还能在这些程序之间自由地切换作业。例如，在工作站上创建一个文档的同时，可以登录到主机执行其他程序，也可以从数据库服务器下载必要的数据，还可以通过电子邮件联系朋友。随着窗口系统与网络的紧密结合，我们已经可以在自己的电脑上自由地进行网上冲浪，享受网上的丰富资源了。

▼在计算机中可以打开多个图形窗口进行处理的系统。代表产品有常用于 UNIX 上的 X Window System 以及微软公司的 Windows、苹果公司的 Mac OS X。这些系统允许将多个程序分配在多个窗口中运行，还可以依次进行执行切换。

图 1.9
窗口系统的产生与计算机网络

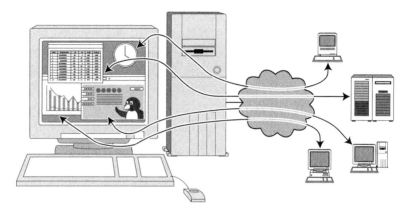

窗口系统的诞生使人们可以通过一台计算机就可以尽享网上各种丰富的资源

1.2.5　互联网的普及

进入 20 世纪 90 年代，那些专注于信息处理的公司和大学已为每一位员工或研究人员分配了一台计算机，形成了"一人一机"的环境①。然而这种环境的搭建不仅成本不菲，在使用过程当中也会遇到很多新的问题。这也是为什么后来人们打响了"瘦身"与"多供应商▼连接"（异构型计算机之间的连接）这两个口号的原因。其目的在于通过连接不同厂商的计算机建立一个成本更低的网络环境。而连接异构型计算机的通信网络技术就是现在我们所看到的互联网技术▼。

▼这里指计算机硬件或软件的供应商。相比单供应商（硬件和软件都使用同一个厂商的产品所搭建的网络）而言，多供应商是指将各种软硬件供应商的产品组合起来搭建的网络。

▼1990 年个人电脑连接局域网通常采用 Novell 公司的 Net-Ware 系统。然而，想要连接所有类型的计算机（如大型主机、小型机、UNIX 工作站以及个人电脑），TCP/IP 技术则更受人关注。

▼以较小办公室或者家庭办公室为从业地点的企业。

与此同时，诸如电子邮件（E-mail）、万维网（WWW，World Wide Web 的简称）等信息传播方式如雨后春笋般迎来了前所未有的发展，使得互联网从大到整个公司范围小到每个家庭内部，都得以广泛普及。

面对这样一种趋势，各家厂商不仅力图保证自家产品的互联性，还着力于让自己的网络技术不断与互联网技术兼容。这些厂商也不再只着眼于大企业，而是针对每一个家庭或 SOHO▼也陆续推出了特定的网络服务及网络产品。

> ### ■瘦身
>
> 20 世纪 90 年代上半叶，个人电脑与 UNIX 工作站从性能上已不亚于一台主机。再加上个人电脑与 UNIX 工作站本身的网络功能不断提高，利用这些设备搭建一个网络要比使用大型主机构建网络更有优势，主要体现在两个方面：操作简单，价格低廉。由此也引发了一个旨在降低网络架构成本的新趋势。这一趋势被人们称为"瘦身"。之所以叫"瘦身"是因为这一趋势导致那些曾经在大型主机上才能运行的公司核心业务系统逐渐被转移到"轻量型"的个人电脑或 UNIX 工作站上去运行。不论是从机体规模上还是从成本上都有些"瘦身减负"之意。

现在，像互联网、E-mail、Web、主页等已成为了人们再熟悉不过的名词。

---

① 在我们国内计算机普及的时间点与本书中以西方发达国家为背景的情况是有些出入的。大约滞后 5～10 年。——译者注

这也足以说明信息网络、互联网已经渗透到我们的生活中。个人电脑在诞生之初可以说主要是一种单机模式的工具，而现在它则被更广泛地应用于互联网的访问。而且，无论相距多远，世界各地的人们只要接入互联网，就可以通过个人电脑实现即时沟通和交流。

图 1.10

公司或家庭接入互联网

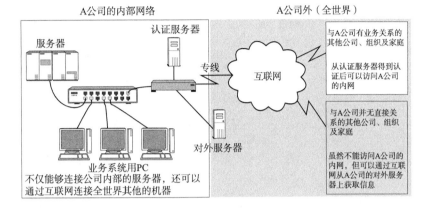

▎1.2.6 以互联网技术为中心的时代

互联网的普及和发展着实对通信领域产生了巨大的影响。

许多发展道路各不相同的网络技术也都正在向互联网靠拢。例如，曾经一直作为通信基础设施、支撑通信网络的电话网，随着互联网的快速发展，其地位也随着时间的推移为 IP（Internet Protocol）网所取代，而 IP 网本身就是互联网技术的产物。通过 IP 网，人们不仅可以实现电话通信、电视播放，还能实现计算机之间的通信，建立互联网。并且，能够联网的设备也不仅限于单纯的计算机，而是扩展到了手机、家用电器、游戏机等许多其他产品。或许在未来，可能还会增加更多各式各样的现在无法想象的设备。

图 1.11

通过 IP 协议实现通信、播放的统一

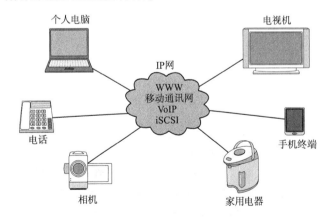

▎1.2.7 从"单纯建立连接"到"安全建立连接"

互联网让世界各地的人们通过计算机跨越国界自由地连接在了一起。通过互联网人们可以搜索信息、沟通交流、共享信息、查看新闻报道以及实现远程控制设备。然而，这么便利的功能，对于20年前的人们来说却是望尘莫及。互联网正呈现给现代人一个高度便捷的信息网络环境。因此，它也正成为一个国家社会基础设施建设中最基本的要素之一。

正如事物具有两面性，互联网的便捷性也给人们的生活带来了负面问题。计算机病毒的侵害、信息泄露、网络欺诈等利用互联网的犯罪行为日益增多。在现实当中，人们可以通过远离险境避开一些危险，然而对于连接到互联网的计算机而言，即使是在办公室或在自己的家里也有可能会受到网络所带来的诸多侵害。此外，由于设备故障导致无法联网可能会直接影响公司的业务开展或个人的日常生活。这些负面影响所带来的巨大损失也不容忽视。

在互联网普及的初期，人们更关注单纯的连接性，以不受任何限制地建立互联网连接为最终目的。然而现在，人们已不再满足于"单纯建立连接"，而是更为追求"安全建立连接"的目标。

公司和社会团体在建立互联网连接前，应理解通信网络的机制、充分考虑联网后的日常运维流程以及基本的"自我防卫"手段。这些已经成为安全生产不可或缺的组成部分。

表 1.1
计算机使用模式的演变

年代	内容
20 世纪 50 年代	批处理时代
20 世纪 60 年代	分时系统时代
20 世纪 70 年代	计算机间通信时代
20 世纪 80 年代	计算机网络时代
20 世纪 90 年代	互联网普及时代
2000 年	以互联网为中心的时代
2010 年	无论何时何地一切皆 TCP/IP 的网络时代

▼ 1.2.8   手握金刚钻的 TCP/IP

如前面所介绍，互联网是由许多独立发展的网络通信技术融合而成。能够使它们之间不断融合并实现统一的正是 TCP/IP 技术。那么 TCP/IP 的机制究竟又是如何呢？

TCP/IP 是通信协议的统称。在学习下一章 TCP/IP 核心机制之前，有必要先理清"协议"的概念。

■ **连接人与人的计算机网络**

计算机网络最初的目的是连接一个个独立的计算机，使它们组成一个更强有力的计算环境。简而言之，就是为了提高生产力。从批处理时代到计算机网络时代，毋庸置疑，都体现了这一目的。然而，现在却似乎有了微妙的变化。

现代计算机网络的首要目的之一，可以说是连接人与人。置身于世界各地的人们可以通过网络建立联系、相互沟通、交流思想。然而这些在计算机网络初期是无法实现的。这种连接人与人的计算机网络，已经逐渐给人们的日常生活、学校教育、科学研究、公司发展带来了巨大的变革。

1.3　协议

1.3.1　随处可见的协议

在计算机网络与信息通信领域里，人们经常提及"协议"一词。互联网中常用的具有代表性的协议有 IP、TCP、HTTP 等。而 LAN（局域网）中常用的协议有 IPX/SPX▼ 等。

▼ Novell 公司开发的 NetWare 系统的协议。

"计算机网络体系结构"将这些网络协议进行了系统的归纳。TCP/IP 就是 IP、TCP、HTTP 等协议的集合。现在，很多设备都支持 TCP/IP。除此之外，还有很多其他类型的网络体系结构。例如，Novell 公司的 IPX/SPX、苹果公司的 AppleTalk（仅限苹果公司计算机使用）、IBM 公司开发的用于构建大规模网络的 SNA▼ 以及前 DEC 公司▼开发的 DECnet 等。

▼ System Network Architecture
▼ 1998 年被收购。

表 1.2
各种网络体系结构及其协议

网络体系结构	协议	主要用途
TCP/IP	IP, ICMP, TCP, UDP, HTTP, TELNET, SNMP, SMTP…	互联网、局域网
IPX/SPX（NetWare）	IPX, SPX, NPC…	个人电脑局域网
AppleTalk	DDP, RTMP, AEP, ATP, ZIP…	苹果公司现有产品的局域网
DECnet	DPR, NSP, SCP…	前 DEC 小型机
OSI	FTAM, MOTIS, VT, CMIS/CMIP, CLNP, CONP…	—
XNS▼	IDP, SPP, PEP…	施乐公司网络

▼ Xerox Network Services

1.3.2　协议的必要性

通常，我们发送一封电子邮件、访问某个主页获取信息时察觉不到协议的存在，只有在我们重新配置计算机的网络连接、修改网络设置时才有可能涉及协议。因此只要网络设置完成、联网成功，人们通常也就会忘记协议之类的事情。只要应用程序了解如何利用相关协议，就足以让人们顺利使用所建的网络连接。通常也不会有一个人因为不懂某些协议导致不能上网的情况。然而在通过网络实现互通信的过程背后，协议却起到了至关重要的作用。

简单来说，协议就是计算机与计算机之间通过网络实现通信时事先达成的一种"约定"。这种"约定"使那些由不同厂商的设备、不同的 CPU 以及不同的操作系统组成的计算机之间，只要遵循相同的协议就能够实现通信。反之，如果所使用的协议不同，就无法实现通信。这就好比两个人使用不同国家的语言说话，怎么也无法相互理解。协议可以分为很多种，每一种协议都明确地界定了它的行为规范。两台计算机之间必须能够支持相同的协议，并遵循相同协议进行处理，这样才能实现相互通信。

■ CPU 与 OS

　　CPU（Central Processing Unit）译作中央处理器。它如同一台计算机的"心脏"，每个程序实际上是由它调度执行的。CPU 的性能很大程度上也决定着一台计算机的处理性能。因此人们常说计算机的发展史实际上是 CPU 的发展史。

　　目前人们常用的 CPU 有 Intel Core、Intel Atom 以及 ARM Cortex 等产品。

　　OS（Operating System）译作操作系统，是一种基础软件。它集合了CPU 管理、内存管理、计算机外围设备管理以及程序运行管理等重要功能。本书所要介绍的 TCP 或 IP 协议的处理，很多情况下其实已经内嵌到具体的操作系统中了。如今在个人电脑中普遍使用的操作系统有 UNIX、Windows、Mac OS X、Linux 等。

　　一台计算机中可运行的指令，因其 CPU、操作系统的不同而有所差异。因此，如果将针对某些特定的 CPU 或操作系统设计的程序直接复制到具有其他类型 CPU 或操作系统的计算机中，就不一定能够直接运行。计算机中存储的数据也因 CPU 和操作系统的差异而有所不同。因此，若在 CPU 和操作系统不同的计算机之间实现通信，则需要一个各方支持的协议，并遵循这个协议进行数据读取。

　　此外，一个 CPU 通常在同一时间只能运行一个程序。为了让多个程序同时运行，操作系统采用 CPU 时间片轮转机制，在多个程序之间进行切换，合理调度。这种方式叫做多任务调度。前面 1.2.2 节中提到的分时系统的实现，实际上就是采用了这种方式。

▼ 1.3.3　协议如同人与人的对话

　　在此举一个简单的例子。有三个人 A、B、C。A 只会说汉语、B 只会说英语、而 C 既会说汉语又会说英语。现在 A 与 B 要聊天，他们之间该如何沟通呢？若 A 与 C 要聊天，又会怎样？这时如果我们：

- 将汉语和英语当作"协议"
- 将聊天当作"通信"
- 将说话的内容当作"数据"

　　那么 A 与 B 之间由于各持一种语言，恐怕说多久也无法交流。因为他们之间的谈话所用的协议（语言）不同，双方都无法将数据（所说的话）传递给对方▼。

▼若两人之间有个同声翻译，就能够顺利沟通了。在网络环境中，1.9.7 节所要介绍的网关就起着这种翻译作用。

　　接下来，我们分析 A 与 C 之间聊天的情况。两人都用汉语这个"协议"就能理解对方所要表达的具体含义了。也就是说 A 与 C 为了顺利沟通，采用同一种协议，使得他们之间能够传递所期望的数据（想要说给对方的话）。

　　如此看来，协议如同人们平常说话所用的语言。虽然语言是人类才具有的特性，但计算机与计算机之间通过网络进行通信时，也可以认为是依据类似于人类"语言"实现了相互通信▼。

▼与之相似，我们在日常生活中理所当然的一些行为，很多情况下都与"协议"这一概念不谋而合。

图 1.12
协议如同人与人的对话

语言不通，无法沟通。

协议一致，通信自如。

1.3.4 计算机中的协议

人类具有掌握知识的能力，对所学知识也有一定的应用能力和理解能力。因此在某种程度上，人与人的沟通并不受限于太多规则。即使有任何规则之类的东西，人们也可以通过自己的应变能力很自然地去适应规则。

然而这一切在计算机通信当中，显然无从实现。因为计算机的智能水平还没有达到人类的高度。其实，计算机从物理连接层面到应用程序的软件层面，各个组件都必须严格遵循着事先达成的约定才能实现真正的通信。此外，每个计算机还必须装有实现通信最基本功能的程序。如果将前面例子中提到的 A、B 与 C 替换到计算机中，就不难理解为什么需要明确定义协议，为什么要遵循既定的协议来设计软件和制造计算机硬件了。

人们平常说话时根本不需要特别注意就能顺其自然地吐字、发音。并且在很多场合，人类能够根据对方的语义、声音或表情，合理地调整自己的表达方式和所要传达的内容，从而避免给对方造成误解。甚至有时在谈话过程中如果不小心漏掉几个词，也能从谈话的语境和上下文中猜出对方所要表达的大体意思，不至于影响自己的理解。然而计算机做不到这一点。因此，在设计计算机程序与硬件时，要充分考虑通信过程中可能会遇到的各种异常以及对异常的处理。在实际遇到问题时，正在通信的计算机之间也必须具备相应的设备和程序以应对异常。

在计算机通信中，事先达成一个详细的约定，并遵循这一约定进行处理尤为重要。这种约定其实就是"协议"。

图 1.13
计算机通信协议

计算机之间，事先达成一个详细的约定，并遵循这一约定进行处理方可建立通信。

▌1.3.5　分组交换协议

分组交换是指将大数据分割为一个个叫做包（Packet）的较小单位进行传输的方法。这里所说的包，如同我们平常在邮局里见到的邮包。分组交换就是将大数据分装为一个个这样的邮包交给对方。

图 1.14

分组通信

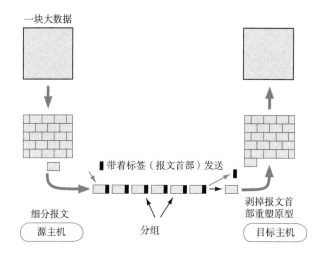

一块大数据

带着标签（报文首部）发送

细分报文

源主机

分组

剥掉报文首部重塑原型

目标主机

当人们邮寄包裹时，通常会填写一个寄件单贴到包裹上再交给邮局。寄件单上一般会有寄件人和收件人的详细地址。类似地，计算机通信也会在每一个分组中附加上源主机地址和目标主机地址送给通信线路。这些发送端地址、接收端地址以及分组序号写入的部分称为"报文首部"。

一个较大的数据被分为多个分组时，为了标明是原始数据中的哪一部分，就有必要将分组的序号写入包中。接收端会根据这个序号，再将每个分组按照序号重新装配为原始数据。

通信协议中，通常会规定报文首部应该写入哪些信息、应该如何处理这些信息。相互通信的每一台计算机则根据协议构造报文首部、读取首部内容等。为了双方能正确通信，分组的发送方和接收方有必要对报文首部和内容保持一致的定义和解释。

那么，通信协议到底由谁来规定呢？为了能够让不同厂商生产的计算机相互通信，有这么一个组织，它制定通信协议的规范，定义国际通用的标准。在下一节，我们将详细说明协议的标准化过程。

1.4 协议由谁规定

▶ 1.4.1 计算机通信的诞生及其标准化

在计算机通信诞生之初，系统化与标准化并未得到足够的重视。每家计算机厂商都出产各自的网络产品来实现计算机通信。对于协议的系统化、分层化等事宜没有特别强烈的意识。

1974 年，IBM 公司发布了 SNA，将本公司的计算机通信技术作为系统化网络体系结构公之于众。从此，计算机厂商也纷纷发布各自的网络体系结构，引发了众多协议的系统化进程。然而，各家厂商的各种网络体系结构、各种协议之间并不相互兼容。即使是从物理层面上连接了两台异构的计算机，由于它们之间采用的网络体系结构不同，支持的协议不同，仍然无法实现正常的通信。

这对用户来说极其不便。因为这意味着起初采用了哪个厂商的计算机网络产品就只能一直使用同一厂商的产品。若相应的厂商破产或产品超过服务期限，就得将整套网络设备全部换掉。此外，因为不同部门之间使用的网络产品互不相同，所以就算将它们从物理上相互连接起来了也无法实现通信，这种情况亦不在少数。灵活性和可扩展性的缺乏使得当时的用户对计算机通信难以应用自如。

图 1.15
协议中的方言与普通话

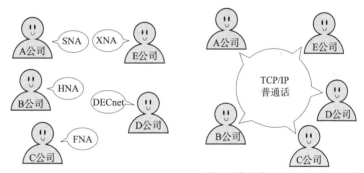

每家公司都各持一家方言，无法实现通信　　每家公司都用普通话，就有望实现通信

随着计算机重要性的不断提高，很多公司逐渐意识到兼容性的重要意义。人们开始着手研究使不同厂商生产的异构机型也能够互相通信的技术。这促进了网络的开放性和多供性。

▶ 1.4.2 协议的标准化

▼ International Organization for Standards，国际标准化组织。
▼ Open Systems Interconnection，开放式通信系统互联参考模型。
▼ Internet Engineering Task Force
▼非国家或国际机构等公共机构所制定的标准，但属于业界公认的标准。

为了解决上述问题，ISO▼ 制定了一个国际标准 OSI▼，对通信系统进行了标准化。现在，OSI 所定义的协议虽然并没有得到普及，但是在 OSI 协议设计之初作为其指导方针的 OSI 参考模型却常被用于网络协议的制定当中。

本书将要说明的 TCP/IP 并非 ISO 所制定的某种国际标准。而是由 IETF▼ 所建议的、致力于推进其标准化作业的一种协议。在当时，大学等研究机构和计算机行业作为中心力量，推动了 TCP/IP 的标准化进程。TCP/IP 作为互联网之上的一种标准，也作为业界标准▼，俨然已成为全世界所广泛应用的通信协议。那些支持互联网的设备及软件，也正着力遵循由 IETF 标准化的 TCP/IP 协议。

协议得以标准化也使所有遵循标准协议的设备不再因计算机硬件或操作系统的差异而无法通信。因此，协议的标准化也推动了计算机网络的普及。

■ 标准化

所谓标准化是指使不同厂商所生产的异构产品之间具有兼容性、便于使用的规范化过程。

除计算机通信领域之外，"标准"一词在日常用品如铅笔、厕纸、电源插座、音频、录音带等制造行业也屡见不鲜。如果这些产品的大小、形状总是各不相同，那将会给消费者带来巨大的麻烦。

标准化组织大致分为三类：国际级标准化机构，国家级标准化机构以及民间团体。目前国际级标准化机构有 ISO、ITU-T▼ 等，而国家级标准化机构有日本的 JISC（制定了日本 JIS）和美国的 ANSI▼。民间团体则包括促进互联网协议标准化的 IETF 等组织。

在现实世界里，有很多优秀的技术，由于其开发公司没有公开相应的开发规范导致这些技术没有得到广泛的普及。如果企业能够将自己的开发规范公之于众，让更多业界同行及时使用并成为行业标准，那么一定会有更多更好的产品可以存活下来供我们使用。

从某种程度上说，标准化是对世界具有极其重要影响的一项工作。

▼ International Telecommunication Union Telecommunication Standardization Sector。制定远程通信相关国际规范的委员会。是 ITU（International Telecommunication Union：国际电信联盟）旗下的一个远程通信标准化组。前身是国际电报电话咨询委员会（CCITT：International Telegraph and Telephone Consultative Committee）。

▼ American National Standards Institute。美国国家标准学会，属于美国国内的标准化组织。

▼1.5.1　协议的分层

　　ISO 在制定标准化 OSI 之前，对网络体系结构相关的问题进行了充分的讨论，最终提出了作为通信协议设计指标的 OSI 参考模型。这一模型将通信协议中必要的功能分成了 7 层。通过这些分层，使得那些比较复杂的网络协议更加简单化。

　　在这一模型中，每个分层都接收由它下一层所提供的特定服务，并且负责为自己的上一层提供特定的服务。上下层之间进行交互时所遵循的约定叫做"接口"。同一层之间的交互所遵循的约定叫做"协议"。

　　协议分层就如同计算机软件中的模块化开发。OSI 参考模型的建议是比较理想化的。它希望实现从第一层到第七层的所有模块，并将它们组合起来实现网络通信。分层可以将每个分层独立使用，即使系统中某些分层发生变化，也不会波及整个系统。因此，可以构造一个扩展性和灵活性都较强的系统。此外，通过分层能够细分通信功能，更易于单独实现每个分层的协议，并界定各个分层的具体责任和义务。这些都属于分层的优点。

　　而分层的劣势，可能就在于过分模块化、使处理变得更加沉重以及每个模块都不得不实现相似的处理逻辑等问题。

图 1. 16

协议的分层

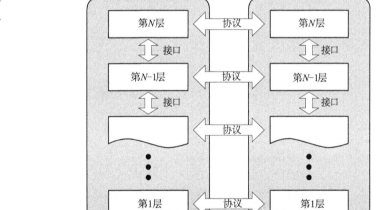

▼1.5.2　通过对话理解分层

　　关于协议的分层，我们再以 A 与 C 的对话为例简单说明一下。在此，我们只考虑语言层和通信设备层这两个分层的情况。

　　首先，以电话聊天为例，图 1.17 上半部分中的 A 与 C 两个人正在通过电话（通信设备）用汉语（语言协议）聊天。我们详细分析一下这张图。

　　表面上看 A 跟 C 是在用汉语直接对话，但实际上 A 与 C 都是在通过电话机的听筒听取声音，都在对着麦克风说话。想象一下如果有一个素未见过电话机的人见到这个场景会怎么想？恐怕他一定会以为 A 和 C 在跟电话机聊天吧。

　　其实在这个图中，他们所用的语言协议作为麦克风的音频输入，在通信设备层被转换为电波信号传送出去了。传送到对方的电话机后，又被通信设备层转换为音频输出，传递给了对方。因此，A 与 C 其实是利用电话机之间通过音频转化声音的接口实现了对话。

图 1.17
语言层与设备层两层模型

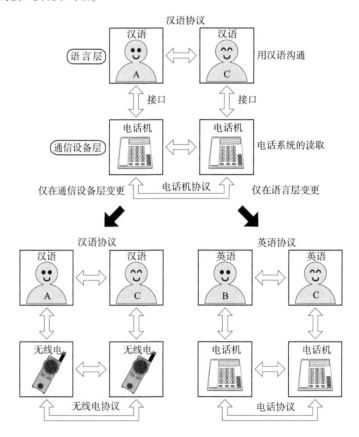

　　通常人们会觉得拿起电话与人通话，其实就好像是直接在跟对方对话，然而如果仔细分析，在整个过程中实际上是电话机在做中介，这是不可否认的。如果 A 的电话机所传出的电子信号并未能转换成与 C 的电话机相同频率的声音，那会如何？这就如同 A 的电话机与 C 的电话机的协议互不相同。C 听到声音后可能会觉得自己不是在跟 A 而是在跟其他人说话。频率若是相去甚远，C 更有可能会觉得自己听到的不是汉语。

　　那么如果我们假定语言层相同而改变了通信设备层，情况会如何？例如，将电话机改为无线电。通信设备层如果改用无线电，那么就得学会使用无线电的方法。由于语言层仍然在使用汉语协议，因此使用者可以完全和以往打电话时一样正常通话（上图左下部分）。

　　那么，如果通信设备层使用电话机，而语言层改为英语的话情况又会如何？很显然，电话机本身不会受限于使用者使用的语言。因此，这种情况与使用汉语通话时完全一样，依然可以实现通话（上图右下部分）。

　　到此为止，读者可能会觉得这些都是再简单不过的、理所当然的事。在此仅举出简单的例子，权作对协议分层及其便利性的一个解释，以加深对分层协议的理解。

▌1.5.3　OSI 参考模型

前面只是将协议简单地分为了两层进行了举例说明。然而，实际的分组通信协议会相当复杂。OSI 参考模型将这样一个复杂的协议整理并分为了易于理解的 7 个分层。

图 1.18

OSI 参考模型与协议的含义

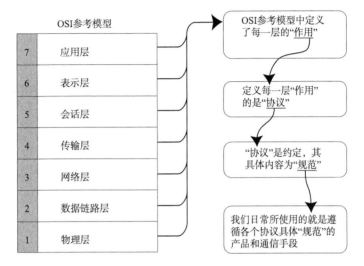

OSI 参考模型对通信中必要的功能做了很好的归纳。网络工程师在讨论协议相关问题时也经常以 OSI 参考模型的分层为原型。对于计算机网络的初学者，学习 OSI 参考模型可以说是通往成功的第一步。

不过，OSI 参考模型终究是一个"模型"，它也只是对各层的作用做了一系列粗略的界定，并没有对协议和接口进行详细的定义。它对学习和设计协议只能起到一个引导的作用。因此，若想要了解协议的更多细节，还是有必要参考每个协议本身的具体规范。

许多通信协议，都对应了 OSI 参考模型 7 个分层中的某层。通过这一点，可以大致了解该协议在整个通信功能中的位置和作用。

虽然要仔细阅读相应的规范说明书才能了解协议的具体内容，但是对于其大致的作用可以通过其所对应的 OSI 模型层来找到方向。这也是为什么在学习每一种协议之前，首先要学习 OSI 模型。

> ■ OSI 协议与 OSI 参考模型
> 本章所介绍的是 OSI 参考模型。然而人们也时常会听到 OSI 协议这个词。OSI 协议是为了让异构的计算机之间能够相互通信的、由 ISO 和 ITU-T 推进其标准化的一种网络体系结构。
> OSI（参考模型）将通信功能划分为 7 个分层，称作 OSI 参考模型。OSI 协议以 OSI 参考模型为基础界定了每个阶层的协议和每个阶层之间接口相关的标准。遵循 OSI 协议的产品叫 OSI 产品，而它们所遵循的通信则被称为 OSI 通信。由于"OSI 参考模型"与"OSI 协议"指代意义不同，请勿混淆。
> 本书，通过对照 OSI 参考模型中通信功能的分类和 TCP/IP 的功能，逐层深入展开每一个话题。虽然实际的 TCP/IP 分层模型与 OSI 还有着若干区别，借助 OSI 参考模型可以有助于加深对 TCP/IP 的理解。

1.5.4   OSI 参考模型中各个分层的作用

在此,以图 1.19 为例简单说明 OSI 参考模型中各个分层的主要作用。

图 1.19

OSI 参考模型各层分工

	分层名称	功　　能	每层功能概览
7	应用层	针对特定应用的协议。	针对每个应用的协议 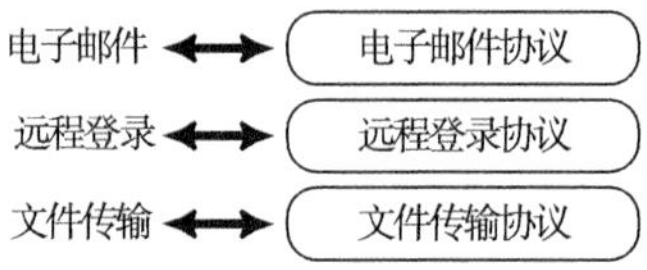 电子邮件 ⟷ 电子邮件协议 远程登录 ⟷ 远程登录协议 文件传输 ⟷ 文件传输协议
6	表示层	设备固有数据格式和网络标准数据格式的转换。	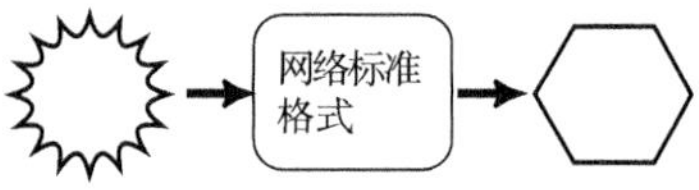 网络标准格式 接收不同表现形式的信息,如文字流、图像、声音等
5	会话层	通信管理。负责建立和断开通信连接(数据流动的逻辑通路)。 管理传输层以下的分层。	何时建立连接,何时断开连接以及保持多久的连接? 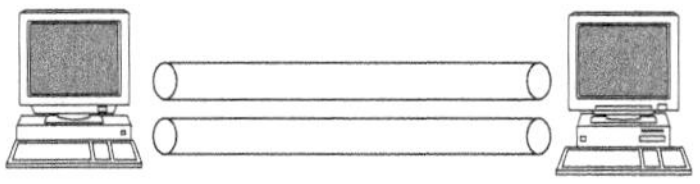
4	传输层	管理两个节点▼之间的数据传输。负责可靠传输(确保数据被可靠地传送到目标地址)。	是否有数据丢失? 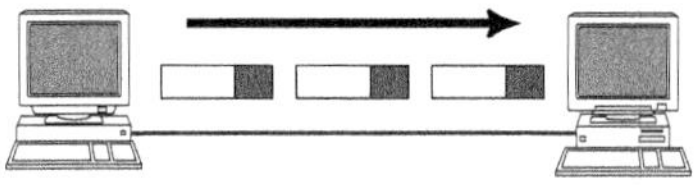
3	网络层	地址管理与路由选择。	经过哪个路由传递到目标地址? 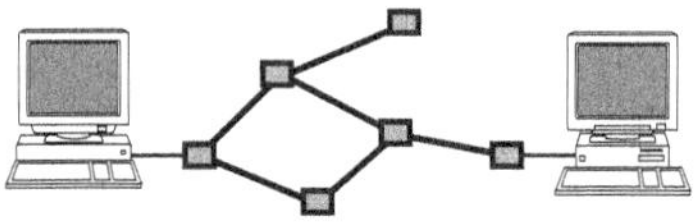
2	数据链路层	互连设备之间传送和识别数据帧。	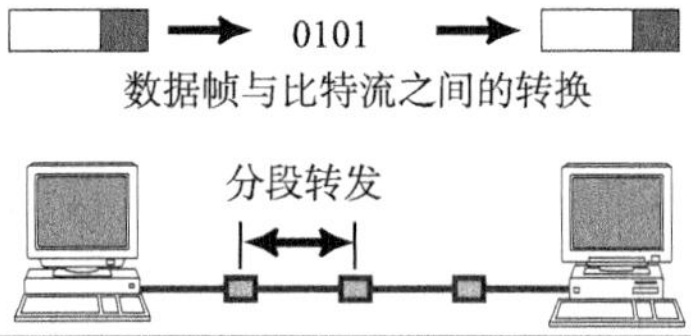 0101 数据帧与比特流之间的转换 分段转发
1	物理层	以"0"、"1"代表电压的高低、灯光的闪灭。界定连接器和网线的规格。	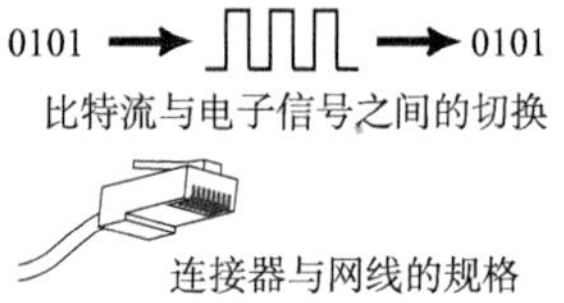 0101 → ⊓⊔⊓⊔ → 0101 比特流与电子信号之间的切换 连接器与网线的规格

▼互连的网络终端,如计算机等设备。

■ 应 用 层

为应用程序提供服务并规定应用程序中通信相关的细节。包括文件传输、电子邮件、远程登录(虚拟终端)等协议。

■ 表示层

　　将应用处理的信息转换为适合网络传输的格式，或将来自下一层的数据转换为上层能够处理的格式。因此它主要负责数据格式的转换。

　　具体来说，就是将设备固有的数据格式转换为网络标准传输格式。不同设备对同一比特流解释的结果可能会不同。因此，使它们保持一致是这一层的主要作用。

■ 会话层

　　负责建立和断开通信连接（数据流动的逻辑通路），以及数据的分割等数据传输相关的管理。

■ 传输层

　　起着可靠传输的作用。只在通信双方节点上进行处理，而无需在路由器上处理。

■ 网络层

　　将数据传输到目标地址。目标地址可以是多个网络通过路由器连接而成的某一个地址。因此这一层主要负责寻址和路由选择。

■ 数据链路层

　　负责物理层面上互连的、节点之间的通信传输。例如与 1 个以太网相连的 2 个节点之间的通信。

　　将 0、1 序列划分为具有意义的数据帧传送给对端（数据帧的生成与接收）。

■ 物理层

　　负责 0、1 比特流（0、1 序列）与电压的高低、光的闪灭之间的互换。

1.6　OSI 参考模型通信处理举例

▼这里所指的主机是指连接到网络上的计算机。按照 OSI 的惯例，进行通信的计算机称为节点。然而在 TCP/IP 中则被叫做主机。本书以 TCP/IP 为主，因此凡是在进行通信的计算机，多数称为主机。也可参考 4.1 节。

下面举例说明 7 层网络模型的功能。假设使用主机▼A 的用户 A 要给使用主机 B 的用户 B 发送一封电子邮件。

不过，严格来讲 OSI 与互联网的电子邮件的实际运行机制并非图例所示那么简单。此例只是为了便于读者理解 OSI 参考模型而设计的。

▶ 1.6.1　7 层通信

在 7 层 OSI 模型中，如何模块化通信传输？

分析方法可以借鉴图 1.17 语言与电话机组成的 2 层模型。发送方从第 7 层、第 6 层到第 1 层由上至下按照顺序传输数据，而接收端则从第 1 层、第 2 层到第 7 层由下至上向每个上一级分层传输数据。每个分层上，在处理由上一层传过来的数据时可以附上当前分层的协议所必须的"首部"信息。然后接收端对收到的数据进行数据"首部"与"内容"的分离，再转发给上一分层，并最终将发送端的数据恢复为原状。

图 1.20

通信与 7 个分层

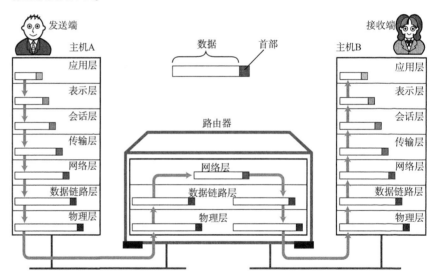

▶ 1.6.2　会话层以上的处理

假定用户 A 要给用户 B 发送一封内容为"早上好"邮件。网络究竟会进行哪些处理呢？我们由上至下进行分析。

图 1.21

以电子邮件为例

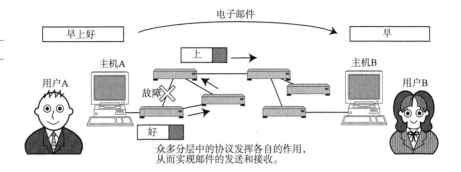

■ 应用层

图 1.22

应用层的工作

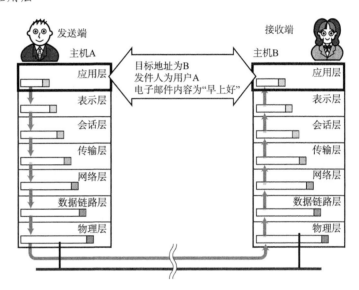

用户 A 在主机 A 上新建一封电子邮件，指定收件人为 B，并输入邮件内容为 "早上好"。

收发邮件的这款软件从功能上可以分为两大类：一部分是与通信相关的，另一部分是与通信无关的。例如用户 A 从键盘输入 "早上好" 的这一部分就属于与通信无关的功能，而将 "早上好" 的内容发送给收件人 B 则是其与通信相关的功能。因此，此处的 "输入电子邮件内容后发送给目标地址" 也就相当于应用层。

从用户输入完所要发送的内容并点击 "发送" 按钮的那一刻开始，就进入了应用层协议的处理。该协议会在所要传送数据的前端附加一个首部（标签）信息。该首部标明了邮件内容为 "早上好" 和收件人为 "B"。这一附有首部信息的数据传送给主机 B 以后由该主机上的收发邮件软件通过 "收信" 功能获取内容。主机 B 上的应用收到由主机 A 发送过来的数据后，分析其数据首部与数据正文，并将邮件保存到硬盘或是其他非易失性存储器▼以备进行相应的处理。如果主机 B 上收件人的邮箱空间已满无法接收新的邮件，则会返回一个错误给发送方。对这类异常的处理也正属于应用层需要解决的问题。

▼数据不会因为断电而丢失的一种存储设备①。

---

① 闪存是目前使用最广泛的非易失性存储器。——译者注

主机 A 与主机 B 通过它们各自应用层之间的通信，最终实现邮件的存储。

■ 表示层

图 1.23

表示层的工作

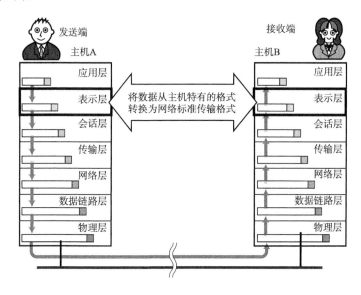

▼最有名的就是每款计算机对数据在内存中相异的分配方式。最典型的是大端存储和小端存储。

表示层的"表示"有"表现"、"演示"的意思，因此更关注数据的具体表现形式▼。此外，所使用的应用软件本身的不同也会导致数据的表现形式截然不同。例如有的字处理软件创建的文件只能由该字处理器厂商所提供的特定版本的软件才来打开读取。

那么，电子邮件中如果遇到此类问题该如何解决呢？如果用户 A 与用户 B 所使用的邮件客户端软件完全一致，就能够顺利收取和阅读邮件，不会遇到类似的问题。但是这在现实生活当中是不大可能的。让所有用户千篇一律地使用同一款客户端软件对使用者来说也是极不方便的一件事情▼。

▼现在，除了个人电脑，还有其他设备如智能手机也都能够连接到网络。如何让它们之间能够相互读取通信数据已变得越来越重要。

解决这类问题有以下几种方法。首先是利用表示层，将数据从"某个计算机特定的数据格式"转换为"网络通用的标准数据格式"后再发送出去。接收端主机收到数据以后将这些网络标准格式的数据恢复为"该计算机特定的数据格式"，然后再进行相应处理。

在前面这个例子中，由于数据被转换为通用标准的格式后再进行处理，使得异构的机型之间也能保持数据的一致性。这也正是表示层的作用所在。即表示层是进行"统一的网络数据格式"与"某一台计算机或某一款软件特有的数据格式"之间相互转换的分层。

此例中的"早上好"这段文字根据其编码格式被转换成为了"统一的网络数据格式"。即便是一段简单的文字流，也可以有众多复杂的编码格式。就拿日语文字来说，有 EUC-JP、Shift_JIS、ISO-2022-JP、UTF-8 以及 UTF-16 等很多编码格式[1]。如果未能按照特定格式编码，那么在接收端就是收到邮件也可能会是乱码▼。

▼在实际生活当中收发邮件成为乱码的情况并不罕见。这通常都是由于在表示层未能按照预期的编码格式运行或编码格式设置有误导致。

表示层与表示层之间为了识别编码格式也会附加首部信息，从而将实际传输的数据转交给下一层去处理。

---

① 最典型的汉字编码格式有 GB2312、BIG5、ISO8859-1 等。——译者注

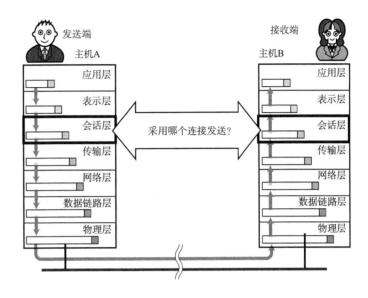

图 1.24

会话层工作

■ 会话层

下面，我们来分析在两端主机的会话层之间是如何高效地进行数据交互、采用何种方法传输数据的。

▼指通信连接。

假定用户 A 新建了 5 封电子邮件准备发给用户 B。这 5 封邮件的发送顺序可以有很多种。例如，可以每发一封邮件时建立一次连接▼，随后断开连接。还可以一经建立好连接后就将 5 封邮件连续发送给对方。甚至可以同时建立好 5 个连接，将 5 封邮件同时发送给对方。决定采用何种连接方法是会话层的主要责任。

会话层也像应用层或表示层那样，在其收到的数据前端附加首部或标签信息后再转发给下一层。而这些首部或标签中记录着数据传送顺序的信息。

1.6.3　传输层以下的处理

到此为止，我们通过例子说明了在应用层写入的数据会经由表示层格式化编码、再由会话层标记发送顺序后才被发送出去的大致过程。然而，会话层只对何时建立连接、何时发送数据等问题进行管理，并不具有实际传输数据的功能。真正负责在网络上传输具体数据的是会话层以下的"无名英雄"。

■ 传输层

主机 A 确保与主机 B 之间的通信并准备发送数据。这一过程叫做"建立连接"。有了这个通信连接就可以使主机 A 发送的电子邮件到达主机 B 中，并由主机 B 的邮件处理程序获取最终数据。此外，当通信传输结束后，有必要将连接断开。

▼此处请注意，会话层负责决定建立连接和断开连接的时机，而传输层进行实际的建立和断开处理。

如上，进行建立连接或断开连接的处理▼，在两个主机之间创建逻辑上的通信连接即是传输层的主要作用。此外，传输层为确保所传输的数据到达目标地址，会在通信两端的计算机之间进行确认，如果数据没有到达，它会负责进行重发。

例如，主机 A 将"早上好"这一数据发送给主机 B。期间可能会因为某些原因导致数据被破坏，或由于发生某种网络异常致使只有一部分数据到达目标地址。假设主机 B 只收到了"早上"这一部分数据，那么它会在收到数据后将自己没有

收到"早上"之后那部分数据的事实告知主机 A。主机 A 得知这个情况后就会将
后面的"好"重发给主机 B，并再次确认对端是否收到。

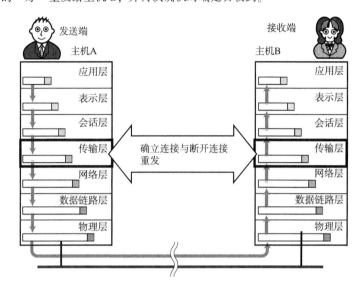

图 1.25

传输层的工作

这就好比人们日常会话中的确认语句："对了，你刚才说什么来着？"计算机
通信协议其实并没有想象中那么晦涩难懂，其基本原理是与我们的日常生活紧密
相连、大同小异的。

由此可见，保证数据传输的可靠性是传输层的一个重要作用。为了确保可靠
性，在这一层也会为所要传输的数据附加首部以识别这一分层的数据。然而，实
际上将数据传输给对端的处理是由网络层来完成的。

■ 网 络 层

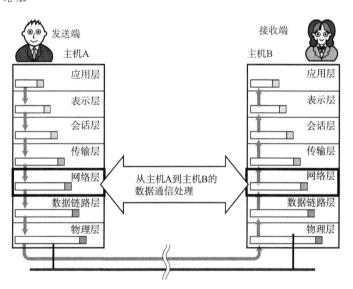

图 1.26

网络层的工作

网络层的作用是在网络与网络相互连接的环境中，将数据从发送端主机发送
到接收端主机。如图 1.27 所示，两端主机之间虽然有众多数据链路，但能够将数
据从主机 A 送到主机 B 也都是网络层的功劳。

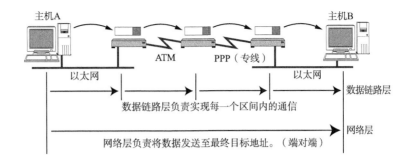

▼关于地址请参考 1.8 节

图 1.27

网络层与数据链路层各
尽其责

　　在实际发送数据时，目的地址▼至关重要。这个地址是进行通信的网络中唯一指定的序号。也可以把它想象为我们日常生活中使用的电话号码。只要这个目标地址确定了，就可以在众多计算机中选出该目标地址所对应的计算机发送数据。基于这个地址，就可以在网络层进行数据包的发送处理。而有了地址和网络层的包发送处理，就可以将数据发送到世界上任何一台互连设备。网络层中也会将其从上层收到的数据和地址信息等一起发送给下面的数据链路层，进行后面的处理。

> ■ 传输层与网络层的关系
>
> 　　在不同的网络体系结构下，网络层有时也不能保证数据的可达性。例如在相当于 TCP/IP 网络层的 IP 协议中，就不能保证数据一定会发送到对端地址。因此，数据传送过程中出现数据丢失、顺序混乱等问题可能性会大大增加。像这样没有可靠性传输要求的网络层中，可以由传输层负责提供"正确传输数据的处理"。TCP/IP 中，网络层与传输层相互协作以确保数据包能够传送到世界各地，实现可靠传输。
>
> 　　每个分层的作用与功能越清晰，规范协议的具体内容就越简单，实现▼这些具体协议的工作也将会更加轻松。

▼是指通过软件编码实现具体的协议，使其能够运行于计算机当中。

■ 数据链路层、物理层

　　通信传输实际上是通过物理的传输介质实现的。数据链路层的作用就是在这些通过传输介质互连的设备之间进行数据处理。

　　物理层中，将数据的 0、1 转换为电压和脉冲光传输给物理的传输介质，而相互直连的设备之间使用地址实现传输。这种地址被称为 MAC▼地址，也可称为物理地址或硬件地址。采用 MAC 地址，目的是为了识别连接到同一个传输介质上的设备。因此，在这一分层中将包含 MAC 地址信息的首部附加到从网络层转发过来的数据上，将其发送到网络。

▼ Media Access Control，介质访问控制。

　　网络层与数据链路层都是基于目标地址将数据发送给接收端的，但是网络层负责将整个数据发送给最终目标地址，而数据链路层则只负责发送一个分段内的数据。关于这一点的更多细节可以参考 4.1.2 节。

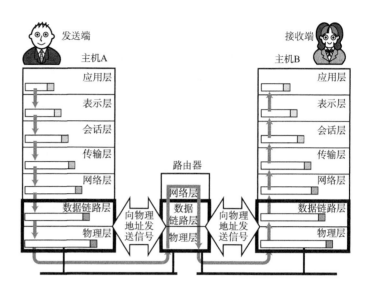

图 1.28
数据链路层与物理层的
工作

■ 主机 B 端的处理

　　接收端主机 B 上的处理流程正好与主机 A 相反，它从物理层开始将接收到的
数据逐层发给上一分层进行处理，从而使用户 B 最终在主机 B 上使用邮件客户端
软件接收用户 A 发送过来的邮件，并可以读取相应内容为 "早上好"。

　　如上所述，读者可以将通信网络的功能分层来思考。每个分层上的协议规定
了该分层中数据首部的格式以及首部与处理数据的顺序。

1.7 传输方式的分类

网络与通信中可以根据其数据发送方法进行多种分类。分类方法也有很多，以下我们介绍其中的几种。

▼面向无连接型包括以太网、IP、UDP等协议。面向有连接型包括ATM、帧中继、TCP等协议。

1.7.1 面向有连接型与面向无连接型

通过网络发送数据，大致可以分为面向有连接与面向无连接两种类型▼。

图1.29
面向有连接型与面向无连接型

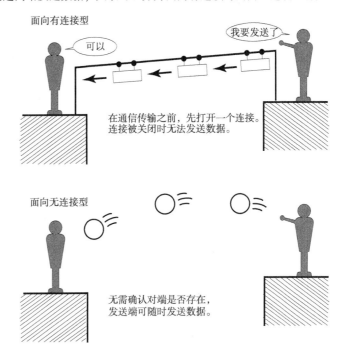

面向有连接型

可以

我要发送了

在通信传输之前，先打开一个连接。连接被关闭时无法发送数据。

面向无连接型

无需确认对端是否存在，发送端可随时发送数据。

■ 面向有连接型

▼在面向有连接型的情况下，发送端的数据不一定要分组发送。第6章将要介绍的TCP是以面向有连接的方式分组发送数据的，然而1.7.2节中所介绍的电路交换虽然也属于面向有连接的一种方式，但是数据却并不仅限于分组发送。

面向有连接型中，在发送数据▼之前，需要在收发主机之间连接一条通信线路▼。

面向有连接型就好比人们平常打电话，输入完对方电话号码拨出之后，只有对端拿起电话才能真正通话，通话结束后将电话机扣上就如同切断电源。因此在面向有连接的方式下，必须在通信传输前后，专门进行建立和断开连接的处理。如果与对端之间无法通信，就可以避免发送无谓的数据。

▼在不同的分层协议中，连接的具体含义可能有所不同。在数据链路层中的连接，就是指物理的、通信线路的连接。而传输层则负责创建与管理逻辑上的连接。

■ 面向无连接型

面向无连接型则不要求建立和断开连接。发送端可于任何时候自由发送数据▼。反之，接收端也永远不知道自己会在何时从哪里收到数据。因此，在面向无连接的情况下，接收端需要时常确认是否收到了数据。

▼面向无连接型采用分组交换（1.7.2）的情况要多一些。此时，可以直接将数据理解为分组数据。

这就如同人们去邮局寄包裹一样。负责处理邮递业务的营业员，不需要确认收件人的详细地址是否真的存在，也不需要确认收件人是否能收到包裹，只要发件人有一个寄件地址就可以办理邮寄包裹的业务。面向无连接通信与电话通信不

同，它不需要拨打电话、挂掉电话之类的处理，而是全凭发送端自由地发送自己
想要传递出去的数据。

　　因此，在面向无连接的通信中，不需要确认对端是否存在。即使接收端不存
在或无法接收数据，发送端也能将数据发送出去。

■ 面向有连接与面向无连接

　　"连接"这个词在人类社会当中，相当于"人脉"的意思。此时，它
指熟人或有一定关系的人与人之间的联系。而面向无连接，其实就是没
有任何关系的意思。

　　在棒球和高尔夫比赛中人们可能经常会听到"要到哪儿去得问球！"。
这其实就是一个典型的面向无连接通信的发送端处理方式。或许有些读
者可能会认为面向无连接的通信有点不靠谱。但是对于某些特殊设备，
它却是一种非常有效率的方法。因为这种方式可以省略某些既定的、繁
杂的手续，使处理变得简单，易于制作一些低成本的产品，减轻处理
负担。

　　有时，也可以根据具体的通信内容来决定采用哪种方式——面向有
连接或面向无连接。

▼ 1.7.2　电路交换与分组交换

　　目前，网络通信方式大致分为两种——电路交换和分组交换。电路交换技术
的历史相对久远，主要用于过去的电话网。而分组交换技术则是一种较新的通信
方式，从 20 世纪 60 年代后半叶才开始逐渐被人们认可。本书着力介绍的 TCP/
IP，正是采用了分组交换技术。

　　在电路交换中，交换机主要负责数据的中转处理。计算机首先被连接到交换机
上，而交换机与交换机之间则由众多通信线路再继续连接。因此计算机之间在发送
数据时，需要通过交换机与目标主机建立通信电路。我们将连接电路称为建立连
接。建立好连接以后，用户就可以一直使用这条电路，直到该连接被断开为止。

　　如果某条电路只是用来连接两台计算机的通信线路，就意味着只需在这两台
计算机之间实现通信，因此这两台计算机是可以独占线路进行数据传输的。但是，
如果一条电路上连接了多台计算机，而这些计算机之间需要相互传递数据，就会
出现新的问题。鉴于一台计算机在收发信息时会独占整个电路，其他计算机只能
等待这台计算机处理结束以后才有机会使用这条电路收发数据。并且在此过程中，
谁也无法预测某一台计算机的数据传输从何时开始又在何时结束。如果并发用户
数超过交换机之间的通信线路数，就意味着通信根本无法实现。

　　为此，人们想到了一个新的方法，即让连接到通信电路的计算机将所要发送
的数据分成多个数据包，按照一定的顺序排列之后分别发送。这就是分组交换。
有了分组交换，数据被细分后，所有的计算机就可以一齐收发数据，这样也就提
高了通信线路的利用率。由于在分组的过程中，已经在每个分组的首部写入了发
送端和接收端的地址，所以即使同一条线路同时为多个用户提供服务，也可以明
确区分每个分组数据发往的目的地，以及它是与哪台计算机进行的通信。

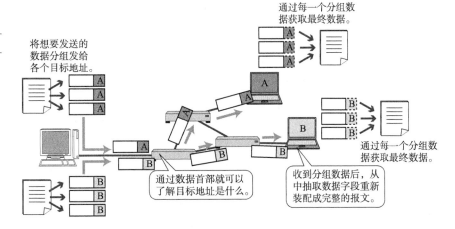

图1.30

分组交换

在分组交换中，由分组交换机（路由器）连接通信线路。分组交换的大致处理过程是：发送端计算机将数据分组发送给路由器，路由器收到这些分组数据以后，缓存到自己的缓冲区，然后再转发给目标计算机。因此，分组交换也有另一个名称：蓄积交换。

路由器接收到数据以后会按照顺序缓存到相应的队列当中，再以先进先出的顺序将它们逐一发送出去▼。

▼有时，也会优先发送目标地址比较特殊的数据。

在分组交换中，计算机与路由器之间以及路由器与路由器之间通常只有一条通信线路。因此，这条线路其实是一条共享线路。在电路交换中，计算机之间的传输速度不变。然而在分组交换中，通信线路的速度可能会有所不同。根据网络拥堵的情况，数据达到目标地址的时间有长有短。另外，路由器的缓存饱和或溢出时，甚至可能会发生分组数据丢失、无法发送到对端的情况。

图1.31

电路交换与分组交换的特点

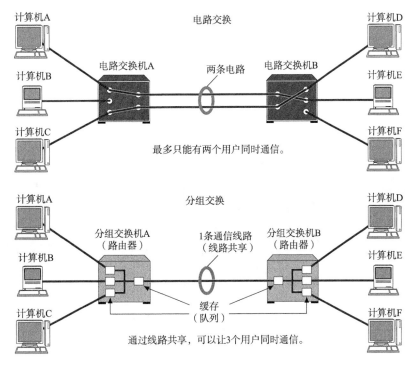

▼1.7.3   根据接收端数量分类

网络通信当中，也可以根据目标地址的个数及其后续的行为对通信进行分类。如广播、多播等就是这种分类的产物。

■ 单播（Unicast）

字面上，"Uni" 表示 "1"，"Cast" 意为 "投掷"。组合起来就是指 1 对 1 通信。早先的固定电话就是单播通信的一个典型例子。

■ 广播（Broadcast）

字面上具有 "播放" 之意。因此它指是将消息从 1 台主机发送给与之相连的所有其他主机。广播通信▼的一个典型例子就是电视播放，它将电视信号一齐发送给非特定的多个接收对象。

▼关于 TCP/IP 中的广播通信请参考 4.3.4 节。

此外，我们知道电视信号一般都有自己的频段。只有在相应频段的可接收范围内才能收到电视信号。与之类似，进行广播通信的计算机也有它们的广播范围。只有在这个范围之内的计算机才能收到相应的广播消息。这个范围叫做广播域。

图 1.32

单播、广播、多播、任播

单播
1对1通信

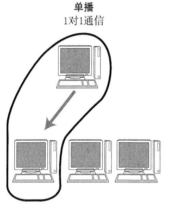

好比学生与老师之间、同学与同学之间一对一对话。

广播
所有计算机（限同一个数据链路内）

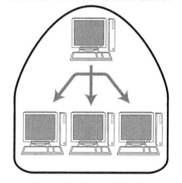

好比全校早会上校长面向全体师生讲话。

多播
特定组内的通信

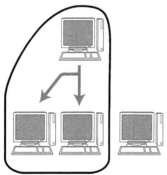

好比一个学校只针对一年级一班的同学下达通知或对各委员会下发文件。

任播
特定组内的任意一台计算机

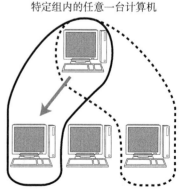

好比老师想在一年级一班找一个同学发一下学习材料，而某个学生就过来帮忙了。

■ 多播 （Multicast）

▼关于 TCP/IP 中的多播通信 请参考 4. 3. 5 节。

多播与广播类似，也是将消息发给多个接收主机。不同之处在于多播要限定某一组主机作为接收端。多播通信▼最典型的例子就是电视会议，这是由多组人在不同的地方参加的一种远程会议。在这种形式下，会由一台主机发送消息给特定的多台主机。电视会议通常不能使用广播方式。否则将无从掌握是谁在哪儿参与电视会议。

■ 任播 （Anycast）

▼关于 TCP/IP 中的任播通信 请参考 5. 2. 8 节。

任播是指在特定的多台主机中选出一台作为接收端的一种通信方式。虽然，这种方式与多播有相似之处，都是面向特定的一群主机，但是它的行为却与多播不同。任播通信▼从目标主机群中选择一台最符合网络条件的主机作为目标主机发送消息。通常，所被选中的那台特定主机将返回一个单播信号，随后发送端主机会只跟这台主机进行通信。

任播在实际网络中的应用有 DNS 根域名解析服务器 （将在 5. 2 节中介绍）。

1.8   地址

通信传输中，发送端和接收端可以被视为通信主体。它们都能由一个所谓"地址"的信息加以标识出来。当人们使用电话时，电话号码就相当于"地址"。当人们选择写信时，通信地址加上姓名就相当于"地址"。

现实生活当中的"地址"比较容易理解，然而在计算机通信当中，这种地址的概念显得要复杂一些。因为在实际的网络通信当中，每一层的协议所使用的地址都不尽相同。例如，TCP/IP 通信中使用 MAC 地址（3.2.1 节）、IP 地址（4.2.1 节）、端口号（6.2 节）等信息作为地址标识。甚至在应用层中，可以将电子邮件地址（8.4.2 节）作为网络通信的地址。

1.8.1   地址的唯一性

如果想让地址在通信当中发挥作用，首先需要确定通信的主体。一个地址必须明确地表示一个主体对象。在同一个通信网络中不允许有两个相同地址的通信主体存在。这也就是地址的唯一性。

图 1.33

地址的唯一性

小张找小李有点业务上的事要商量。
到了小李所在办公室他喊了一声"小李"。
（由此小张找到了他要找的人）

此时若办公室里有两位李姓同事，当小张喊"小李"，人们并不知道他要找的究竟是哪个"小李"。即将"小李"作为"地址"无法唯一地标识小张想要找的那个人。因此，这种情况下，将"小李"作为地址是不合适的。

到此为止，读者可能会有一个疑问。前面提到，在同一个通信网络中不允许有两个相同地址的通信主体存在。这在单播通信中还好理解，因为通信两端都是单一的主机。那么对于广播、多播、任播通信该如何理解呢？岂不是通信接收端都被赋予了同一个地址？其实，在某种程度上，这样理解有一定的合理性。在上述这些通信方式中，接收端设备可能不止一个。为此，可以对这些由多个设备组成的一组通信赋予同一个具有唯一特性的地址，从而可以避免产生歧义，明确接收对象。

举个简单的多播的例子。某位老师说："一年一班的同学们请起立！"其中，

"一年一班"实际上就明确地指代了目标对象。此时，"一年一班"就是这一次"多播"的目标地址，具有唯一性。

再举一个任播的例子。老师又说："一年一班的哪位同学过来把你们班的学习资料取走！"此时"一年一班的哪位同学"（任意一位同学）就成为了此次"任播"的目标地址，具有唯一性▼。

▼再例如，航班飞行途中有一位乘客突然发病，此时空姐会询问"有哪一位乘客是医生，我们需要您的帮助"。这里的"有哪一位乘客是医生"，其实就是在向所有是医生的乘客发出消息，希望哪怕只有一位乘客是医生也帮得上忙。这是任播的另一个例子。

图 1.34

多播与任播地址的唯一性

老师说："一年一班的同学们，请起立！"。
其中，"一年一班"相当于"多播地址"。

老师说："一年一班的哪位同学过来把你们班的学习资料取走！"。
此处"一年一班的哪位同学"就相当于"任播地址"。

▶ 1.8.2　地址的层次性

当地址总数并不是很多的情况下，有了唯一地址就可以定位相互通信的主体。然而，当地址的总数越来越多时，如何高效地从中找出通信的目标地址将成为一个重要的问题。为此人们发现地址除了具有唯一性还需要具有层次性。其实，在使用电话和信件通信的过程当中，早已有了地址分层这种概念。例如，电话号码包含国家区号和国内区号，通信地址包含国名、省名、市名和区名等。正是有了这种层次分类才能更加快速地定位某一个地址。

图 1.35

地址的层次性

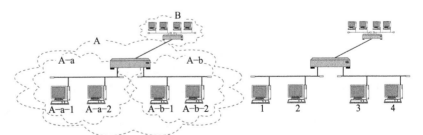

有分层地址的例子。
假设想找"A-b-1"所在的地址，就可以按照"A"→"A-b"→"A-b-1"的顺序寻找。IP地址与之类似。

无分层地址的例子。
虽然没有相同地址的设备，但是由于没有分层，所以从每个设备的地址上无法区分它们所在的具体位置或分组。MAC地址就是类似于这种方式的地址。

MAC 地址和 IP 地址在标识一个通信主体时虽然都具有唯一性，但是它们当中只有 IP 地址具有层次性。

MAC 地址由设备的制造厂商针对每块网卡[▼]进行分别指定。人们可以通过制造商识别号、制造商内部产品编号以及产品通用编号确保 MAC 地址的唯一性。然而，人们无法确定哪家厂商的哪个网卡被用到了哪个地方。虽然 MAC 地址中的制造商识别号、产品编号以及通用编号等信息在某种程度上也具有一定的层次性，但是对于寻找地址并没有起到任何作用，所以不能算作有层次的地址。正因如此，虽然 MAC 地址是真正负责最终通信的地址，但是在实际寻址过程中，IP 地址却必不可少。

那么 IP 地址又是怎样实现分层的呢？一方面，IP 地址由网络号和主机号两部分组成。即使通信主体的 IP 地址不同，若主机号不同，网络号相同，说明它们处于同一个网段。通常，同处一个网段的主机也都属于同一个部门或集团组织。另一方面，网络号相同的主机在组织结构、提供商类型和地域分布上都比较集中，也为 IP 寻址带来了极大的方便[▼]。这也是为什么说 IP 地址具有层次性的原因。

网络传输中，每个节点会根据分组数据的地址信息，来判断该报文应该由哪个网卡发送出去。为此，各个地址会参考一个发出接口列表。在这一点上 MAC 寻址与 IP 寻址是一样的。只不过 MAC 寻址中所参考的这张表叫做地址转发表，而 IP 寻址中所参考的叫做路由控制表[▼]。MAC 地址转发表中所记录的是实际的 MAC 地址本身，而路由表中记录的 IP 地址则是集中了之后的网络号[▼]。

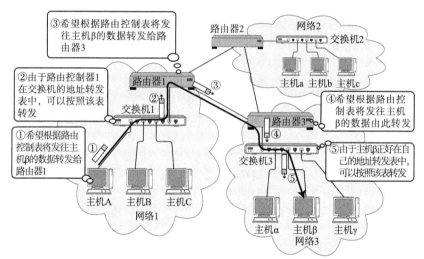

① 主机A先查看自己的路由控制表，再根据此表将发往主机β的数据先发给路由器1。
② 接收到该数据的交换机1则根据自己的地址转发表将数据转发给路由器1。
③ 接收到该数据的路由器1根据自己的路由控制表将数据发给路由器3。
④ 接收到该数据的路由器3则根据自己的路由控制表将数据发给交换机3。
⑤ 接收到该数据的交换机3再根据自己的地址转发表将数据发给主机β。
*实际的地址转发表与路由控制表中能获取的信息并不是具体的目标地址，而是该数据应该被发送出去的网卡信息。

1.9 网络的构成要素

搭建一套网络环境要涉及各种各样的电缆和网络设备。在此仅介绍连接计算机与计算机的硬件设备。

图 1.37
网络构成要素

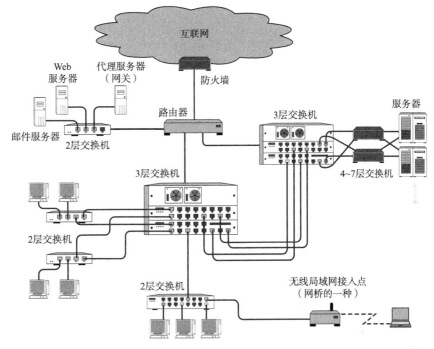

表 1.3
搭建网络的主要设备及其作用

设　　备	作　　用	介绍章节
网卡	使计算机连网的设备（Network Interface）	1.9.2
中继器（Repeater）	从物理层上延长网络的设备	1.9.3
网桥（Bridge）/2 层交换机	从数据链路层上延长网络的设备	1.9.4
路由器（Router）/3 层交换机	通过网络层转发分组数据的设备	1.9.5
4～7 层交换机	处理传输层以上各层网络传输的设备	1.9.6
网关（Gateway）	转换协议的设备	1.9.7

▶ 1.9.1　通信媒介与数据链路

计算机网络是指计算机与计算机相连而组成的网络。那么现实当中计算机之间又是怎样连接的呢？

计算机之间通过电缆相互连接。电缆可以分为很多种，包括双绞线电缆、光纤电缆、同轴电缆、串行电缆等。根据数据链路▼的不同选用的电缆类型也不尽相同。而媒介本身也可以被划分为电波、微波等不同类型的电磁波。表 1.4 总结了各种不同的数据链路、通信媒介及其标准传输速率。

▼ Datalink，意指相互直连的设备之间进行通信所涉及的协议及其网络。为此，有众多传输介质与之对应。具体细节可参考第 3 章。

表 1.4

各种数据链路一览

数据链路名	通信媒介	传输速率	主要用途
以太网	同轴电缆	10Mbps	LAN
	双绞线电缆	10Mbps~100Gbps	LAN
	光纤电缆	10Mbps~100Gbps	LAN
无线	电磁波	数个 Mbps~	LAN~WAN
ATM	双绞线电缆 光纤电缆	25Mbps 155Mbps 622Mbps	LAN~WAN
FDDI	光纤电缆 双绞线电缆	100Mbps	LAN~MAN
帧中继	双绞线电缆 光纤电缆	约64k~1.5Mbps	WAN
ISDN	双绞线电缆 光纤电缆	64k~1.5Mbps	WAN

■ 传输速率与吞吐量

在数据传输的过程中，两个设备之间数据流动的物理速度称为传输速率。单位为 bps（Bits Per Second，每秒比特数）。从严格意义上讲，各种传输媒介中信号的流动速度是恒定的。因此，即使数据链路的传输速率不相同，也不会出现传输的速度忽快忽慢的情况▼。传输速率高也不是指单位数据流动的速度有多快，而是指单位时间内传输的数据量有多少。

以我们生活中的道路交通为例，低速数据链路就如同车道较少无法让很多车同时通过的情况。与之相反，高速数据链路就相当于有多个车道，一次允许更多车辆行驶的道路。传输速率又称作带宽（Bandwidth）。带宽越大网络传输能力就越强。

此外，主机之间实际的传输速率被称作吞吐量。其单位与带宽相同，都是 bps（Bits Per Second）。吞吐量这个词不仅衡量带宽，同时也衡量主机的 CPU 处理能力、网络的拥堵程度、报文中数据字段的占有份额（不含报文首部，只计算数据字段本身）等信息。

▼因为光和电流的传输速度是恒定的。

■ 网络设备之间的连接

网络设备之间的相互连接需要遵循类似于某种"法律"的规范和业界标准。这对搭建网络环境至关重要。如果每个不同的厂商，在生产各种网络设备时都使用各自独有的传输媒介和协议，那么这些设备就无法与其他厂商的设备或网络进行连接。为此，人们制定了统一的协议和规格。每个生产厂家都必须严格按照规格出产相应的网络设备，否则会导致自身的产品无法与其他网络设备兼容，或易出故障等问题。

然而，制定规范往往是一个长期的过程，在这一过程的技术过渡期间人们难免总会遇到些"兼容性"问题。特别是在 ATM、千兆以太网（Gigabit Ethernet）、无线 LAN 等新技术诞生初期，这一点尤为突出。不同厂商的网络设备之间相互连接时经常会发生一些问题。随着时间的推移，这一点虽然已经有所改善，但是仍然无法达到 100% 兼容。

因此，在实际搭建网络时，不仅应该关注每款产品的规格参数，还应该了解它们的兼容性，并且更应该重视参考这些产品在实际长期使用过程当中所呈现的性能指标▼。如果没有做充分调查就抢先使用了运行性能不高的新产品，那么后果将不堪设想。

▼性能指标好的技术也被称作"成熟的技术"。它是指经过市场和使用者一段时间的考验、积累了相当多实战经验的技术。

▐ 1.9.2　网卡

任何一台计算机连接网络时，必须要使用网卡（全称为网络接口卡）。网络接口卡（NIC▼）有时也被叫做网络适配器、网卡、LAN 卡。

最近，很多产品目录中都加入了"内置 LAN 端口"的参数，说明越来越多的计算机在出厂设置中就具备了以太网（Ethernet）1000BASE-T 或 100BASE-TX 的端口▼。没有配置 NIC 的计算机如果想接入以太网，至少得外接一个扩展槽以便插入 NIC。无线局域网的情况下也是如此，计算机必须具备能够接入无线网的 NIC 才能保证连接到网络。笔记本电脑如果没有内置的 NIC，可以通过 ExpressCard▼ 或 CardBus、压缩闪存以及 USB 方式插一块 NIC 以后再连网。

▼集成了连接局域网功能的设备。有时会被集成到计算机的主板中，有时也可以单独插入扩展槽使用。Network Information Center 的缩写也是 NIC，所以要注意区分。

▼计算机与外部连接的接口称作计算机端口。

▼ExpressCard：笔记本电脑中的卡型扩展设备。由制定 PC 卡标准的 PCMCIA（Personal Computer Memory Card International Association，PC 机内存卡国际联合会）统一规格。

图 1.38
网卡

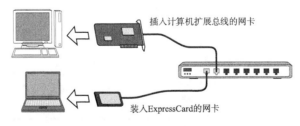

插入计算机扩展总线的网卡

装入 ExpressCard 的网卡

内置网卡的计算机越来越多

▐ 1.9.3　中继器

中继器（Repeater）是在 OSI 模型的第 1 层——物理层面上延长网络的设备。由电缆传过来的电信号或光信号经由中继器的波形调整和放大再传给另一个电缆。

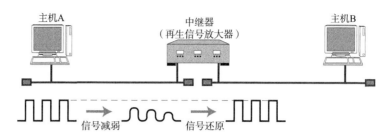

图 1.39
中继器

- 中继器是对减弱的信号进行放大和发送的设备。
- 中继器通过物理层的连接延长网络。
- 即使在数据链路层出现某些错误，中继器仍然转发数据。
- 中继器无法改变传输速度。

一般情况下，中继器的两端连接的是相同的通信媒介，但有的中继器也可以完成不同媒介之间的转接工作。例如，可以在同轴电缆与光缆之间调整信号。然而，在这种情况下，中继器也只是单纯负责信号在 0 和 1 比特流之间的替换，并不负责判断数据是否有错误。同时，它只负责将电信号转换为光信号，因此不能在传输速度不同的媒介之间转发▼。

▼ 用中继器无法连接一个 100Mbps 的以太网和另一个 10Mbps 的以太网。连接两个不同速度的网络需要的是网桥或路由器这样的设备。

通过中继器而进行的网络延长，其距离也并非可以无限扩大。例如一个 10Mbps 的以太网最多可以用 4 个中继器分段连接，而一个 100Mbps 的以太网则最多只能连两个中继器。

▼ 中继集线器也可以简称为集线器或 Hub。但现在人们常说的 Hub 更多是指 1.9.4 节所要介绍的交换式集线器。

有些中继器可以提供多个端口服务。这种中继器被称作中继集线器或集线器。因此，集线器▼也可以看作是多口中继器，每个端口都可以成为一个中继器。

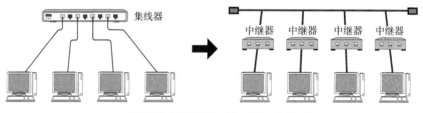

图 1.40
集线器

可以认为集线器的每个端口都是一个中继器。

1.9.4 网桥/2 层交换机

图 1.41
网桥

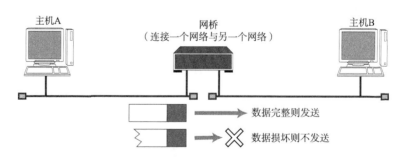

- 网桥根据数据帧的内容转发数据给相邻的其他网络
- 网桥没有连接网段个数的限制
- 网桥基本上只用于连接相同类型的网络。但是有时也可以连接传输速率不同的网络。

网桥是在 OSI 模型的第 2 层——数据链路层面上连接两个网络的设备。它能

▼与分组数据意思大致相同，但是在数据链路层中通常习惯称为帧。具体可参考 2.5.1 节。

▼具有分割、划分网络之意，详细内容可参考 3.1 节。此外，在 TCP 中也可以表示数据。具体可参考 2.5.1 节的专栏。

▼用 CRC（Cyclic Redundancy Check，循环冗余校验码）方式校验数据帧中的位。有时由于噪音导致通信传输当中数据信号越来越弱，而这种 CRC 正是用来检查数据帧是否因此而受到破坏的。

▼网络上传输的数据报文的数量。

够识别数据链路层中的数据帧▼，并将这些数据帧临时存储于内存，再重新生成信号作为一个全新的帧转发给相连的另一个网段▼。由于能够存储这些数据帧，网桥能够连接 10BASE-T 与 100BASE-TX 等传输速率完全不同的数据链路，并且不限制连接网段的个数。

数据链路的数据帧中有一个数据位叫做 FCS▼，用以校验数据是否正确送达目的地。网桥通过检查这个域中的值，将那些损坏的数据丢弃，从而避免发送给其他的网段。此外，网桥还能通过地址自学机制和过滤功能控制网络流量▼。

这里所说的地址是指 MAC 地址、硬件地址、物理地址以及适配器地址，也就是网络上针对 NIC 分配的具体地址。如图 1.42 所示，主机 A 与主机 B 之间进行通信时，只针对主机 A 发送数据帧即可。网桥会根据地址自学机制来判断是否需要转发数据帧。

这类功能是 OSI 参考模型的第 2 层（数据链路层）所具有的功能。为此，有时也把网桥称作 2 层交换机（L2 交换机）。

有些网桥能够判断是否将数据报文转发给相邻的网段，这种网桥被称作自学式网桥。这类网桥会记住曾经通过自己转发的所有数据帧的 MAC 地址，并保存到自己里的内存表中。由此，可以判断哪个网段中包含持有哪类 MAC 地址的设备。

图 1.42

自学式网桥

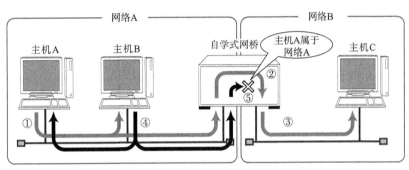

① 主机 A 向主机 B 发送数据帧
② 网桥学习到主机 A 属于网络 A
③ 由于网桥尚不知道主机 B 属于哪个网络，暂时将数据帧转发给网络 B
④ 主机 B 向主机 A 发送数据帧
⑤ 由于网桥此时已经知道主机 A 属于网络 A，不再将应发往主机 A 的数据帧转发给网络 B。并且它也学习到主机 B 属于网络 A。

此后，当主机 A 再发送数据给主机 B 时，只在网络 A 中传送。

▼具有网桥功能的 Hub 叫做交换集线器。只有中继器功能的 Hub 叫做集线器。

以太网等网络中经常使用的交换集线器（Hub▼），现在基本也属于网桥的一种。交换集线器中连接电缆的每个端口都能提供类似网桥的功能。

图 1.43

交换集线器是网桥的一种

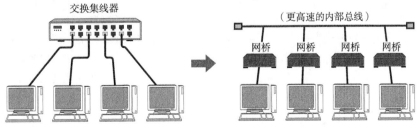

可以认为交换机的每个端口实际上提供着网桥的功能。

1.9.5　路由器/3 层交换机

图 1.44

路由器

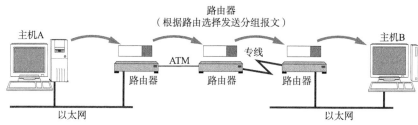

路由器
（根据路由选择发送分组报文）

主机A　　　ATM　　专线　　　主机B

路由器　　路由器　　路由器

以太网　　　　　　　　　　　以太网

· 路由器是连接网络与网络的设备。
· 可以将分组报文发送给另一个目标路由器地址。
· 基本上可以连接任意两个数据链路。

　　路由器是在 OSI 模型的第 3 层——网络层面上连接两个网络、并对分组报文进行转发的设备。网桥是根据物理地址（MAC 地址）进行处理，而路由器/3 层交换机则是根据 IP 地址进行处理的。由此，TCP/IP 中网络层的地址就成为了 IP 地址。

　　路由器可以连接不同的数据链路。例如连接两个以太网，或者连接一个以太网与一个 FDDI。现在，人们在家或办公室里连接互联网时所使用的宽带路由器也是路由器的一种。

▼由于路由器会分割数据链路，因此数据链路层的广播消息将无法继续传播。关于广播的细节请参考 1.7.3 节。

　　路由器还有分担网络负荷的作用▼，甚至有些路由器具备一定的网络安全功能。因此，在连接网络与网络的设备当中，路由器起着极为重要的作用。

1.9.6　4 ~ 7 层交换机

图 1.45

4 ~ 7 层交换机

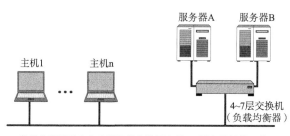

服务器A　　服务器B

主机1　　　主机n

4~7层交换机
（负载均衡器）

· 负载均衡器是向多个服务器分散压力的4~7层交换机的一种。

　　4 ~ 7 层交换机负责处理 OSI 模型中从传输层至应用层的数据。如果用 TCP/IP 分层模型来表述▼，4 ~ 7 层交换机就是以 TCP 等协议的传输层及其上面的应用层为基础，分析收发数据，并对其进行特定的处理。

▼有关 TCP/IP 分层模型的更多细节请参考 2.4.1 节。

▼由 URL（参考 8.5.3 节）指定的连接到互联网的一台或一群服务器。目前根据信息内容可分为游戏站点、资源下载站点以及 Web 站点等多种类型。

　　例如，对于并发访问量非常大的一个企业级 Web 站点▼，使用一台服务器不足以满足前端的访问需求，这时通常会架设多台服务器来分担。这些服务器前端访问的入口地址通常只有一个（企业为了使用者的方便，只会向最终用户开放一个统一的访问 URL）。为了能通过同一个 URL 将前端访问分发到后台多个服务器上，可以在这些服务器的前端加一个负载均衡器。这种负载均衡器就是 4 ~ 7 层交换机的一种▼。

▼此外还可以通过 DNS（参考 5.2 节）实现负载均衡。通过对多个 IP 地址配置同一个名字，每次查询到这个名字的客户得到其中的某一个地址，从而使不同客户访问不同的服务器。该方法也称作循环复用 DNS 技术。

　　此外，实际通信当中，人们希望在网络比较拥堵的时候，优先处理像语音这类对及时性要求较高的通信请求，放缓处理像邮件或数据转发等稍有延迟也并无大碍的通信请求。这种处理被称为带宽控制，也是 4 ~ 7 层交换机的重要功能之一。

除此之外，4 ~ 7 层交换机的应用场景还有很多。例如广域网加速器、特殊应用访问加速以及防火墙（可以防止互联网上的非法访问）等。

1.9.7 网关

图 1.46
网关

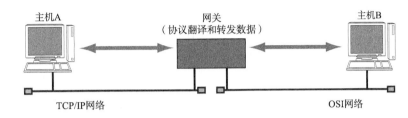

・网关负责协议的转换与数据的转发
・在同一种类型的协议之间转发数据叫做应用网关

▼依照惯例，路由器的表现与"网关"相似。但是本书所指的"网关"仅限于 OSI 参考模型中传输层以上各个分层中进行协议转换的设备或部件。

网关是 OSI 参考模型中负责将从传输层到应用层的数据进行转换和转发的设备▼。它与 4 ~ 7 层交换机一样都是处理传输层及以上的数据，但是网关不仅转发数据还负责对数据进行转换，它通常会使用一个表示层或应用层网关，在两个不能进行直接通信的协议之间进行翻译，最终实现两者之间的通信。

一个非常典型的例子就是互联网邮件与手机邮件之间的转换服务。手机邮件有时可能会与互联网邮件互不兼容，这是由于它们在表示层和应用层中的"电子邮件协议"互不相同所导致的。

那么，为什么连到互联网的电脑与手机之间能够互发电子邮件呢？如图 1.47 所示，互联网与手机之间设置了一道网关。网关负责读取完各种不同的协议后，对它们逐一进行合理的转换，再将相应的数据转发出去。这样一来即使应用的是不同电子邮件的协议，计算机与手机之间也能互相发送邮件。

图 1.47
手机与互联网电子邮件的转换

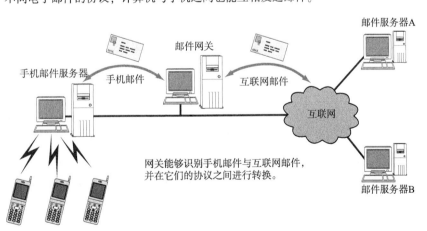

网关能够识别手机邮件与互联网邮件，并在它们的协议之间进行转换。

此外，在使用 WWW（World Wide Web，万维网）时，为了控制网络流量以及出于安全的考虑，有时会使用代理服务器（Proxy Server）。这种代理服务器也是网关的一种，称为应用网关。有了代理服务器，客户端与服务器之间无需在网络层上直接通信，而是从传输层到应用层对数据和访问进行各种控制和处理。防火墙就是一款通过网关通信，针对不同应用提高安全性的产品。

图 1.48

代理服务

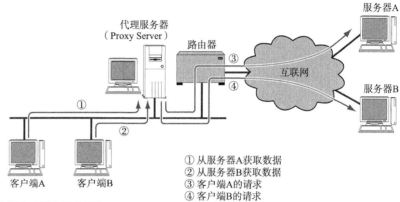

① 从服务器A获取数据
② 从服务器B获取数据
③ 客户端A的请求
④ 客户端B的请求

服务器：提供服务的系统
客户端：接受服务的系统
代理服务器：代替服务器提供服务的系统

图 1.49

各种设备及其对应网络
分层概览

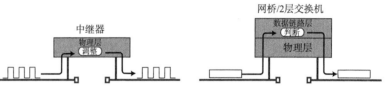

识别0、1序列调整波形进行相应放大与转发。
可以在双绞线电缆与光纤电缆之间转换。

识别数据链路层中的数据帧，重构数据帧转发。
丢弃错误的数据帧。

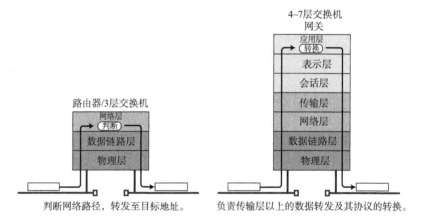

判断网络路径，转发至目标地址。

负责传输层以上的数据转发及其协议的转换。

1.10 现代网络实态

通过前几节的学习，本节我们主要介绍现实当中的网络实态。

▶ 1.10.1 网络的构成

首先，我们以交通道路为例说明现实当中的网络配置。

每座大型城市的道路交通网中，或多或少都分布着高速公路。在计算机网络中有类似高速公路的部分，人们称为"骨干"或"核心"。正如其名，它们是计算机网络的中心。人们通常会选用高速路由器相互连接使之快速传输大量数据。

网络中相应于高速公路出入口的部分被称作"边缘网络"[①]。常用的设备有多功能路由器▼和 3 层交换机。

▼在路由器最基本的功能之上增加了按顺序/种类发送数据的功能，可以根据 TCP/IP 层的协议变换处理方法。

高速公路的出入口通常连接国道、省道，从而可以通往市区街道。计算机网络中连接"边缘网络"的部分叫做"接入层"或"汇聚层"。这样，骨干网可以专注于如何提高业务传输性能和网络的生存性，而将具有业务智能化的高速路由器和交换机移到网络的边缘。边缘网络的常用设备多为 2 层交换机或 3 层交换机。

图 1.50

网络整体组成

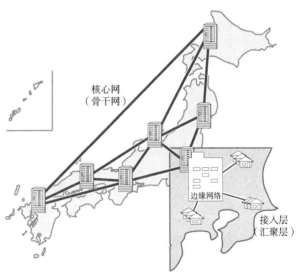

核心网
（骨干网）

边缘网络

接入层
（汇聚层）

---

① 边缘网络：所谓边缘网络是一个极其松散的概念，目前还没有一个统一的说法。可以理解为涉及接入层和汇聚层的网络。——译者注

■ 网络的物理组成与逻辑组成

在道路交通中，由于季节、时间等原因经常发生堵车、限行等事件。计算机网中也是如此，同样会发生网络拥堵、传输时慢时快的现象。

在实际道路交通中，为了解决堵车的问题，通常可以采用增建新的路段或由交警指挥绕行等方法。把这种方法代入到计算机网路中，就相当于增加通信电缆扩大物理层。

然而计算机的网络通信不仅仅在物理线路上进行，还会在其上层的逻辑信道上进行传输。正因为如此，如果在搭建网络的时候事先做好准备，就可以根据虚拟逻辑信道，按需调整宽度。

例如，假如要从名古屋出发驾车到东京，在东名高速途中遇到严重堵车时，可以改道走中央高速或北陆道与关越路避免堵车。这时如果将"东名高速"想象为"从名古屋出发到达东京的高速公路"，那么不论是真的走了东名高速还是改道走中央高速都可以认为是走了"东名高速"。在现代计算机网络中，高速光纤通信与高性能通信设备之间的延迟已经越来越小。就拿日本国内的网络来说，不管选用哪个信道都不会有明显的延迟。甚至人们根本就感觉不到邮件或文件传输的延迟▼。

▼连接国外网络或者连接跨域较广的网络时，有时可能会感觉"慢"。其原因包括线路传输速率慢、多网段连接或长距离连接等。

图 1.51

物理线路与逻辑信道

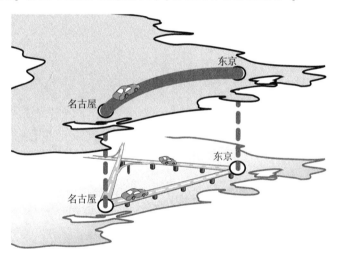

物理线路虽然不同，但可以认为逻辑信道是相同的。

1. 10. 2　互联网通信

让我们再详细解读一下实际的网络是如何构成的。

图 1. 52

互联网服务

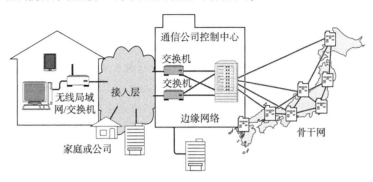

▼在公司规模较大、网络使用者较多，或者从外部有大量的访问进入的情况下，有时可以直接连接到"边缘网络"。

人们在家里或公司连接互联网时，一般会使用互联网接入服务。联网之后，汇集到无线局域网路由器和最近交换机的通信会再次被连接到前面所提到的"接入层"▼。甚至还有可能通过"边缘网络"或"主干网"实现与目标地址之间的通信。

1. 10. 3　移动通信

手机一开机，就会自动与距离最近的基站发生无线通信。基站上设有特定手机基站天线，基地本身也相当于网络的"接入层"。

由一部手机终端发送信号给另一个终端时，它所发出的请求会一直传送到注册对端手机号码的基站，如果对方接听了电话，就等于在这两部手机之间建立了通信连接。

基站收集的通信请求被汇集到控制中心（"边缘网络"），之后会再被接入到互连通信控制中心的主干网。这种手机网络的构成与互联网接入服务非常相似。

图 1. 53

移动通信

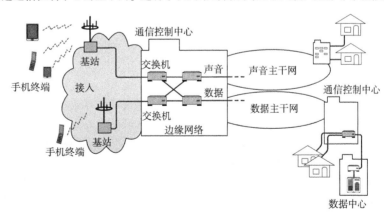

■ LTE 与语音呼叫

　　第 3 代和第 3.5 代移动通信网络的设计初衷，是用来传输最高 64kbps 的语音呼叫以及其他少量的数据通信。而 LTE▼被视作从 3G 向 4G 演变的过渡型技术，是 3GPP▼制定的一种移动通信规范。根据情况不同，它最大可实现下行 300Mbps、上行 75Mbps 的无线通信。

　　在 LTE 的标准中，由于声音也被当作 IP 数据包进行传输▼，所以就有必要在整个网络上应用 TCP/IP 协议。然而，现实当中往往不可能一下子对网络中所有的硬件设备进行更换。对于这种情况，可采用 CSFB▼的技术。这种技术让语音呼叫部分仅在手机通信网络中传输。使之保持与原来的语音呼叫处理一致。

　　以我们生活当中的道路交通为例，CSFB 就相当于将自家门口的道路改造拓宽之后，再修建两条通往市内和主干枢纽的道路，并让两条路分别适用于一般车辆（语音呼叫）和大型车辆（视频数据或通信量较大的应用）。类似地，在手机终端的语音呼叫中，CSFB 保证了通话语音保持与原来一样的高品质传输，让使用者感觉像在自己家里或公司中上网一样，丝毫没有对网络环境有任何不适应的感觉。

　　由于目前通信服务的多样性以及消费者所使用的手机终端日趋高速和高性能化，人们开始研发更多类似 LTE 这种旨在改善网络环境的技术。

■ 公共无线局域网对手机终端的认证

　　在家里或公司的无线局域网中，其线路连接部分往往是固定的，使用者通常仅限于特定的人群。然而，对于公共无线局域网来说，由于运营商不同，所以为了识别每一位使用者的合法性，就有必要对使用者进行验证，以检查他（她）们是否为合法用户。在用户所使用的终端设备真正被连接到"接入层"之前，需要确保只有获得认证的用户才能连接该公共无线局域网。

　　在使用手机或智能手机等移动通信终端时，首先要确认自己的手机要签约哪个移动通信运营商。从而可以让公共无线局域网的提供商从手机终端获取信息以识别是否为网内用户。当然，对于公共无线局域网来说，除此之外一般没有其他特殊的认证要求。

▼长期演进技术
▼由各国标准化制定团体组成的制定第 3 代移动通信标准的组织。

▼现在，语音通信也基本被数字化，都使用 TCP/IP 技术进行传输。

▼ CSFB（Circuit Switched Fallback）

1.10.4 从信息发布者的角度看网络

提到网络信息传播，以往比较主流的做法是，个人和企业自己制作网站（主页）部署到服务器中将所要发布的信息公之于众。而现在，通过博客、托管主机服务▼的案例日渐增多。这种方式的一大优点是不需要做服务器和网络运维的管理，只需要关注自己所要发布信息的特定网站即可。此外，在托管主机的服务中通常会有即时传播信息的机制。

▼托管主机服务是指将用于信息发布的主机放置于互联网数据中心的机房，或者从该机房租赁一台计算机作为发布信息主机的服务。

以动画发布网站（一种替投稿者发布其动画作品的网站）为例。投稿者可能来自世界各地。网站会负责将他（她）们的作品上传到服务器进行发布。对于那些人气较高的动画作品，其访问量可能会达到每天几十万次。面对这么高的并发访问量，托管主机服务，为了减少访问延迟，会集合多个存储于一起，通过连接高速网络，以期提高响应速度。这种方式被人们称作数据中心。

图 1.54

数据中心

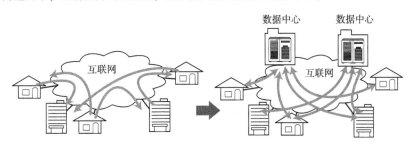

以前，访问由个人或企业自行管理的服务器的情况居多，而现在这种利用数据中心发布信息的情况日益增多。

数据中心由大型服务器、存储以及计算机网络构成。有些大型的数据中心甚至直接连接"主干网"。即使是小规模的数据中心，大多数情况下也会连接到"边缘网络"。

数据中心内部的网络中分布着3层交换机和高速路由器。为了减少网络延迟，也有人正在研究高性能2层交换机的使用。

本章，我们围绕着网络的基础知识与 TCP/IP 之间的关系展开了介绍。现在在日本，不仅是互联网，就连电视电话等日常极为普遍的信息传播方式也离不开 TCP/IP 技术。从下一章开始，我们将详细说明 TCP/IP 及其相关技术。本书虽然以初级入门为主，但对于网络技术人员来说却是必须要牢牢掌握的基础知识，还望大家仔细阅读。

▼内容（content）在此处是指集动画、文章、音乐、应用以及游戏软件于一体，提供阅览以及上传/下载服务的一种信息集中体的统称。

■ 虚拟化和云

以几个比较有特点的网站为背景介绍一下虚拟化与云。读者可能或多或少都访问过抽奖、网游、内容▼下载等网站。这些网站有一个共同的特点，那就是具有明显的访问高峰点。以提供抽奖的站点为例，在抽奖活动期间，白天或周末访问量都非常高，而在抽奖活动结束后基本无人问津。而且，在访问高峰期，网站又必须保证每一个用户都能正常访问，否则极可能会被起诉发生索赔事件。

类似于这种抽奖网站，有些站点所提供内容的种类和性质决定了它们实际上对网络资源的需求时刻都在发生变化。尤其在像数据中心一样配置大量的服务器提供对外服务的环境中，为每个网站和内容提供商分配固定的网络资源显然是低效的。

基于这样一个背景，出现了虚拟化技术。它是指当一个网站（也可以是其他系统）需要调整运营所使用的资源时，并不增减服务器、存储设备、网络等实际的物理设备，而是利用软件将这些物理设备虚拟化，在有必要增减资源的时候，通过软件按量增减的一种机制。通过此机制实现按需分配、按比例分配，对外提供可靠的服务。

利用虚拟化技术，根据使用者的情况动态调整必要资源的机制被人们称作"云"。而且，将虚拟化的系统根据需要自动地进行动态管理的部分被称作"智能协调层"。它能够将服务器、存储、网络看作一个整体进行管理。有了"云"，网络的使用者就可以实现不论何时何地都可以只获取或只提供需要信息的机制。

图 1. 55
云和智能协调

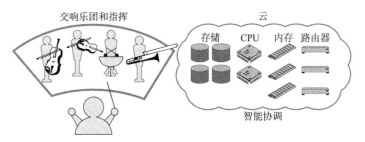

在网络云中，也需要一个像交响乐指挥的协调者。
它可以根据使用者的需求，自动地调整存储、CPU、内存等资源。

第2章

TCP/IP基础知识

TCP（Transmission Control Protocol）和IP（Internet Protocol）是互联网的众多通信协议中最为著名的。本章旨在介绍TCP/IP的发展历程及其相关协议的概况。

7 应用层	**<应用层>** TELNET, SSH, HTTP, SMTP, POP, SSL/TLS, FTP, MIME, HTML, SNMP, MIB, SIP, RTP …
6 表示层	
5 会话层	
4 传输层	**<传输层>** TCP, UDP, UDP-Lite, SCTP, DCCP
3 网络层	**<网络层>** ARP, IPv4, IPv6, ICMP, IPsec
2 数据链路层	**以太网、无线LAN、PPP……** （双绞线电缆、无线、光纤……）
1 物理层	

2.1　TCP/IP 出现的背景及其历史

　　目前，在计算机网络领域中，TCP/IP 协议可谓名气最大、使用范围最广。那么 TCP/IP 是如何在短时间内获得如此广泛普及的呢？有人认为是个人电脑的操作系统如 Windows 和 Mac OS 支持了 TCP/IP 所致。虽然这么说有一定的道理，但还不能算作 TCP/IP 普及的根本原因。其实，在当时围绕着整个计算机产业，全社会形成了一股支持 TCP/IP 的流行趋势，使得各家计算机厂商也不得不适应这种变化，不断生产支持 TCP/IP 的产品。现在，你在市面上几乎找不到一款不支持 TCP/IP 的操作系统。

　　那么，当时的计算机厂商又为何跟随潮流支持 TCP/IP 呢？要了解这个问题，我们不妨追溯一下互联网的发展历史。

▼ 2.1.1　从军用技术的应用谈起

　　20 世纪 60 年代，很多大学和研究机构都开始着力于新的通信技术。其中有一家以美国国防部（DoD，The Department of Defense）为中心的组织也展开了类似的研究。

　　DoD 认为研发新的通信技术对于国防军事有着举足轻重的作用。该组织希望在通信传输的过程中，即使遭到了敌方的攻击和破坏，也可以经过迂回线路实现最终通信，保证通信不中断。如图 2.1 所示，倘若在中心位置的中央节点遇到攻击，就会影响整个网络的通信传输。然而，图 2.2 中网络呈现出由众多迂回线路组成的分布式通信，使其即便在某一处受到通信攻击，也会在迂回线路的极限范围内始终保持通信无阻▼。为了实现这种类型的网络，分组交换技术便应运而生。

▼分布式网络的概念于 1960 年由美国 RAND 研究所的 Paul Baran 提出。

　　人们之所以开始关注分组交换技术，不仅是因为它在军工防卫方面的应用，还在于这种技术本身的一些特征。它可以使多个用户同一时间共享一条通信线路进行通信，从而提高了线路的使用效率，也降低了搭建线路的成本。▼

▼通过分组交换技术实现的分组通信，是在 1965 年由英国 NPL（英国国家物理实验室）的 Donald Davies 提出。

　　到了 20 世纪 60 年代后半叶，已有大量研究人员投身于分组交换技术和分组通信的研究。

图 2.1

容灾性较弱的中央集中式网络

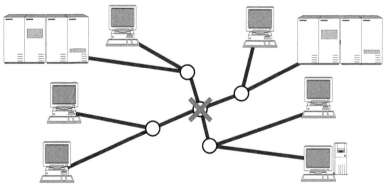

当中心节点发生故障时，绝大多数通信都会受到影响。

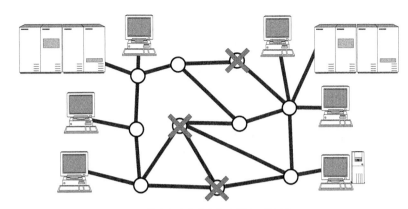

图2.2
容灾性较强的分组网络

即使在几个节点上发生故障，通过迂
回线路仍然能保持分组数据的传输。

▼ 2.1.2　ARPANET 的诞生

　　1969 年，为验证分组交换技术的实用性，研究人员搭建了一套网络。起初，该网络只连接了美国西海岸的大学和研究所等 4 个节点▼。之后，随着美国国防部的重点开发和相关技术的飞速发展，普通用户也逐渐加入其中，发展成了后来巨大规模的网络。

　　该网络被人们称作 ARPANET▼，也是全球互联网的鼻祖。在短短 3 年内，ARPANET 从曾经的 4 个节点迅速发展成为 34 个节点的超大网络。研究人员的实验也获得了前所未有的成功▼，并以此充分证明了基于分组交换技术的通信方法的可行性。

▼这四个节点分别是 UCLA（加州大学洛杉矶分校）、UCSB（加州大学圣巴巴拉分校）、SRI（斯坦福研究所）和犹他州大学。

▼ Advanced Research Projects Agency Network，阿帕网。

▼阿帕网的实验及其协议的开发，是由美国一个叫做 DAR-PA（Defense Advanced Research Projects Agency：国防部高级研究计划署）的政府机构资助的。

▼ 2.1.3　TCP/IP 的诞生

　　ARPANET 的实验，不仅仅是利用几所大学与研究机构组成的主干网络进行分组交换的实验，还会进行在互连计算机之间提供可靠传输的综合性通信协议的实验。于是在 20 世纪 70 年代前半叶，ARPANET 中的一个研究机构研发出了 TCP/IP。在这之后，直到 1982 年，TCP/IP 的具体规范才被最终定下来，并于 1983 年成为 ARPANET 网络唯一指定的协议。

表2.1
TCP/IP 的发展

年　份	事　件
20 世纪 60 年代后半叶	应 DoD 要求，美国开始进行通信技术相关的研发。
1969 年	ARPANET 诞生。开发分组交换技术。
1972 年	ARPANET 取得初步成功。扩展到 50 个节点。
1975 年	TCP/IP 诞生。
1982 年	TCP/IP 规范出炉。UNIX 是最早开始实现 TCP/IP 协议的操作系统。
1983 年	ARPANET 决定正式启用 TCP/IP 为通信协议。
1989 年左右	局域网上的 TCP/IP 应用迅速扩大。
1990 年左右	不论是局域网还是广域网，都开始倾向于使用 TCP/IP。
1995 年左右	互联网开始商用，互联网服务供应商的数量剧增。
1996 年	IPv6 规范出炉，载入 RFC。（后于 1998 年修订）

▼ 2. 1. 4   UNIX 系统的普及与互联网的扩张

TCP/IP 的产生，ARPANET 起到了举足轻重的作用。然而，ARPANET 网络组成之初，由于其节点个数的限制，TCP/IP 的应用范围也受到一定的限制。那么，TCP/IP 后来又是如何在计算机网络中得到如此广泛普及的呢？

▼ BSD UNIX：由美国加州大学伯克利分校开发的免费的 UNIX 系统。

1980 年左右，ARPANET 中的很多大学与研究机构开始使用一种叫做 BSD UNIX 的操作系统。由于 BSD UNIX▼ 实现了 TCP/IP 协议，所以很快在 1983 年，TCP/IP 便被 ARPANET 正式采用。同年，前 SUN 公司也开始向一般用户提供实现了 TCP/IP 的产品。

20 世纪 80 年代不仅是局域网快速发展的时代，还是 UNIX 工作站迅速普及的时代，同时也是通过 TCP/IP 构建网络最为盛行的时代。基于这些趋势，那些大学和研究机构也逐渐开始将 ARPANET 连接到了 NSFnet 网络。此后，基于 TCP/IP 而形成的世界性范围的网络——互联网（The Internet）便诞生了。

以连接 UNIX 主机的形式连接各个终端节点，这一主要方式使互联网得到了迅速的普及。而作为计算机网络主流协议的 TCP/IP，它的发展也与 UNIX 密不可分。到了 80 年代后半叶，那些“各自为政”开发自己通信协议的网路设备供应商们，也陆续开始“顺从”于 TCP/IP 的规范，制造兼容性更好的产品以便用户使用。

▼ 2. 1. 5   商用互联网服务的启蒙

研发互联网最初的目的是用于实验和研究，到了 1990 年逐渐被引入公司企业及一般家庭。也出现了专门提供互联网接入服务的公司（称作 ISP▼），这些都使互联网得到了更为广泛的普及。同时，基于互联网技术的新型应用，如在线游戏、SNS、视频通信等商用服务也如雨后春笋般不断涌现出来。

▼ Internet Service Provider，为个人、公司或教育机构等提供互联网接入服务的供应商。

▼ 1980 年后半叶广为普及的一种网络服务。在这种通信中个人电脑通过电话线和调制解调器（Modem）与主机连接，可以使用电子邮件、公告板等服务。

于是，人们对拨号（当时个人电脑通信▼通过拨号实现）上网的要求越来越高，希望每两个人之间也都能够通过计算机实现通信。然而，个人电脑通信只能为有限的用户提供服务，而且多台电脑加入通信时操作方法又不相同，这给人们带来了一定的不便。

▼ NSFnet 层被禁止商用。

于是，面向公司企业和一般家庭提供专门互联网接入服务的具有商用许可▼的提供商（ISP）便出现了。这时，由于 TCP/IP 已长期应用于研究领域，使人们积累了丰富的经验，因此，面对这样一种成熟的技术，人们对于它的商用价值充满期待。

连接到互联网，人们可以从 WWW 获取世界各处的信息，可以通过电子邮件进行交流，还可以向全世界发布自己的消息。互联网中没有所谓会员的限制，它是一个连接全世界的公共网络。互联网使人们的生活变得更加多姿多彩，人们不仅可以享受多姿多彩的服务，还可以通过互联网自己开创新的服务。

互联网作为一种商用服务迅速发展起来。这使得到 90 年代为止一直占据主导地位的个人电脑通信也开始加入到互联网的行列中来，自由的、开放的互联网就这样以极快的速度为大众所认可，得到更为广泛的普及。

2.2 / TCP/IP 的标准化

20 世纪 90 年代，ISO 开展了 OSI 这一国际标准协议的标准化进程。然而，OSI 协议并没有得到普及，真正被广泛使用的是 TCP/IP 协议。

究其原因，是由 TCP/IP 的标准化所致。TCP/IP 的标准化中有其他协议的标准化没有的要求。这一点就是让 TCP/IP 更迅速地实现和普及的原动力。本节将介绍 TCP/IP 的标准化过程。

▼ 2.2.1 TCP/IP 的具体含义

从字面意义上讲，有人可能会认为 TCP/IP 是指 TCP 与 IP 两种协议。实际生活当中有时也确实就是指这两种协议。然而在很多情况下，它只是利用 IP 进行通信时所必须用到的协议群的统称。具体来说，IP 或 ICMP、TCP 或 UDP、TELNET 或 FTP、以及 HTTP 等都属于 TCP/IP 的协议。它们与 TCP 或 IP 的关系紧密，是互联网必不可少的组成部分。TCP/IP 一词泛指这些协议，因此，有时也称 TCP/IP 为网际协议族▼。

▼网际协议族（Internet Protocol Suite）：组成网际协议的一组协议。

图 2.3
TCP/IP 协议群

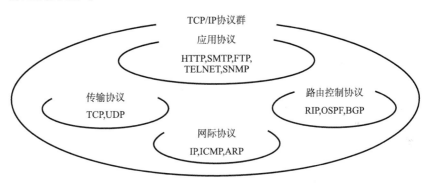

▼ 2.2.2 TCP/IP 标准化精髓

TCP/IP 的协议的标准化过程与其他的标准化过程有所不同，具有两大特点：一是具有开放性，二是注重实用性，即被标准化的协议能否被实际运用。

首先，开放性是由于 TCP/IP 的协议是由 IETF 讨论制定的，而 IETF 本身就是一个允许任何人加入进行讨论的组织。在这里人们通常采用电子邮件组的形式进行日常讨论，而邮件组可以由任何人随时订阅。

其次，在 TCP/IP 的标准化过程中，制订某一协议的规范本身已不再那么重要，而首要任务是实现真正能够实现通信的技术。难怪有人打趣到 "TCP/IP 简直就是先开发程序，后写规格标准"。

虽然这么说有点夸张，不过 TCP/IP 在制定某个协议规范的过程中确实会考虑到这个协议实现▼的可行性。而且在某个协议的最终详细规范出炉的同时，其中一些协议已在某些设备中存在，并且能够进行通信。

▼实现：指开发那些能够让计算机设备按照协议预期产生某些动作或行为的程序和硬件。

为此，TCP/IP 中只要某个协议的大致规范决定下来，人们就会在多个已实现该协议的设备之间进行通信实验，一旦发现有什么问题，可以继续在 IEFT 中讨论，及时修改程序、协议或相应的文档。经过这样一次又一次的讨论、实验和研究，一款协议的规范才会最终诞生。因此，TCP/IP 协议始终具有很强的实用性。

然而，对于那些由于实验环境的限制没有发现问题的协议，将会在后期继续进行改进。相比 TCP/IP，OSI 之所以未能达到普及，主要原因在于未能尽早地制定可行性较强的协议、未能提出应对技术快速革新的协议以及没有能及时进行后期改良的方案这几点。

▼ 2.2.3 TCP/IP 规范——RFC

前面提到 TCP/IP 的协议由 IETF 讨论制定。那些需要标准化的协议，被人们列入 RFC（Request For Comment）▼ 文档并在互联网上公布。RFC 不仅记录了协议规范内容，还包含了协议的实现和运用的相关信息▼，以及实验方面的信息▼。

RFC 文档通过编号组织每个协议的标准化请求。例如 IP 协议的规范由 RFC279 制定，TCP 协议的规范由 RFC793 号文档决定。RFC 的编码是既定的，一旦成为某一 RFC 的内容，就不能再对其进行随意修改。若要扩展已有某个协议规范的内容，一定要有一个全新编号的 RFC 文档对其进行记录。若要修改已有某个协议规范内容，则需要重新发行一个新的 RFC 文档，同时，老的那份 RFC 作废。新的 RFC 文档会明确规定是扩展了哪个已有的 RFC 以及要作废哪个已有 RFC。

此时，有人提出每当对 RFC 进行修改时都要产生新的 RFC 编号太麻烦。为此，人们采用 STD（Standard）方式管理编号。STD 用来记载哪个编号制定哪个协议。因此，同一个协议的规范内容即便发生了变化也不会导致 STD 编号发生变化。

今后，即使协议规范的内容改变也不会改变 STD 编号，但是有可能导致某个 STD 下的 RFC 编号视情况有所增减。

此外，为了向互联网用户和管理者提供更有益的信息，与 STD 类似，FYI（For Your Information）也开始标注编号组织。FYI 为了人们方便检索，也在其每个编号里涵盖了所涉及的 RFC 编号。即使更新内容，编号也不会发生变化。

STD1 记录着所有要求协议标准化的 RFC 状态。到 2012 年 1 月为止，STD1 相当于 RFC5000（很多情况下会采用比较容易记忆的编号）。

▼ RFC 从字面意义上看就是指征求意见表，属于一种征求协议相关意见的文档。

▼ 协议实现或运用相关的信息叫做 FYI（For Your Information）。

▼ 实验阶段的协议称作 Experimental。

▼ 例如 STD5 表示包含 ICMP 的 IP 协议标准。因此，STD5 由 RFC791、RFC919、RFC922、RFC792、RFC950 以及 RFC1112 6 个 RFC 组成。

表2.2
具有代表性的 RFC（2012年1月为止）

▼ Neighbor Discovery Protocol for Internet Protocol Version 6

协　议	STD	RFC	状　态
IP（v4）	STD5	RFC 791、RFC919、RFC922	标准
IP（v6）		RFC2460	草案标准
ICMP	STD5	RFC792、RFC950	标准
ICMPv6		RFC4443	草案标准
ND for IPv6▼		RFC4861	草案标准
ARP	STD37	RFC826	标准
RARP	STD38	RFC903	标准
TCP	STD7	RFC793、RFC3168	标准
UDP	STD6	RFC768	标准
IGMP（v3）		RFC3376	提议标准
DNS	STD13	RFC1034、RFC1035	标准

（续）

协　议	STD	RFC	状　态
DHCP		RFC2131、RFC2132、RFC3315	草案标准
HTTP（v1.1）		RFC2616	草案标准
SMTP		RFC5321	草案标准
	STD10	RFC821、RFC1869、RFC1870	标准
POP（v3）	STD53	RFC1939	标准
FTP	STD9	RFC959、RFC2228	标准
TELNET	STD8	RFC854、RFC855	标准
SNMP	STD15	RFC1157	历史性
SNMP（v3）	STD62	RFC3411、RFC3418	标准
MIB-II	STD17	RFC1213	标准
RMON	STD59	RFC2819	标准
RIP（v2）	STD34	RFC1058	历史性
RIP（v2）	STD56	RFC2453	标准
OSPF（v2）	STD54	RFC2328	标准
EGP	STD18	RFC904	历史性
BGP（v4）		RFC4271	草案标准
PPP	STD51	RFC1661、RFC1662	标准
PPPoE		RFC2516	信息性
MPLS		RFC3031	提议标准
RTP	STD64	RFC3550	标准
主机实现要求	STD3	RFC1122、RFC1123	标准
路由器实现要求		RFC1812、RFC2644	提议标准

■ 新的 RFC 与旧的 RFC

下面，以第 4 章要介绍的 ICMP 为例来介绍一下 RFC 的变迁过程。

ICMP 是由 RFC792 定义、由 RFC950 扩展的。也就是说，ICMP 是由这两个 RFC 文档组合起来构成其详细的规范内容。RFC792 本身废除了以前的 RFC777。而 RFC1256 虽然还未正式成为标准，但目前（到 2012 年 2 月为止）已处于提议标准阶段。

主机和路由器处理 ICMP 时所涉及的要求细节也写入了 RFC，分别为 RFC1122 和 RFC1812▼。

▼ RFC1122 与 RFC1812 中不仅记载了对 ICMP 的处理要求，还记载了主机和路由器对 IP、TCP 以及 ARP 等众多协议在实现上的要求。

▼ 2.2.4　TCP/IP 的标准化流程

　　一个协议的标准化一定要经过 IETF 讨论。IETF 虽然每年只组织 3 次会议，但是日常都会通过邮件组的形式进行讨论，并且该邮件组不限制订阅。

　　TCP/IP 协议的标准化流程大致分为以下几个阶段：首先是互联网草案阶段；其次，如果认为可以进行标准化，就记入 RFC 进入提议标准阶段；第三，是草案标准阶段；最后，才进入真正的标准阶段。

　　如果仔细分析这些阶段，不难发现在协议真正被标准化之前会有一个提议阶段。正是在这一阶段，那些想要对协议提出建议和意见的个人或组织会撰写文档，将内容作为草案发布在互联网上，而讨论也将基于这些文档内容通过邮件进行，从而也可以进行相应的设备实现、模拟以及应用实验。

　　互联网草案的有效期通常为 6 个月。也就是说，只要进入讨论流程，就必须在 6 个月内将所讨论的结果反映到草案，否则将以长时间无任何进展为由自动消除。这也是为了防止一些没有实质意义和实际讨论内容的草案出现。在这个全世界信息泛滥的时代，TCP/IP 的草案也是漫天横飞。因此，去伪存真是非常重要的。

　　经过充分的讨论，如果得到 IESG（IETF Engineering Steering Group，由 IETF 的主要成员组成）的批准，就能被编入 RFC 文档。这个文档叫做提议标准（Proposed Standard）。

　　提议标准中所提出的协议将被众多设备应用。如果能够得到 IESG 的认可，就可以成为草案标准（Draft Standard）。而如果在实际应用当中遇到问题，则可在成为草案标准前进行修订。当然，这种修订也是通过互联网草案的形式发布的。

　　要从草案标准达到真正的标准，还需要更多的设备实现并应用这个特定的协议。若所有参与该协议制定的人都觉得它"实用性强，没有什么问题"，并得到 IESG 的最终批准，那么这个草案标准就可以成为标准。

　　因此标准化的过程是漫长而有风险的。如果未在互联网上被广泛使用，就无法最终成为一个提案标准。TCP/IP 的标准化过程与一般的标准化过程不同。它不是由标准化组织制定为标准以后才开始投入应用，而是到其成为标准的那一刻为止，已经被较为充分地试验并得到了较广的普及▼。那些已经成为标准的 TCP/IP 协议其实早已被人们广泛应用，因此，具有很强的实用性。

▼有些协议不是以标准化为目的，而只是实验性质的。这种协议在 RFC 中被称作实验性协议（Experimental）。

图 2.4
协议的标准化流程

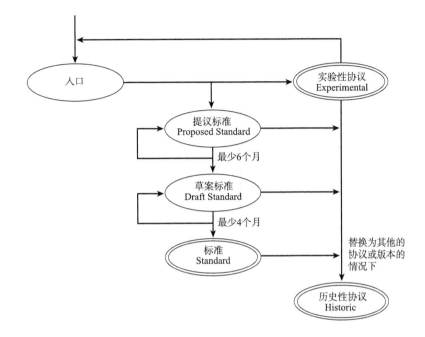

■ 提议标准与草案标准的实现

　　很多情况下，向市场推广一些只实现了 RFC 中标准协议的产品显然不够，因为只有被广泛使用之后才能成为标准。

　　因此从前瞻性考虑，应该实现那些草案协议和提议协议，这样才可能有机会抢先市场。并且，当规范经过修订以后，设备厂商也应该提供升级等方式将其迅速反映到产品当中。

▌2.2.5　RFC 的获取方法

　　获取 RFC 可以有几种方法。最直接的方法就是利用互联网查询 "RFC Editor"（所有的 RFC 都在 "RFC Editor" 中管理）。具体网址为：

```
http://www.rfc-editor.org/rfc/
ftp://ftp.rfc-editor.org/in-notes/
```

　　上面两个网址保存着所有 RFC 文件，网站中有一个名为 rfc-index.txt 的文件包含了所有 RFC 的概览。RFC 网站除了发布 RFC 的相关信息，还提供 RFC 检索功能。

■ 如何获取 STD 或 FYI 以及 ID

STD、FYI、ID（I-D：Internet Draft）号可以从以下网站获取。关于它们的概览也分别记录在 std-index. txt、fyi-index. txt 等文件中。因此可以先从这些网站搜索对应的编号。

- STD 获取网址

  http：//www.rfc-editor.org/in-notes/std/

- FYI 获取网址

  http：//www.rfc-editor.org/in-notes/fyi/

- ID 获取网址

  http：//www.rfc-editor.org/internet-drafts/

2.3 互联网基础知识

"互联网"一词家喻户晓,本书也曾多次提到过。那么互联网究竟是什么? 它与 TCP/IP 之间又有什么关系? 本节就互联网以及互联网与 TCP/IP 之间不可分割的关系做一些简单介绍。

▼ 2.3.1　互联网定义

"互联网",英文单词为"Internet"。从字面上理解,internet 指的是将多个网络连接使其构成一个更大的网络,所以 internet 一词本意为网际网。将两个以太网网段用路由器相连是互联网,将企业内部各部门的网络或公司的内网与其他企业相连接,并实现相互通信的网络也是互联网,甚至一个区域的网络与另一个区域的网络相互连接形成全世界规模的网络也可以称作互联网。然而,现在"互联网"这个词的意思却有所变化。当专门指代网络之间的连接时,可以使用"网际网"这个词。

"互联网"是指由 ARPANET 发展而来、互连全世界的计算机网络。现在, "互联网"已经是一个专有名词了,其对应的英文单词"The Internet"也早已成为固有名词(Internet 指网际网,The Internet 指互联网,首字母大写)▼。

▼ 2.3.2　互联网与 TCP/IP 的关系

互联网进行通信时,需要相应的网络协议,TCP/IP 原本就是为使用互联网而开发制定的协议族。因此,互联网的协议就是 TCP/IP,TCP/IP 就是互联网的协议。

▼ 2.3.3　互联网的结构

如 2.3.1 节中提到,互联网一词原意是网际网,意指连接一个又一个网络。那么连接全世界的互联网也是如此。较小范围的网络之间相连组成机构内部的网络,机构内部的网络之间相连再形成区域网络,而各个区域网络之间再互连,最终就形成了连接全世界的互联网。互联网就是按照这样的形式构成了一个有层次的网络。

互联网中的每个网络都是由骨干网(BackBone)和末端网(Stub)组成的。每个网络之间通过 NOC▼ 相连。如果网络的运营商不同,它的网络连接方式和使用方法也会不同。连接这种异构网络需要有 IX▼ 的支持。总之,互联网就是众多异构的网络通过 IX 互连的一个巨型网络。

图 2.5

互联网的结构

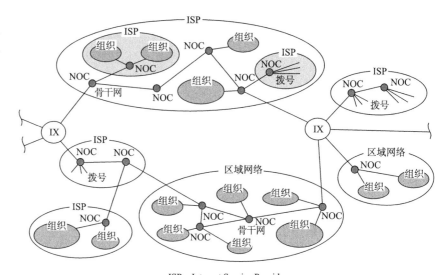

ISP: Internet Service Provider
IX: Internet Exchange
NOC: Network Operation Center

2.3.4 ISP 和区域网

连接互联网需要向 ISP 或区域网提出申请。公司企业或一般家庭申请入网只要联系 ISP 签约即可。

不同的 ISP 所提供的互联网接入服务的项目也不同。例如，不限流量包月、限定上网时限以及有线/无线网络连接等各种各样的服务。

区域网指的是在特定区域内由团体或志愿者所运营的网络。这种方式通常价格比较便宜，但是有时可能会出现连接方式复杂或使用上有限制等情况。

所以人们在实际申请连网前，最好先确认一下 ISP 或区域网所对应的具体服务条目、所提供服务的细则（如接入方式、条件、费用等）等，然后再结合自己的使用目的做决定。

▼实际上有些公司会将互联网看作外在，并对与其连接的设备或协议进行限制。

■ 互联网内外

　　当公司的网络与家里的个人电脑都能连网时，一方面可以认为它们都是互联网的一部分（如图2.6），另一方面，从公司的局域网或家里个人电脑的角度出发，可以认为它们连接的目标网络都是互联网。这种透视方法其实就是在将提供网络的ISP看作是外在、将内外明确划分的一种方法（如图2.7）▼。

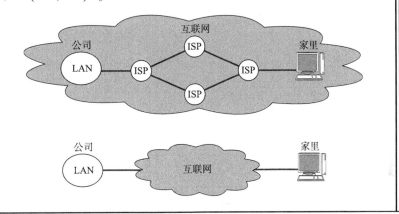

图2.6

将公司网络与家里个人电脑看作互联网一部分的方法

图2.7

将互连的对端看作互联网的方法

2.4   TCP/IP 协议分层模型

TCP/IP 是当今计算机网络界使用最为广泛的协议。TCP/IP 的知识对于那些想构筑网络、搭建网络以及管理网络、设计和制造网络设备甚至是做网络设备编程的人来说都是至关重要的。那么，TCP/IP 究竟是什么呢？本节就 TCP/IP 协议做一个简单地介绍。

▼ 2.4.1   TCP/IP 与 OSI 参考模型

图 2.8

OSI 参考模型与 TCP/IP 的关系

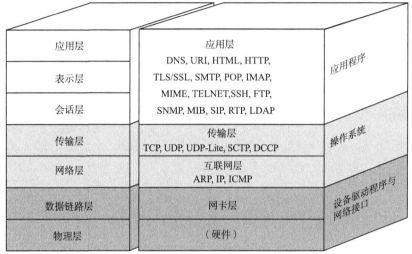

OSI参考模型   TCP/IP分层模型

第 1 章我们介绍了 OSI 参考模型中各个分层的作用。TCP/IP 诞生以来的各种协议其实也能对应到 OSI 参考模型当中。如果了解了这些协议分属 OSI 的哪一层，就能对该协议的目的有所了解。然后对于每个协议的具体技术要求就可以参考相应的规范了。在此，暂时略过协议本身的细节（第 4 章以后详解），先介绍一下各个协议与 OSI 参考模型中各个分层之间的对应关系。

图 2.8 列出了 TCP/IP 与 OSI 分层之间的大致关系。不难看出，TCP/IP 与 OSI 在分层模块上稍有区别。OSI 参考模型注重"通信协议必要的功能是什么"，而 TCP/IP 则更强调"在计算机上实现协议应该开发哪种程序"。

▼ 2.4.2   硬件（物理层）

TCP/IP 的最底层是负责数据传输的硬件。这种硬件就相当于以太网或电话线路等物理层的设备。关于它的内容一直无法统一定义。因为只要人们在物理层面上所使用的传输媒介不同（如使用网线或无线），网络的带宽、可靠性、安全性、延迟等都会有所不同，而在这些方面又没有一个既定的指标。总之，TCP/IP 是在网络互连的设备之间能够通信的前提下才被提出的协议。

▼2.4.3　网络接口层（数据链路层）

▼有时人们也将网络接口层与硬件层合并起来称作网络通信层。

　　网络接口层▼利用以太网中的数据链路层进行通信，因此属于接口层。也就是说，把它当做让 NIC 起作用的"驱动程序"也无妨。驱动程序是在操作系统与硬件之间起桥梁作用的软件。计算机的外围附加设备或扩展卡，不是直接插到电脑上或电脑的扩展槽上就能马上使用的，还需要有相应驱动程序的支持。例如换了一个新的 NIC 网卡，不仅需要硬件，还需要软件才能真正投入使用。因此，人们常常还需要在操作系统的基础上安装一些驱动软件以便使用这些附加硬件▼。

▼2.4.4　互联网层（网络层）

▼现在也有很多是即插即拔的设备，那是因为计算机的操作系统中早已经内置安装好了对应网卡的驱动程序，而并非不需驱动。

　　互联网层使用 IP 协议，它相当于 OSI 模型中的第 3 层网络层。IP 协议基于 IP 地址转发分包数据。

图2.9
互联网层

IP协议的作用是将分组数据包发送到目的主机。

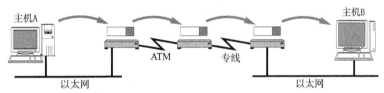

通过互联网层，可以抽象甚至忽略网络结构的细节。从相互通信的主机角度看，对端主机就如同在一个巨大云层的对面。

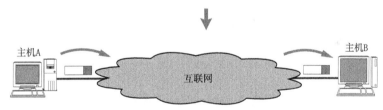

互联网就是具备互联网层功能的网络。

　　TCP/IP 分层中的互联网层与传输层的功能通常由操作系统提供。尤其是路由器，它必须得实现通过互联网层转发分组数据包的功能。

　　此外，连接互联网的所有主机跟路由器必须都实现 IP 的功能。其他连接互联网的网络设备（如网桥、中继器或集线器）就没必要一定实现 IP 或 TCP 的功能▼。

▼有时为了监控和管理网桥、中继器、集线器等设备，也需要让它们具备 IP、TCP 的功能。

■ IP

　　IP 是跨越网络传送数据包，使整个互联网都能收到数据的协议。IP 协议使数据能够发送到地球的另一端，这期间它使用 IP 地址作为主机的标识▼。

▼连接 IP 网络的所有设备必须有自己唯一的识别号以便识别具体的设备。分组数据在 IP 地址的基础上被发送到对端。

　　IP 还隐含着数据链路层的功能。通过 IP，相互通信的主机之间不论经过怎样的底层数据链路都能够实现通信。

　　虽然 IP 也是分组交换的一种协议，但是它不具有重发机制。即使分组数据包未能到达对端主机也不会重发。因此，属于非可靠性传输协议。

■ ICMP

　　IP 数据包在发送途中一旦发生异常导致无法到达对端目标地址时，需要给发送端发送一个发生异常的通知。ICMP 就是为这一功能而制定的。它有时也被用来诊断网络的健康状况。

■ ARP

从分组数据包的 IP 地址中解析出物理地址（MAC 地址）的一种协议。

▼2.4.5　传输层

TCP/IP 的传输层有两个具有代表性的协议。该层的功能本身与 OSI 参考模型中的传输层类似。

图 2.10

传输层

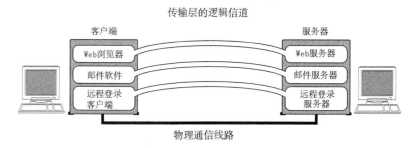

传输层的逻辑信道

传输层最主要的功能就是能够让应用程序之间实现通信。计算机内部，通常同一时间运行着多个程序。为此，必须分清是哪些程序与哪些程序在进行通信。识别这些应用程序的是端口号。

■ TCP

TCP 是一种面向有连接的传输层协议。它可以保证两端通信主机之间的通信可达。TCP 能够正确处理在传输过程中丢包、传输顺序乱掉等异常情况。此外，TCP 还能够有效利用带宽，缓解网络拥堵。

然而，为了建立与断开连接，有时它需要至少 7 次的发包收包，导致网络流量的浪费。此外，为了提高网络的利用率，TCP 协议中定义了各种各样复杂的规范，因此不利于视频会议（音频、视频的数据量既定）等场合使用。

■ UDP

UDP 有别于 TCP，它是一种面向无连接的传输层协议。UDP 不会关注对端是否真的收到了传送过去的数据，如果需要检查对端是否收到分组数据包，或者对端是否连接到网络，则需要在应用程序中实现。

UDP 常用于分组数据较少或多播、广播通信以及视频通信等多媒体领域。

▼2.4.6　应用层（会话层以上的分层）

TCP/IP 的分层中，将 OSI 参考模型中的会话层、表示层和应用层的功能都集中到了应用程序中实现。这些功能有时由一个单一的程序实现，有时也可能会由多个程序实现。因此，细看 TCP/IP 的应用程序功能会发现，它不仅实现 OSI 模型中应用层的内容，还要实现会话层与表示层的功能。

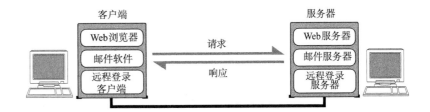

图 2.11
客户端/服务端模型

TCP/IP 应用的架构绝大多数属于客户端/服务端模型。提供服务的程序叫服务端，接受服务的程序叫客户端。在这种通信模式中，提供服务的程序会预先被部署到主机上，等待接收任何时刻客户可能发送的请求。

客户端可以随时发送请求给服务端。有时服务端可能会有处理异常[①]、超出负载等情况，这时客户端可以在等待片刻后重发一次请求。

■ WWW

图 2.12
WWW

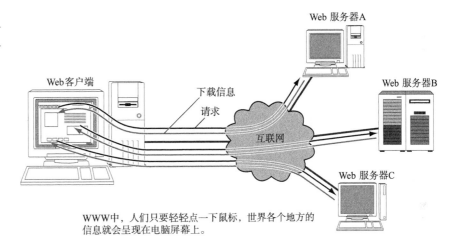

WWW中，人们只要轻轻点一下鼠标，世界各个地方的信息就会呈现在电脑屏幕上。

▼中文叫万维网，是一种互联网上数据读取的规范。有时也叫做 Web、WWW 或 W3。

▼通常可以简化称作浏览器。微软公司的 Internet Explore 以及 Mozilla Foundation 的 Firefox 等都属于浏览器。它们已被人们广泛使用。

WWW[▼] 可以说是互联网能够如此普及的一个重要原动力。用户在一种叫 Web 浏览器[▼]的软件上借助鼠标和键盘就可以轻轻松松地在网上自由地冲浪。也就是说轻按一下鼠标架设在远端服务器上的各种信息就会呈现到浏览器上。浏览器中既可以显示文字、图片、动画等信息，还能播放声音以及运行程序。

浏览器与服务端之间通信所用的协议是 HTTP (HyperText Transfer Protocol)。所传输数据的主要格式是 HTML (HyperText Markup Language)。WWW 中的 HTTP 属于 OSI 应用层的协议，而 HTML 属于表示层的协议。

---

① 当然，如果是整个服务器宕掉，或者服务端容器宕掉，那就只有等待充分恢复之后才能继续处理客户端请求。——译者注

■ 电子邮件（E-Mail）

图 2.13

电子邮件

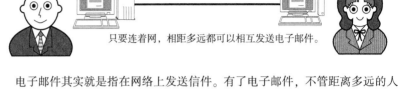

只要连着网，相距多远都可以相互发送电子邮件。

▼只由文字组成的信息。日语最初只能发送 7bit JIS 编码的文字。
▼在互联网上广泛使用的、用来定义邮件数据格式一种规范。在 WWW 与网络论坛中也可以使用。关于这一点的更多细节请参考 8.4.3 节。
▼有时某些机能可能会因为邮件接收端软件的限制不能充分展现。

电子邮件其实就是指在网络上发送信件。有了电子邮件，不管距离多远的人，只要连着互联网就可以相互发送邮件。发送电子邮件时用到的协议叫做 SMTP（Simple Mail Tranfer Protocol）。

最初，人们只能发送文本格式▼的电子邮件。然而现在，电子邮件的格式由 MIME▼ 协议扩展以后，就可以发送声音、图像等各式各样的信息。甚至还可以修改邮件文字的大小、颜色▼。这里提到的 MIME 属于 OSI 参考模型的第 6 层——表示层。

> **■ 电子邮件与 TCP/IP 的发展**
>
> 有人可能会说"TCP/IP 的发展离不开电子邮件！"这句话可能有两方面的含义。
>
> 一方面，电子邮件使用起来非常方便，便于讨论 TCP/IP 协议的进度和细节。而另一方面，为了正常使用电子邮件，需要具备完善的网络环境并对某些协议进行改善。
>
> 总之，电子邮件与 TCP/IP 的发展相辅相成。电子邮件协助改善协议，更加完善的协议又可以令电子邮件的形式多样化。

■ 文件传输（FTP）

图 2.14

FTP

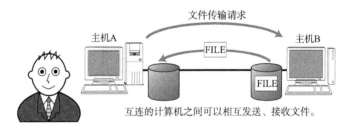

互连的计算机之间可以相互发送、接收文件。

▼最近在文件传输中使用 WWW 的 HTTP 的情况也在增加。
▼用文本方式在 Windows、MacOS 或 Unix 等系统之间进行文件传输时，会自动修改换行符。这也属于表示层的功能。
▼这两种连接的控制管理属于会话层的功能。

文件传输是指将保存在其他计算机硬盘上的文件转移到本地的硬盘上，或将本地硬盘的文件传送到其他机器硬盘上的意思。

该过程使用的协议叫做 FTP（File Transfer Prototol）。FTP 很早就已经投入使用▼，传输过程中可以选择用二进制方式还是文本方式▼。

在 FTP 中进行文件传输时会建立两个 TCP 连接，分别是发出传输请求时所要用到的控制连接与实际传输数据时所要用到的数据连接▼。

■ 远程登录（TELNET 与 SSH）

图 2.15

TELNET

坐在主机A前面的甲远程登录到主机B以后，就和乙一样，可以自由地操作主机B了。

▼ TELetypewriter NETwork 的
缩写。有时也称作默认协议。

▼ SSH 是 Secure SHell 的缩写。

　　远程登录是指登录到远程的计算机上，使那台计算机上的程序得以运行的一种功能。TCP/IP 网络中远程登录常用 TELNET▼ 和 SSH▼ 两种协议。其实还有很多其他可以实现远程登录的协议，如 BSD UNIX 系中 rlogin 的 r 命令协议以及 X Window System 中的 X 协议。

■ 网络管理（SNMP）

图 2.16

网络管理

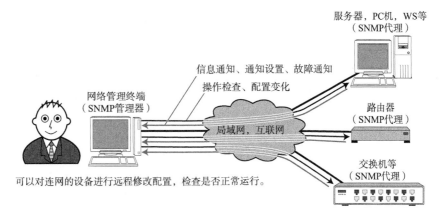

可以对连网的设备进行远程修改配置，检查是否正常运行。

▼ MIB 也被称为是一种可透过
网络的结构变量。

　　在 TCP/IP 中进行网络管理时，采用 SNMP（Simple Network Management Protocol）协议。使用 SNMP 管理的主机、网桥、路由器等称作 SNMP 代理（Agent），而进行管理的那一段叫做管理器（Manager）。SNMP 正是这个 Manager 与 Agent 所要用到的协议。

　　在 SNMP 的代理端，保存着网络接口的信息、通信数据量、异常数据量以及设备温度等信息。这些信息可以通过 MIB（Management Information Base）▼ 访问。因此，在 TCP/IP 的网络管理中，SNMP 属于应用协议，MIB 属于表示层协议。

　　一个网络范围越大，结构越复杂，就越需要对其进行有效的管理。而 SNMP 可以让管理员及时检查网络拥堵情况，及早发现故障，也可以为以后扩大网络收集必要的信息。

2.5 TCP/IP 分层模型与通信示例

　　TCP/IP 是如何在媒介上进行传输的呢？本节将介绍使用 TCP/IP 时，从应用层到物理媒介为止数据处理的流程。

▼ 2.5.1　数据包首部

图 2.17

数据包首部的层次化

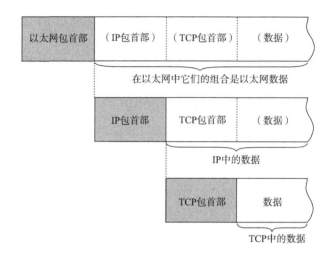

　　每个分层中，都会对所发送的数据附加一个首部，在这个首部中包含了该层必要的信息，如发送的目标地址以及协议相关信息。通常，为协议提供的信息为包首部，所要发送的内容为数据。如图 2.17，在下一层的角度看，从上一分层收到的包全部都被认为是本层的数据。

■ 包、帧、数据报、段、消息

　　以上五个术语都用来表述数据的单位，大致区分如下：

　　包可以说是全能性术语。帧用于表示数据链路层中包的单位。而数据报是 IP 和 UDP 等网络层以上的分层中包的单位。段则表示 TCP 数据流中的信息。最后，消息是指应用协议中数据的单位。

■ 包首部就像是协议的脸

　　网络中传输的数据包由两部分组成：一部分是协议所要用到的首部，另一部分是上层传过来的数据。首部的结构由协议的具体规范详细定义。例如，识别上一层协议的域应该从包的哪一位开始取多少个比特、如何计算校验和并插入包的哪一位等。相互通信的两端计算机如果在识别协议的序号以及校验和的计算方法上不一样，就根本无法实现通信。

　　因此，在数据包的首部，明确标明了协议应该如何读取数据。反过来说，看到首部，也就能够了解该协议必要的信息以及所要处理内容。因此，看到包首部就如同看到协议的规范。难怪有人会说首部就像是协议的脸了。

▛ 2.5.2　发送数据包

假设甲给乙发送电子邮件，内容为："早上好"。而从 TCP/IP 通信上看，是从一台计算机 A 向另一台计算机 B 发送电子邮件。我们就通过这个例子来讲解一下 TCP/IP 通信的过程。

■ ① 应用程序处理

启动应用程序新建邮件，将收件人邮箱填好，再由键盘输入邮件内容"早上好"，鼠标点击"发送"按钮就可以开始 TCP/IP 的通信了。

首先，应用程序中会进行编码处理。例如，日文电子邮件使用 ISO-2022-JP 或 UTF-8 进行编码。这些编码相当于 OSI 的表示层功能。

编码转化后，实际邮件不一定会马上被发送出去，因为有些邮件的软件有一次同时发送多个邮件的功能，也可能会有用户点击"收信"按钮以后才一并接收新邮件的功能。像这种何时建立通信连接何时发送数据的管理功能，从某种宽泛的意义上看属于 OSI 参考模型中会话层的功能。

应用在发送邮件的那一刻建立 TCP 连接，从而利用这个 TCP 连接发送数据。它的过程首先是将应用的数据发送给下一层的 TCP，再做实际的转发处理。

■ ② TCP 模块的处理

▼这种关于连接的指示相当于 OSI 参考模型中的会话层。

TCP 根据应用的指示▼，负责建立连接、发送数据以及断开连接。TCP 提供将应用层发来的数据顺利发送至对端的可靠传输。

为了实现 TCP 的这一功能，需要在应用层数据的前端附加一个 TCP 首部。TCP 首部中包括源端口号和目标端口号（用以识别发送主机跟接收主机上的应用）、序号（用以表示该包中数据是发送端整个数据中第几字节的序列号）以及

▼ Check Sum，用来检验数据的读取是否正常进行的方法。

校验和▼（用以判断数据是否被损坏）。随后将附加了 TCP 首部的包再发送给 IP。

■ ③ IP 模块的处理

IP 将 TCP 传过来的 TCP 首部和 TCP 数据合起来当做自己的数据，并在 TCP 首部的前端在加上自己的 IP 首部。因此，IP 数据包中 IP 首部后面紧跟着 TCP 首部，然后才是应用的数据首部和数据本身。IP 首部中包含接收端 IP 地址以及发送端 IP 地址。紧随 IP 首部的还有用来判断其后面数据是 TCP 还是 UDP 的信息。

IP 包生成后，参考路由控制表决定接受此 IP 包的路由或主机。随后，IP 包将被发送给连接这些路由器或主机网络接口的驱动程序，以实现真正发送数据。

如果尚不知道接收端的 MAC 地址，可以利用 ARP（Address Resolution Protocol）查找。只要知道了对端的 MAC 地址，就可以将 MAC 地址和 IP 地址交给以太网的驱动程序，实现数据传输。

■ ④ 网络接口（以太网驱动）的处理

从 IP 传过来的 IP 包，对于以太网驱动来说不过就是数据。给这数据附加上以太网首部并进行发送处理。以太网首部中包含接收端 MAC 地址、发送端 MAC 地址以及标志以太网类型的以太网数据的协议。根据上述信息产生的以太网数据

▼ Frame Check Sequence

包将通过物理层传输给接收端。发送处理中的 FCS▼由硬件计算，添加到包的最后。设置 FCS 的目的是为了判断数据包是否由于噪声而被破坏。

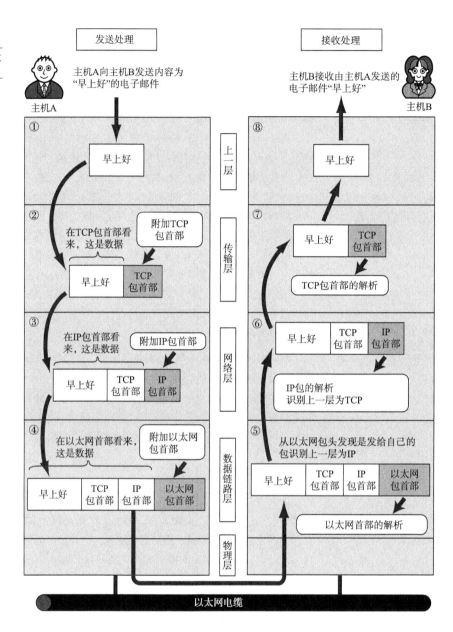

图 2.18

TCP/IP 各层对邮件的收发处理

2.5.3　经过数据链路的包

分组数据包（以下简称包）经过以太网的数据链路时的大致流程如图 2.19 所示。不过请注意，该图对各个包首部做了简化。

包流动时，从前往后依此被附加了以太网包首部、IP 包首部、TCP 包首部（或者 UDP 包首部）以及应用自己的包首部和数据。而包的最后则追加了以太网包尾▼（Ethernet Trailer）。

▼包首部附加于包的前端，而包尾则指追加到包的后端的部分。

每个包首部中至少都会包含两个信息：一个是发送端和接收端地址，另一个是上一层的协议类型。

经过每个协议分层时，都必须有识别包发送端和接收端的信息。以太网会用

MAC 地址，IP 会用 IP 地址，而 TCP/UDP 则会用端口号作为识别两端主机的地址。即使是在应用程序中，像电子邮件地址这样的信息也是一种地址标识。这些地址信息都在每个包经由各个分层时，附加到协议对应的包首部里边。

图 2.19

分层中包的结构

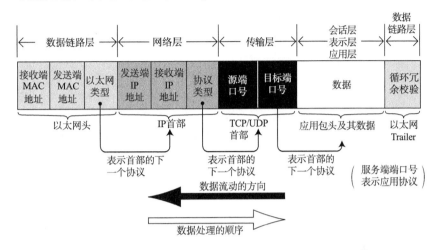

此外，每个分层的包首部中还包含一个识别位，它是用来标识上一层协议的种类信息。例如以太网的包首部中的以太网类型，IP 中的协议类型以及 TCP/UDP 中两个端口的端口号等都起着识别协议类型的作用。就是在应用的首部信息中，有时也会包含一个用来识别其数据类型的标签。

2.5.4　数据包接收处理

包的接收流程是发送流程的逆序过程。

⑤ 网络接口（以太网驱动）的处理

主机收到以太网包以后，首先从以太网的包首部找到 MAC 地址判断是否为发给自己的包。如果不是发给自己的包则丢弃数据▼。

▼很多 NIC 产品可以设置为即使不是发给自己的包也不丢弃数据。这可以用于监控网络流量。

而如果接收到了恰好是发给自己的包，就查找以太网包首部中的类型域从而确定以太网协议所传送过来的数据类型。在这个例子中数据类型显然是 IP 包，因此再将数据传给处理 IP 的子程序，如果这时不是 IP 而是其他诸如 ARP 的协议，就把数据传给 ARP 处理。总之，如果以太网包首部的类型域包含了一个无法识别的协议类型，则丢弃数据。

⑥ IP 模块的处理

IP 模块收到 IP 包首部及后面的数据部分以后，也做类似的处理。如果判断得出包首部中的 IP 地址与自己的 IP 地址匹配，则可接收数据并从中查找上一层的协议。如果上一层是 TCP 就将 IP 包首部之后的部分传给 TCP 处理；如果是 UDP 则将 IP 包首部后面的部分传给 UDP 处理。对于有路由器的情况下，接收端地址往往不是自己的地址，此时，需要借助路由控制表，在调查应该送达的主机或路由器以后再转发数据。

⑦ TCP 模块的处理

在 TCP 模块中，首先会计算一下校验和，判断数据是否被破坏。然后检查是否在按照序号接收数据。最后检查端口号，确定具体的应用程序。

数据接收完毕后，接收端则发送一个"确认回执"给发送端。如果这个回执信息未能达到发送端，那么发送端会认为接收端没有接收到数据而一直反复发送。

数据被完整地接收以后，会传给由端口号识别的应用程序。

■ ⑧ 应 用 程 序 的 处 理

接收端应用程序会直接接收发送端发送的数据。通过解析数据可以获知邮件的收件人地址是乙的地址。如果主机 B 上没有乙的邮件信箱，那么主机 B 返回给发送端一个"无此收件地址"的报错信息。

但在这个例子中，主机 B 上恰好有乙的收件箱，所以主机 B 和收件人乙能够收到电子邮件的正文。邮件会被保存到本机的硬盘上。如果保存也能正常进行，那么接收端会返回一个"处理正常"的回执给发送端。反之，一旦出现磁盘满、邮件未能成功保存等问题，就会发送一个"处理异常"的回执给发送端。

由此，用户乙就可以利用主机 B 上的邮件客户端，接收并阅读由主机 A 上的用户甲所发送过来的电子邮件——"早上好"。

■ SNS 中的通信示例

SNS（Social Network Service），中文叫社交网络，是一种即时共享，即时发布消息给圈内特定联系人的一种服务。如前面电子邮件中通信过程的描述一样，也可以分析用移动终端发送或接收 SNS 消息的过程。

首先，由于移动电话、智能手机、平板电脑等在进行分组数据的通信，因此在它们装入电池开机的那一刻，已经由通信运营商设定了具体的 IP 地址。

启动移动电话中的应用程序时，会连接指定的服务器，经过用户名、密码验证以后服务器上积累的信息就会发送到手机终端上，并由该终端显示具体内容。

图 2.20
TCP/IP 中的网络分层

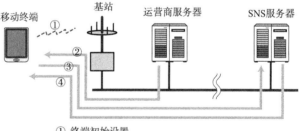

① 终端初始设置
② 由运营商设定终端的IP地址
③ 向SNS服务器发送信息进行用户认证
④ SNS服务器转发数据给终端

类似地，通过 SNS 轻轻一点就能够运行各种工具、发送文本动画等，这都基于互联网的 TCP/IP 应用。因此，在排查这些应用的问题时，TCP/IP 的知识是必不可少的。

第3章

数据链路

　　本章主要介绍计算机网络最基本的内容——数据链路层。如果没有数据链路层，基于TCP/IP的通信也就无从谈起。因此，本章将着重介绍TCP/IP的具体数据链路，如以太网、无线局域网、PPP等。

7 应用层	**<应用层>** TELNET, SSH, HTTP, SMTP, POP, SSL/TLS, FTP, MIME, HTML, SNMP, MIB, SIP, RTP …
6 表示层	
5 会话层	
4 传输层	**<传输层>** TCP, UDP, UDP-Lite, SCTP, DCCP
3 网络层	**<网络层>** ARP, IPv4, IPv6, ICMP, IPsec
2 数据链路层	以太网、无线LAN、PPP…… （双绞线电缆、无线、光纤……）
1 物理层	

3.1 数据链路的作用

数据链路，指 OSI 参考模型中的数据链路层，有时也指以太网、无线局域网等通信手段。

TCP/IP 中对于 OSI 参考模型的数据链路层及以下部分（物理层）未作定义。因为 TCP/IP 以这两层的功能是透明的为前提。然而，数据链路的知识对于深入理解 TCP/IP 与网络起着至关重要的作用。

数据链路层的协议定义了通过通信媒介互连的设备之间传输的规范。通信媒介包括双绞线电缆、同轴电缆、光纤、电波以及红外线等介质。此外，各个设备之间有时也会通过交换机、网桥、中继器等中转数据。

实际上，各个设备之间在数据传输时，数据链路层和物理层都是必不可少的。众所周知，计算机以二进制 0、1 来表示信息，然而实际的通信媒介之间处理的却是电压的高低、光的闪烁以及电波的强弱等信号。把这些信号与二进制的 0、1 进行转换正是物理层（参考附录 3）的责任。数据链路层处理的数据也不是单纯的 0、1 序列，该层把它们集合为一个叫做"帧"的块，然后再进行传输。

本章旨在介绍 OSI 参考模型中数据链路层的相关技术，包括 MAC 寻址（物理寻址）、介质共享、非公有网络、分组交换、环路检测、VLAN（Virtual Local Area Network，虚拟局域网）等。本章也会涉及作为传输方式的数据链路，如以太网、WLAN（Wireless Local Area Network，无线局域网）、PPP（Point to Point Protocol，点对点协议）等概念。数据链路也可以被视为网络传输中的最小单位。其实，仔细观察连通全世界的互联网就可以发现，它也不外乎是由众多这样的数据链路组成的，因此又可以称互联网为"数据链路的集合"。

在以太网与 FDDI（Fiber Distributed Data Interface，光纤分布式数据接口）的规范中，不仅包含 OSI 参考模型的第 2 层数据链路层，也规定了第 1 层物理层的规格。而在 ATM（Asynchronous Transfer Mode，异步传输方式）的规范中，还包含了第 3 层网络层的一部分功能。

以太网

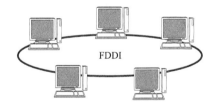

FDDI

点对点电话线路

数据链路是让互联计算机之间相互通信的一种协议，又指通信手段。

■ **数据链路的段**

　　数据链路的段是指一个被分割的网络。然而根据使用者不同，其含义也不尽相同。例如，引入中继器将两条网线相连组成一个网络。

　　这种情况下有两条数据链路：

- 从网络层的概念看，它是一个网络（逻辑上）→ 即，从网络层的立场出发，这两条网线组成一个段。
- 从物理层的概念看，两条网线分别是两个物体（物理上）→ 即，从物理层的观点出发，一条网线是一个段。

图 3.2
段的范围

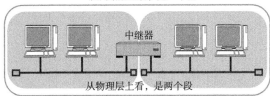

■ **网络拓扑**

　　网络的连接和构成的形态称为网络拓扑（Topology）。网络拓扑包括总线型、环型、星型、网状型等。拓扑一词不仅用于直观可见的配线方式上，也用于逻辑上网络的组成结构。两者有时可能会不一致。图 3.3 展示了配线上的拓扑结构。而目前实际的网络都是由这些简单的拓扑结构错综复杂地组合而成的。

图 3.3
总线型、环型、星型、
网状型

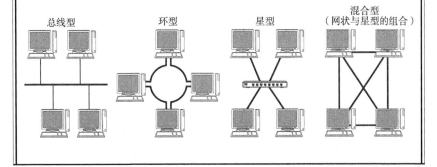

3.2 数据链路相关技术

▼ 3.2.1 MAC 地址

▼ IEEE 指的是美国电气和电子工程师协会，也叫"I triple E"。IEEE802 是制定局域网标准化相关规范的组织。其中 IEEE802.3 是关于以太网（CSMA/CD）的国际规范。

MAC 地址用于识别数据链路中互连的节点（如图 3.4）。以太网或 FDDI 中，根据 IEEE802.3 ▼ 的规范使用 MAC 地址。其他诸如无线 LAN（IEEE802.11a/b/g/n 等）、蓝牙等设备中也是用相同规格的 MAC 地址。

图 3.4

通过 MAC 地址判断目标地址

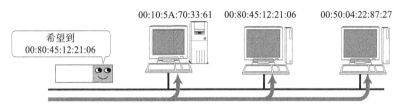

在总线型与环路型的网络中，先暂时获取所有目标站的帧，然后再通过 MAC 寻址。如果是发给自己的就接收，如果不是就丢弃（在令牌环的这种情况下，依次转发给下一个站）。

MAC 地址长 48 比特，结构如图 3.5 所示。在使用网卡（NIC）的情况下，MAC 地址一般会被烧入到 ROM 中。因此，任何一个网卡的 MAC 地址都是唯一的，在全世界都不会有重复 ▼。

▼ 也有例外，具体请参考后页注解。

图 3.5

IEEE802.3 规范的 MAC 地址格式

第 1 位：单播地址（0）/多播地址（1）
第 2 位：全局地址（0）/本地地址（1）
第 3~24 位：由 IEEE 管理并保证各厂家之间不重复
第 25~48 位：由厂商管理并保证产品之间不重复

＊该图表示比特流在网络中的流动顺序。
MAC 地址一般用十六进制数表示。注意，如果以十六进制表示，此图中已按照每 8 比特转换了对应的值，并替换了前后顺序。

例如，
用十六进制多播 MAC 地址（上图中第 1 比特为 1）表示……

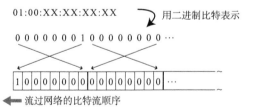

MAC 地址中 3~24 位（比特位）表示厂商识别码，每个 NIC 厂商都有特定唯一的识别数字。25~48 位是厂商内部为识别每个网卡而用。因此，可以保证全世界不会有相同 MAC 地址的网卡。

IEEE802.3 制定 MAC 地址规范时没有限定数据链路的类型，即不论哪种数据链路的网络（以太网、FDDI、ATM、无线 LAN、蓝牙等），都不会有相同的 MAC 地址出现。

■ 例外情况——MAC 地址不一定是唯一的

在全世界，MAC 地址也并不总是唯一的。实际上，即使 MAC 地址相同，只要不是同属一个数据链路就不会出现问题。

例如，人们可以在微机板上自由设置自己的 MAC 地址。再例如，一台主机上如果启动多个虚拟机，由于没有硬件的网卡只能由虚拟软件自己设定 MAC 地址给多个虚拟网卡，这时就很难保证所生成的 MAC 地址是独一无二的了。

但是，无论哪个协议成员通信设备，设计前提都是 MAC 地址的唯一性。这也可以说是网络世界的基本准则。

■ 厂商识别码

有一种设备叫网络分析器。它可以分析出局域网中的包是由哪个厂商的网卡发出的。它通过读取数据帧当中发送 MAC 地址里的厂商识别码进行识别。由于能够迅速定位是否有未知厂商识别码的网卡发送异常的包，这一功能在由多个厂商的设备构成的网络环境中，对于分析问题极为有效。

厂商识别码官方的叫法是 OUI（Organizationally Unique Ideifier）。OUI 信息一般都会公开在以下网站上▼：

> ▼由于最近网络设备厂商的收购与合并，OUI 的数据库和实际厂商名字也出现了不一致的情况。

http: //standards. ieee. org/develop/regauth/oui/public. html

此外，MAC 地址的分配，通过以下站点申请（收费）：

http: //standards. ieee. org/develop/regauth/oui /index. html

---

▼3.2.2 共享介质型网络

从通信介质（通信，介质）的使用方法上看，网络可分为共享介质型和非共享介质型。

共享介质型网络指由多个设备共享一个通信介质的一种网络。最早的以太网和 FDDI 就是介质共享型网络。在这种方式下，设备之间使用同一个载波信道进行发送和接收。为此，基本上采用半双工通信（参考 3.2.3 节后面的详解）方式，并有必要对介质进行访问控制。

共享介质型网络中有两种介质访问控制方式：一种是争用方式，另一种是令牌传递方式。

■ 争用方式

争用方式（Contention）是指争夺获取数据传输的权力，也叫 CSMA（载波监听多路访问）。这种方法通常令网络中的各个站▼采用先到先得的方式占用信道发送数据，如果多个站同时发送帧，则会产生冲突现象。也因此会导致网络拥堵与性能下降。

▼数据链路中很多情况下称节点为"站"。

图 3.6

争用方式

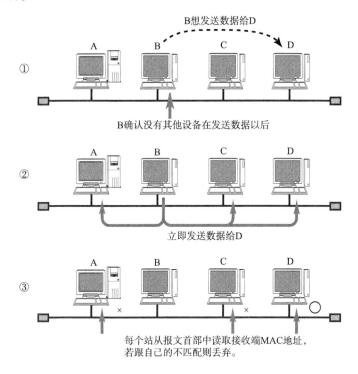

①　B想发送数据给D

B确认没有其他设备在发送数据以后

②　立即发送数据给D

③　每个站从报文首部中读取接收端MAC地址，若跟自己的不匹配则丢弃。

▼ Carrier Sense Multiple Access with Collision Detection

在一部分以太网当中，采用了改良 CSMA 的另一种方式——CSMA/CD▼ 方式。CSMA/CD 要求每个站提前检查冲突，一旦发生冲突，则尽早释放信道。其具体工作原理如下：

▼实际上会发送一个 32 位特别的信号，在阻塞报文以后再停止发送。接收端通过发生冲突时帧的 FCS（参考 3.3.4 节），判断出该帧不正确从而丢弃帧。

- 如果载波信道上没有数据流动，则任何站都可以发送数据。
- 检查是否会发生冲突。一旦发生冲突时，放弃发送数据▼，同时立即释放载波信道。
- 放弃发送以后，随机延时一段时间，再重新争用介质，重新发送帧。

CSMA/CD 具体工作原理请参考图 3.7。

图 3.7

CSMA/CD 方式

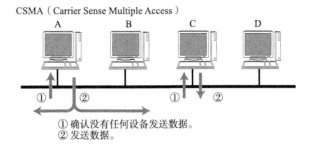

CSMA（Carrier Sense Multiple Access）

① 确认没有任何设备发送数据。
② 发送数据。

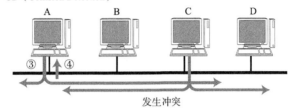

CD（Collision Detection）

发生冲突

③ 一边发送数据。
④ 一边监控电压。

· 直到发送完数据，如果电压一直处于规定范围内，就认为数据已正常发送。
· 发送途中，如果电压一旦超出规定范围，就认为是发生了冲突。
· 发生冲突时先发送一个阻塞报文后，放弃发送数据帧，在随机延时一段时间后进行重发。

* 这种通过电压检查冲突的硬件属于同轴电缆。

■ 令牌传递方式

令牌传递方式是沿着令牌环发送一种叫做"令牌"的特殊报文，是控制传输的一种方式。只有获得令牌的站才能发送数据。这种方式有两个特点：一是不会有冲突，二是每个站都有通过平等循环获得令牌的机会。因此，即使网络拥堵也不会导致性能下降。

当然，这种方式中，一个站在没有收到令牌前不能发送数据帧，因此在网络不太拥堵的情况下数据链路的利用率也就达不到 100%。为此，衍生了多种令牌传递的技术。例如，早期令牌释放、令牌追加▼等方式以及多个令牌同时循环等方式。这些方式的目的都是为了尽可能地提高网络性能。

▼不等待接收方的数据到达确认就将令牌发送给下一个站。

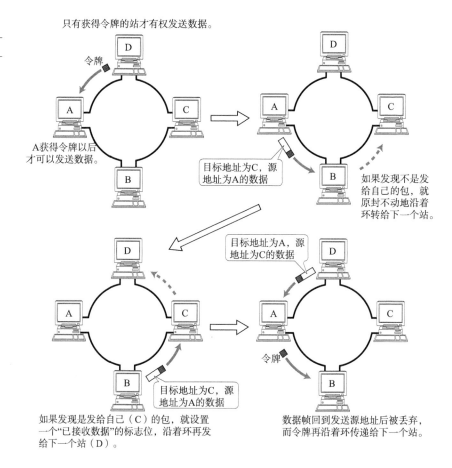

图 3.8

令牌传递方式

只有获得令牌的站才有权发送数据。

A获得令牌以后
才可以发送数据。

目标地址为C，源
地址为A的数据

如果发现不是发
给自己的包，就
原封不动地沿着
环转给下一个站。

目标地址为A，源
地址为C的数据

目标地址为C，源
地址为A的数据

令牌

如果发现是发给自己（C）的包，就设置
一个"已接收数据"的标志位，沿着环再发
给下一个站（D）。

数据帧回到发送源地址后被丢弃，
而令牌再沿着环传递给下一个站。

3.2.3　非共享介质网络

非共享介质网络是指不共享介质，是对介质采取专用的一种传输控制方式。在这种方式下，网络中的每个站直连交换机，由交换机负责转发数据帧。此方式下，发送端与接收端并不共享通信介质，因此很多情况下采用全双工通信方式（具体请参考本节最后的详解）。

不仅 ATM 采用这种传输控制方式，最近它也成为了以太网的主流方式。通过以太网交换机构建网络，从而使计算机与交换机端口之间形成一对一的连接，即可实现全双工通信。在这种一对一连接全双工通信的方式下不会发生冲突，因此不需要 CSMA/CD 的机制就可以实现更高效的通信。

该方式还可以根据交换机的高级特性构建虚拟局域网（VLAN，Virtual LAN）▼、进行流量控制等。当然，这种方式也有一个致命的弱点，那就是一旦交换机发生故障，与之相连的所有计算机之间都将无法通信。

▼关于 VLAN 的更多细节请参考 3.2.6 节。

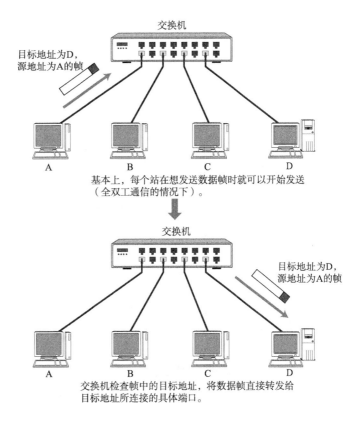

图 3.9
非共享介质型网络

目标地址为D，源地址为A的帧

交换机

A B C D

基本上，每个站在想发送数据帧时就可以开始发送
（全双工通信的情况下）。

交换机

目标地址为D，源地址为A的帧

A B C D

交换机检查帧中的目标地址，将数据帧直接转发给
目标地址所连接的具体端口。

■ 半双工与全双工通信

半双工是指，只发送或只接收的通信方式。它类似于无线电收发器，若两端同时说话，是听不见对方说的话的。而全双工不同，它允许在同一时间既可以发送数据也可以接收数据。类似于电话，接打双方可以同时说话。

采用 CSMA/CD 方式的以太网，如图 3.7 所示，首先要判断是否可以通信，如果可以就独占通信介质发送数据。因此，它像无线电收发器一样，不能同时接收和发送数据。

图 3.10
半双工通信

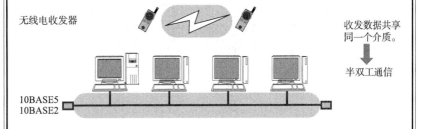

无线电收发器

收发数据共享
同一个介质。

半双工通信

10BASE5
10BASE2

▼一般一根双绞线包着 8 个 (4 对) 芯线。

同样是以太网，在使用交换机与双绞线电缆（亦或光纤电缆）的情况下，既可以通过交换机的端口与计算机之间进行一对一的连接，也可以通过相连电缆内部的收发线路▼分别进行接收和发送数据。因此，交换机的端口与计算机之间可以实现同时收发的全双工通信。

图 3.11

全双工通信

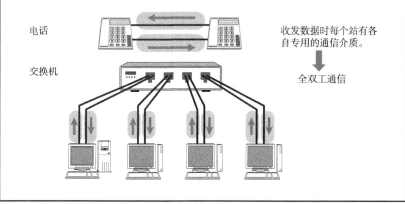

电话

交换机

收发数据时每个站有各自专用的通信介质。

全双工通信

▼ 3.2.4　根据 MAC 地址转发

在使用同轴电缆的以太网（10BASE5、10BASE2）等介质共享网络中，同一时间只能有一台主机发送数据。当连网的主机数量增加时，通信性能会明显下降。若将集线器或集中器等设备以星型连接，就出现了一款新的网络设备——交换集线器，这是一种将非介质共享型网络中所使用的交换机用在以太网中的技术，交换集线器也叫做以太网交换机。

▼计算机设备的外部接口都称做端口。必须注意 TCP 或 UDP 等传输层协议中的"端口"另有其他含义。

以太网交换机就是持有多个端口▼的网桥。它们根据数据链路层中每个帧的目标 MAC 地址，决定从哪个网络接口发送数据。这时所参考的、用以记录发送接口的表就叫做转发表（Forwarding Table）。

这种转发表的内容不需要使用者在每个终端或交换机上手工设置，而是可以自动生成。数据链路层的每个通过点在接到包时，会从中将源 MAC 地址以及曾经接收该地址发送的数据包的接口作为对应关系记录到转发表中。以某个 MAC 地址作为源地址的包由某一接口接收，实质上可以理解为该 MAC 地址就是该接口的目标。因此也可以说，以该 MAC 地址作为目标地址的包，经由该接口送出即可。这一过程也叫自学过程。

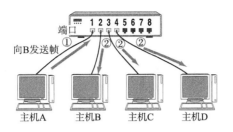

图 3.12
交换机的自学原理

向B发送帧

主机A   主机B   主机C   主机D

① 从源MAC地址可以获知主机A与
端口1相连接。

② 拷贝那些以"未知"MAC地址
为目标的帧给所有的端口。

④ 向A发送帧

③

主机A   主机B   主机C   主机D

③ 从源MAC地址可以获知主机B与
端口2相连接。

④ 由于已经知道主机A与端口1
相连接，那么发给主机A的帧
只拷贝给端口1。

以后，主机A与主机B的通信就只在
它们各自所连接的端口之间进行。

▼关于地址的层次性，请参考
1.8.2 节。

　　由于 MAC 地址没有层次性▼，转发表中的入口个数与整个数据链路中所有网络设备的数量有关。当设备数量增加时，转发表也会随之变大，检索转发表所用的时间也就越来越长。当连接多个终端时，有必要将网络分成多个数据链路，采用类似于网络层的 IP 地址一样对地址进行分层管理。

▼关于 FCS 的更多细节请参考
3.3.4 节。

■ 交换机转发方式

　　交换机转发方式有两种，一种叫存储转发，另一种叫直通转发。

　　存储转发方式检查以太网数据帧末尾的 FCS▼ 位后再进行转发。因此，可以避免发送由于冲突而被破坏的帧或噪声导致的错误帧。

　　直通转发方式中不需要将整个帧全部接收下来以后再进行转发。只需要得知目标地址即可开始转发。因此，它具有延迟较短的优势。但同时也不可避免地有发送错误帧的可能性。

▶ 3.2.5 环路检测技术

▼是指由于异常的数据帧遍布网络，造成无法正常通信的状态。很多情况下只有关掉网络设备的电源或断开网络才能恢复。

　　通过网桥连接网络时，一旦出现环路该如何处理？这与网络的拓扑结构和所使用的网桥种类有直接关系。最坏的情况下，数据帧会在环路中被一而再再而三地持续转发。而一旦这种数据帧越积越多将会导致网络瘫痪。▼

　　为此，有必要解决网络中的环路问题。具体有生成树与源路由两种方式。如果使用具有这些功能的网桥，那么即使构建了一个带有环路的网络，也不会造成那么严重的问题。只要搭建合适的环路，就能分散网络流量，在发生某一处路由故障时选择绕行，可以提高容灾能力。

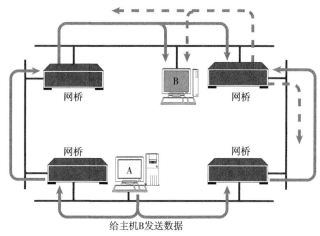

图 3. 13

网桥搭建带有环路的网络

给主机B发送数据

网桥将数据帧拷贝给相连的链路，会导致数据帧在网络中一直被循环转发。

■　生成树方式

　　该方法由 IEEE802.1D 定义。每个网桥必须在每 1~10 秒内相互交换 BPDU（Bridge Protocol Data Unit）包，从而判断哪些端口使用哪些不使用，以便消除环路。一旦发生故障，则自动切换通信线路，利用那些没有被使用的端口继续进行传输。

　　例如，以某一个网桥为构造树的根（Root），并对每个端口设置权重。这一权重可以由网络管理员适当地设置，指定优先使用哪些端口以及发生问题时该使用哪些端口。

　　生成树法其实与计算机和路由器的功能没有关系，但是只要有生成树的功能就足以消除环路。

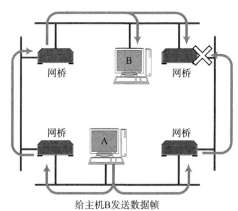

图 3. 14

生成树法

生成树协议通过检查网络的结构、禁止某些端口的使用可以有效地消除环路。然而，该端口可以作为发生问题时可绕行的端口。

给主机B发送数据帧

　　IEEE802.1D 中所定义的生成树方法有一个弊端，就是在发生故障切换网络时需要几十秒的时间。为了解决这个用时过长的问题，在 IEEE802.1W 中定义了一个叫 RSTP（Rapid Spanning Tree Protocol）的方法。该方法能将发生问题时的恢复时间缩短到几秒以内。

■ 源路由法

▼关于 Token Ring 的更多细节，请参考 3.6.4 节。

源路由法最早由 IBM 提出，以解决令牌环▼网络的问题。该方式可以判断发送数据的源地址是通过哪个网桥实现传输的，并将帧写入 RIF（Routing Information Field）。网桥则根据这个 RIF 信息发送帧给目标地址。因此，即使网桥中出现了环路，数据帧也不会被反复转发，可成功地发送到目标地址。在这种机制中发送端本身必须具备源路由的功能。

3.2.6　VLAN

进行网络管理的时候，时常会遇到分散网络负载、变换部署网络设备的位置等情况。而有时管理员在做这些操作时，不得不修改网络的拓扑结构，这也就意味着必须进行硬件线路的改造。然而，如果采用带有 VLAN 技术的网桥，就不用实际修改网络布线，只需修改网络的结构即可。VLAN 技术附加到网桥/2 层交换机（曾在 1.9.4 节做过介绍）上，就可以切断所有 VLAN 之间的所有通信。因此，相比一般的网桥/2 层交换机，VLAN 可以过滤多余的包，提高网络的承载效率。

那么 VLAN 究竟是什么？如图 3.15 所示，该交换机按照其端口区分了多个网段，从而区分了广播数据传播的范围、减少了网络负载并提高了网络的安全性。然而异构的两个网段之间，就需要利用具有路由功能的交换机（如 3 层交换机），或在各段中间通过路由器的连接才能实现通信。

图 3.15

简单的 VLAN

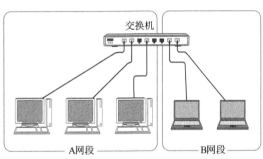

即使连接了同一个交换集线器，也可以分成不同的网段。

对这种 VLAN 进行了扩展，又定义了 IEEE802.1Q 的标准（也叫 TAG VLAN），该标准允许包含跨越异构交换机的网段。TAG VLAN 中对每个网段都用一个 VLAN ID 的标签进行唯一标识。在交换机中传输帧时，在以太网首部加入这个 VID 标签，根据这个值决定将数据帧发送给哪个网段。各个交换机之间流动的数据帧的格式请参考图 3.21 中的帧格式。

随着 VLAN 技术的应用，不必再重新修改布线，只要修改网段即可。当然，有时物理网络结构与逻辑网络结构也可能会出现不一致的情况，导致不易管理。为此，应该加强对网段构成及网络运行等的管理。

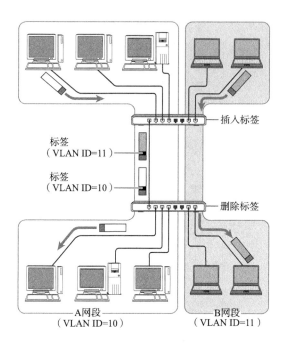

图 3. 16
跨交换机的 VLAN

3.3 以太网

▼以太网（Ethernet）一词源于 Ether（以太），意为介质。在爱因斯坦提出光量子论之前，人们普遍认为宇宙空间充满以太，并以波的形式传送着光。

在众多数据链路中最为著名、使用最为广泛的莫过于以太网（Ethernet）▼。它的规范简单，易于 NIC（网卡）及驱动程序实现。因此，在 LAN 普及初期，以太网网卡相对其他网卡，价格也比较低廉。这也同时促进了以太网自身的普及。从最初的 10Mbps、1Gbps、10Gbps 到后来的 40Gbps/100Gbp 以太网已能够支持高速网络。现在，以太网已成为最具兼容性与未来发展性的一种数据链路。

以太网最早是由美国的 Xerox 公司与前 DEC 公司设计的一种通信方式，当时命名为 Ethernet。之后由 IEEE802.3 委员会将其规范化。但是这两者之间对以太网网帧的格式定义还是有所不同的。因此，IEE802.3 所规范的以太网有时又被称为 802.3 以太网▼。

▼反之，一般的以太网则有时被叫做 DIX 以太网。DIX 由 DEC、Intel 和 Xerox 等公司名称的首字母组成。

3.3.1 以太网连接形式

▼关于共享介质型的更多细节请参考 3.2.2 节。

在以太网普及之初，一般采用多台终端使用同一根同轴电缆的共享介质型▼连接方式。

图 3.17
初期以太网结构举例

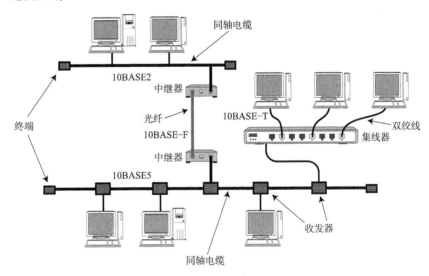

而现在，随着互连设备的处理能力以及传输速度的提高，一般都采用终端与交换机之间独占电缆的方式实现以太网通信，如图 3.18。

图 3.18
现代以太网结构举例

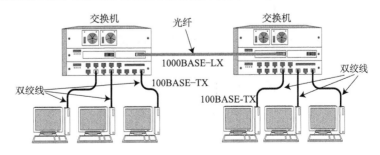

▶3.3.2 以太网的分类

以太网因通信电缆的不同及通信速度的差异，衍生出了众多不同的以太网类型。

10BASE 中的 "10"、100BASE 中的 "100"、1000BASE 中的 "1000" 以及 10GBASE 中的 "10G" 分别指 10Mbps、100Mbps、1Gbps 以及 10Gbps 的传输速度。而追加于后面的 "5"、"2"、"T"、"F" 等字符表示的是传输介质。在传输速度相同而传输所用电缆不同的情况下，可以连接那些允许更换传输介质的中继器或集线器。而在传输速度不同的情况下，则必须采用那些允许变更速度的设备如网桥、交换集线器或路由器。

表 3.1

以太网主要分类及其特点

▼ Unshielded Twisted Pair Cable，非屏蔽双绞线。

▼ Category 的简写。TIA/EIA（Telecommunication Industries Association / Electronic Industries Alliance，美国电信工业协会/美国电子工业协会）制定的双绞线规格。CAT 值越大，表明传输速度越高。

▼ Multi Mode Fiber，多模光纤。

▼ Shielded Twisted Pair Cable，屏蔽双绞线。

▼ Single Mode Fiber，单模光纤。

以太网种类	电缆最大长度	电缆种类
10BASE2	185m（最大节点数为 30）	同轴电缆
10BASE5	500m（最大节点数为 100）	同轴电缆
10BASE-T	100m	双绞线（UTP▼-CAT▼ 3-5）
10BASE-F	1000m	多模光纤（MMF▼）
100BASE-TX	100m	双绞线（UTP-CAT5/STP▼）
100BASE-FX	412m	多模光纤（MMF）
100BASE-T4	100m	双绞线（UTP-CAT3-5）
1000BASE-CX	25m	屏蔽铜线
1000BASE-SX	220m/550m	多模光纤（MMF）
1000BASE-LX	550m/5000m	多模/单模光纤（MMF/SMF▼）
1000BASE-T	100m	双绞线（UTP-CAT5/5e）
10GBASE-SR	26m~300m	多模光纤（MMF）
10GBASE-LR	1000m~2500m	单模光纤（SMF）
10GBASE-ER	3000m/4000m	单模光纤（SMF）
10GBASE-T	100m	双绞线（UTP/FTP▼ CAT6a）

▼ Foil Twisted-Pair，铝箔总屏蔽双绞线。

■ **传输速度与计算机内部的表现值**

计算机内部采用二进制，因此以 2^{10} 表示最接近于 1000 的值。于是有如下等式。

- 1K = 1024
- 1M = 1024K
- 1G = 1024M

而以太网中以时钟频率决定传输速度。以下等式请不要与上面混淆。

- 1K = 1000
- 1M = 1000K
- 1G = 1000M

▼3.3.3　以太网的历史

最早被规范化的以太网采用同轴电缆的总线型 10BASE5 网络。之后，出现了使用细同轴电缆的 10BASE2（thin 以太网）、双绞线 10BASE-T（双绞线以太网）、高速 100BASE-TX（高速以太网）、1000BASE-T（千兆以太网）以及 10G 以太网等众多以太网规范。

▼ CSMA 或 CSMA/CD 相关的更多细节请参考 3.2.2 节的争用方式。

起初以太网的访问控制一般以半双工通信为前提采用 CSMA/CD▼ 方式。CSMA/CD 前身与以太网同步使用，主要用来解决冲突检查的问题。然而，这时的 CSMA/CD 同时也成为了以太网高速化的一个主要瓶颈。即使出现了 100Mbps 的 FDDI，以太网仍然滞留在 10Mbps 的速度上，以至于人们一度认为要想获取更高速的网络，只能放弃以太网另寻他路。

▼ ATM 中将固定长度的信元通过交换机快速传送。具体请参考 3.6.1 节。

▼ 100BASE-TX 在满足快速通信的同时，采用价格低廉的 CAT5 非屏蔽双绞线（UTP）。

而这种状况并没有持续太久，随着 ATM 交换技术▼ 的进步和 CAT5 UTP▼ 电缆的普及很快就被打破。以太网的结构也发生了变化，逐渐采用像非共享介质网络那样直接与交换机连接的方式。于是，冲突检查不再是必要内容，网络变得更加高速。实际上，不支持半双工通信方式的 10G 以太网中就没有采用 CSMA/CD 方式。另外，在此需要指出的是没有交换机的半双工通信方式以及使用同轴电缆的总线型连接方式已渐渐退出舞台，使用范围在逐渐减少。

从此，由于不会产生冲突，早先人们所认为的那些在网络拥堵的情况下性能下降得都不如 FDDI 的观点也逐渐淡化。而且在同等性能的情况下，以太网简单的结构与低廉的成本是 FDDI 所不能比及的。难怪有人认为，随着以太网的迅速发展（从 100Mbps，1Gbps 到 10Gbps），可以说已经"没必要再研究其他有线局域网技术"了。

前面提及了多种以太网类型。不论哪种类型的以太网，它们都有一个共性：由 IEEE802.3 的分会（Ethernet Working Group）进行标准化。

■ IEEE802

IEEE（The Institute of Electronical and Electronics Engineers，美国电子和电气工程师协会）委员会中，依据不同的工作小组制定了各种局域网技术标准。以下是 IEEE802 委员会的构成。因于 1980 年 2 月启动局域网国际标准化项目，所以命名为 802。

IEEE802.1	Higher Layer LAN Protocols Working Group
IEEE802.2	Logical Link Control Working Group
IEEE802.3	Ethernet Working Group（CSMA/CD）
	10BASE5/10BASE2/10BASE-T/10Broad36
	100BASE-TX/1000BASE-T/10Gb/s Ethernet
IEEE802.4	Token Bus Working Group（MAP/TOP）
IEEE802.5	Token Ring Working Group（4Mbps／16Mbps）
IEEE802.6	Metropolitan Area Network Working Group（MAN）
IEEE802.7	Broadband TAG
IEEE802.8	Fiber Optic TAG

IEEE802.9	Isochronous LAN Working Group
IEEE802.10	Security Working Group
IEEE802.11	Wireless LAN Working Group
IEEE802.12	Demand Priority Working Group（100VG-AnyLAN）
IEEE802.14	Cable Modem Working Group
IEEE802.15	Wireless Personal Area Network（WPAN）Working Group
IEEE802.16	Broadband Wireless Access Working Group
IEEE802.17	Resilient Packet Ring Working Group
IEEE802.18	Radio Regulatory TAG
IEEE802.19	Coexistence TAG
IEEE802.20	Mobile Broadband Wireless Access
IEEE802.21	Media Independent Handoff
IEEE802.22	Wireless Regional Area Networks

3.3.4　以太网帧格式

以太网帧前端有一个叫做前导码（Preamble）的部分，它由 0、1 数字交替组合而成，表示一个以太网帧的开始，也是对端网卡能够确保与其同步的标志。如图 3.19 所示。前导码末尾是一个叫做 SFD（Start Frame Delimiter）的域，它的值是 "11"。在这个域之后就是以太网帧的本体（图 3.20）。前导码与 SFD 合起来占 8 个字节▼。

▼8 位字节（octet）指包含 8 比特的 1 个字节。与人们平常说的字节（Byte）类似。关于它们的更多细节请参考后面的内容。

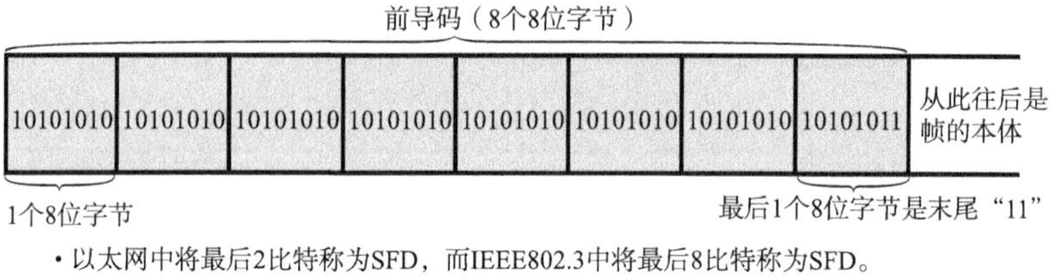

图 3.19
以太网帧的前导码

前导码（8个8位字节）

|10101010|10101010|10101010|10101010|10101010|10101010|10101010|10101011|
从此往后是帧的本体

1个8位字节　　　　　　　　　最后1个8位字节是末尾"11"

· 以太网中将最后2比特称为SFD，而IEEE802.3中将最后8比特称为SFD。

以太网帧本体的前端是以太网的首部，它总共占 14 个字节。分别是 6 个字节的目标 MAC 地址、6 个字节的源 MAC 地址以及 2 个字节的上层协议类型。

■ 比特（位）、字节、8 位字节

● 比特（位）
二进制中最小的单位。每个比特（位）的值要么是 0 要么是 1。
● 字节
通常 8 个比特构成一个字节。本书就以 8 个比特作为 1 个字节处理。然而在某些特殊的计算机中，1 个字节有时包含 6 个比特、7 个比特或 9 个比特。
● 8 位字节
8 个比特也被称为 8 位字节。只有为了强调 1 个字节中包含 8 个比特时才会使用。

图 3.20

以太网帧格式

以太网帧体格式

目标MAC地址 (6字节)	源MAC地址 (6字节)	类型 (2字节)	数据 (46~1500字节)	FCS (4字节)

IEEE802.3以太网帧体格式

目标MAC地址 (6字节)	源MAC地址 (6字节)	帧长度 (2字节)	LLC (3字节)	SNAP (5字节)	数据 (38~1492字节)	FCS (4字节)

紧随帧头后面的是数据。一个数据帧所能容纳的最大数据范围是 46～1500 个字节。帧尾是一个叫做 FCS（Frame Check Sequence，帧检验序列）的 4 个字节。

在目标 MAC 地址中存放了目标工作站的物理地址。源 MAC 地址中则存放构造以太网帧的发送端工作站的物理地址。

类型通常跟数据一起传送，它包含用以标识协议类型的编号，即表明以太网的再上一层网络协议的类型。在这个字段的后面，则是该类型所标识的协议首部及其数据。关于主要的协议类型请参考表 3.2。

表 3.2

以太网主要协议类型及其作用

类型编号（16 进制）	协　　　　议
0000-05DC	IEEE802.3 Length Field（01500）
0101-01FF	实验用
0800	Internet IP（IPv4）
0806	Address Resolution Protocol（ARP）
8035	Reverse Address Resolution Protocol（RARP）
8037	IPX（Novell NetWare）
805B	VMTP（Versatile Message Transaction Protocol）
809B	AppleTalk（EtherTalk）
80F3	AppleTalk Address Resolution Protocol（AARP）
8100	IEEE802.1Q Customer VLAN
814C	SNMP over Ethernet
8191	NetBIOS/NetBEUI
817D	XTP
86DD	IP version 6（IPv6）
8847-8848	MPLS（Multi-protocol Label Switching）
8863	PPPoE Discovery Stage
8864	PPPoE Session Stage
9000	Loopback（Configuration Test Protocol）

本书中所涉及的协议类型有 IP 0800、ARP 0806、RARP 8035 以及 IPv6 86DD。

▼ Frame Check Sequence

帧尾最后出现的是 FCS▼。用它可以检查帧是否有所损坏。在通信传输过程中如果出现电子噪声的干扰，可能会影响发送数据导致乱码位的出现。因此，通过检查这个 FCS 字段的值可以将那些受到噪声干扰的错误帧丢弃。

▼只是这时计算余数时，除了减法还会使用异或运算。
▼ FCS 具有较强的检错能力，能够检测出大量突发错误。

FCS 中保存着整个帧除以生成多项式的余数▼。在接收端也用同样的方式计算，如果得到 FCS 的值相同，就判定所接收的帧没有差错▼。

IEEE802.3 Ethernet 与一般的以太网在帧的首部上稍有区别。一般以太网帧中表示类型的字段，在 IEEE802.3 以太网中却表示帧的长度。此外，数据部分的前端还有 LLC 和 SNAP 等字段。而标识上一层协议类型的字段就出现在这个 SNAP 中。不过 SNAP 中指定的协议类型与一般以太网协议类型的意思基本相同。

在 3.2.6 节中将要介绍的 VLAN 中，帧的格式又会有所变化（图 3.21）。

图 3.21

VLAN 中以太网帧的格式

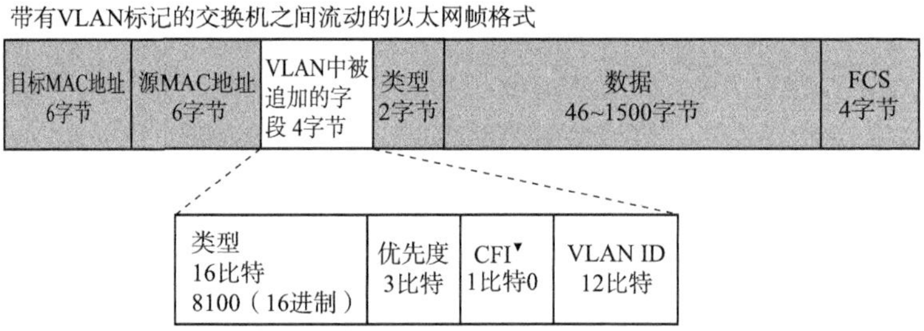

带有VLAN标记的交换机之间流动的以太网帧格式

目标MAC地址 6字节	源MAC地址 6字节	VLAN中被追加的字段 4字节	类型 2字节	数据 46~1500字节	FCS 4字节

类型 16比特 8100（16进制）	优先度 3比特	CFI▼ 1比特0	VLAN ID 12比特

▼ Canonical Format Indicator，标准格式指示位。当进行源路由时值为 1。

■ 数据链路层分为两层

如果再进一步细分，还可以将数据链路层分为介质访问控制层▼和逻辑链路控制层▼。

▼介质访问控制层简称 MAC（Media Access Control）
▼逻辑链路控制层简称 LLC（Logical Link Control）

介质访问控制层根据以太网或 FDDI 等不同数据链路所特有的首部信息进行控制。与之相比，逻辑链路层则根据以太网或 FDDI 等不同数据链路所共有的帧头信息进行控制。

IEEE802.3 Ethernet 的帧格式中附加的 LLC 和 SNAP（由 IEEE802.2 制定）就是由逻辑链路控制的首部信息。从表 3.2 可以看出，当类型字段的值为 01500（05DC）时，表示 IEEE802.3 Ethernet 的长度。此时，即使参考类型对照表也无法确定上层协议的类型。在 IEEE802.3 Ethernet 中紧随其以太网首部的 LLC/SNAP 字段中包含了上层协议类型信息。因此只有查找到 SNAP 以后才能继而判断上层协议的类型。

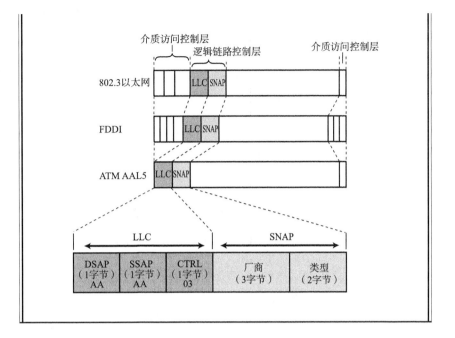

图 3.22

LLC/SNAP 格式

3.4　无线通信

无线通信通常使用电磁波、红外线、激光等方式进行传播数据。一般在办公室的局域网范围内组成的较高速的连接称为无线局域网。

无线通信不需要网线或其他可见电缆。因此，早期无线通信主要用于轻量级的移动设备。然而随着无线通信速度的不断提升，以及无线通信本身能够降低配线成本的优势，它很快在办公室、家庭、店铺以及车站和机场等环境中被广泛使用。

3.4.1　无线通信的种类

▼ Personal Area Network
▼ Local Area Network
▼ Metropolitan Area Network
▼ Regional Area Network
▼ Wide Area Network

无线通信，依据通信距离可分为如表 3.3 所列出的类型。IEEE802 委员会制定了无线 PAN▼（802.15）、无线 LAN▼（802.11）、无线 MAN▼（802.16）以及无线 RAN▼（802.22）等无线标准。无线 WAN▼ 的最典型代表就是手机通信。手机通过基站能够实现长距离通信。

表3.3

无线通信分类及其性质

分　类	通信距离	标准化组织	相关其他组织及技术
短距离无线	数米	个别组织	RF-ID
无线 PAN	10 米左右	IEEE802.15	蓝牙
无线 LAN	100 米左右	IEEE802.11	Wi-Fi
无线 MAN	数千米~100 千米	IEEE802.16、IEEE802.20	WiMAX
无线 RAN	200 千米~700 千米	IEEE802.22	—
无线 WAN	—	GSM、CDMA2000、W-CDMA	3G、LTE、4G、下一代移动通信网络

＊通信距离因设备有所不同。

3.4.2　IEEE802.11

IEEE802.11 定义了无线 LAN 协议中物理层与数据链路层的一部分（MAC 层）。IEEE802.11 这个编号有时指众多标准的统称，有时也指无线 LAN 的一种通信方式。

IEEE802.11 是所有 IEEE802.11 相关标准的基础。其中定义的数据链路层的一部分（MAC 层）适用于所有 IEEE802.11 的其他标准。MAC 层中物理地址与以太网相同，都使用 MAC 地址，而介质访问控制上则使用 CSMA/CD 相似的 CSMA/CA▼ 方式。通常采用无线基站并通过高基站实现通信。现在，各家厂商已经开始开发并销售一种具有网桥功能的（能够连接以太网与 IEEE802.11）基站设备。

▼ CSMA/CA Carrier Sense Multiple Access with Collision Avoidance

作为一种通信方式，IEEE802.11 在物理层上使用电磁波或红外线，通信速度为 1Mpbs 或 2Mbps。然而，这些通信速度在后续制定的 IEEE802.11b/g/a/n 等标准中逐渐被打破，以至于现在基本不被人们所使用。

表 3.4
IEEE802.11

标准名称	概　　要
802.11	IEEE Standard for Wireless LAN Medium Access Control（MAC）and Physical Layer（PHY）Specifications
802.11a	Higher Speed PHY Extension in the 5 GHz Band
802.11b	Higher Speed PHY Extension in the 2.4 GHz Band
802.11c	Media Access Control（MAC）Bridges – Supplement for Support by IEEE 802.11
802.11d	Operation in Additional Regulatory Domains
802.11e	MAC Enhancements for Quality of Service
802.11f	Inter – Access Point Protocol Across Distribution Systems Supporting IEEE 802.11 Operation
802.11g	Further Higher Data Rate Extension in the 2.4 GHz Band
802.11h	Spectrum and Transmit Power Management Extensions in the 5 GHz Band in Europe
802.11i	MAC Security Enhancements
802.11j	4.9 GHz–5 GHz Operation in Japan
802.11k	Radio Resource Measurement of Wireless LANs
802.11m	802.11 Standard Maintenance
802.11n	High Throughput
802.11p	Wireless Access in the Vehicular Environment
802.11r	Fast Roaming Fast Handoff
802.11s	Mesh Networking
802.11t	Wireless Performance Prediction
802.11u	Wireless Interworking With External Networks
802.11v	Wireless Network Management
802.11w	Protected Management Frame

出处：http://grouper.ieee.org/groups/802/11/Reports/802.11_Timelines.htm

表 3.5
IEEE802.11 比较

传输层		TCP/UCP 等				
网络层		IP 等				
数据链路层	LLC 层	802.2 逻辑链路控制				
	MAC 层	802.11 MAC CSMA/CA				
物理层	方式	802.11	802.11a	802.11b	802.11g	802.11n
	最大速度	2Mbps	54Mbps	11Mbps	54Mbps	150Mbps
	频率	2.4GHz	5GHz	2.4GHz	2.4GHz	2.4GHz/5GHz

图 3.23

无线 LAN 的连接

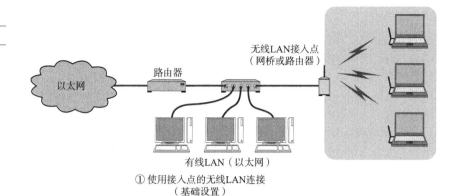

① 使用接入点的无线LAN连接
（基础设置）

② 不适用接入点的无线LAN连接
（点对点模式，也叫Ad-Hoc模式）

▼ 3.4.3　IEEE802. 11b 和 IEEE802. 11g

▼ 2400~2497MHz

　　IEEE802. 11b 和 IEEE802. 11g 是 2. 4GHz 频段▼中的无线局域网标准。它们的最大传输速度分别可达到 11Mbps（IEEE802. 11b）和 54Mbps（IEEE802. 11g），通信距离可以达到 30~50 米左右。它们与 IEEE802. 11 相似，在介质访问控制层使用 CSMA/CA 方式，以基站作为中介进行通信。

▼ 3.4.4　IEEE802. 11a

▼ 51510~5250MHz

　　在物理层利用 5GHz 频段▼，最大传输速度可达到 54Mbps 的一种无线通信标准。虽然它与 IEEE802. 11b/g 存在一定的兼容性问题，但是市面上已经有支持这两方面的基站产品。再加上它不使用 2. 4GHz 频段（微波炉使用的频段），因此也不易受干扰。

▼ 3.4.5　IEEE802. 11n

▼ Multiple – Input Multiple –
Output，多入多出技术

　　IEEE802. 11n 是在 IEEE802. 11g 和 IEEE802. 11a 的基础上，采用同步多条天线的 MIMO▼ 技术，实现高速无线通信的一种标准。在物理层使用 2. 4GHz 或 5GHz 频段。

　　在使用 5GHz 频段的情况下，若能不受其他 2. 4GHz 频段系统（802. 11b/g 或蓝牙等）的干扰，IEEE802. 11n 可以达到 IEEE802. 11a/b/g 的几倍带宽（40MHz），最大传输速度甚至可以达到 150Mps。

> ■ Wi-Fi
>
> 　　Wi-Fi 是 WECA（Wireless Ethernet Compatability Alliance，无线以太网兼容性联盟）为普及 IEEE802.11 的各种标准而打造的一个品牌名称。
>
> 　　WECA 从 2002 年 10 月开始已更名为 Wi-Fi Appliance。该组织向 Wi-Fi 设备厂商提供 IEEE802.11 产品的互操作性测试，并对合格的产品颁发 Wi-Fi Certified 认证。因此，带有 Wi-Fi 标志的无线 LAN 设备意味着该产品已经过互操作测试并通过认证。
>
> 　　与音响中 Hi-Fi（High Fidelity：高保真、高重现）这个词类似，Wi-Fi（Wireless Fidelity）指高质量的无线 LAN。

3.4.6　使用无线 LAN 时的注意事项

　　无线 LAN 允许使用者可以自由地移动位置、自由地放置设备，通过无线电波实现较广范围的通信。这也意味着，在其通信范围内，任何人都可以使用该无线 LAN，因此会有被盗听或篡改的危险。

　　在无线 LAN 的标准中，为防止盗听或篡改，已定义可以对传输数据进行加密。然而，对于某些规范标准来说，互联网上到处散布着解码的工具，导致其弱点暴露无遗。对于即将普及的 IEEE802.11i，人们正在考虑使用增强型的加密技术。除了数据的加密，应该对使用无线 LAN 的设备进行访问控制，这样有利于构建更安全的网络环境。

　　此外，无线 LAN 可以无需牌照使用特定频段。因此无线 LAN 的无线电波可能会收到其他通信设备的干扰，导致信号不稳定。例如在一台微波炉附近使用一个 2.4GHz 带宽的 802.11b/g 设备就得需要注意。微波炉启动后的放射出来的无线电波与设备频率相近，产生的干扰可能会显著地降低设备的传输能力。

3.4.7　蓝牙

▼因此，当 IEEE802.b/g 等设备与蓝牙设备一起使用时，无线电波信号削减有可能导致通信性能的下降。

▼其中一台为主节点，其他 1～7 台为受管节点。这种网络也叫做 piconet，微微网。

　　蓝牙与 IEEE802.11b/g 类似，是使用 2.4GHz 频率无线电波的一种标准▼。数据传输速率在 V2 中能达到 3Mbps（实际最大吞吐量为 2.1Mbps）。通信距离根据无线电波的信号的强弱，有 1m、10m、100m 三种类型。通信终端最多允许 8 台设备▼。

　　如果说 IEEE802.11 是针对笔记本电脑这样较大的计算机设备的标准，那么蓝牙则是为手机或智能手机、键盘、鼠标等较小设备而设计的标准。

　　IEEE 在其 IEEE802.15 规范中对 WPAN（Wireless Personal Area Network）进行标准化。

3.4.8　WiMAX

▼也常被形容为 "最后一公里"。表示家庭或企业接入互联网时连接运营商网络的最后一段。

　　WiMAX（Worldwide Interoperability for Microware Access）是使用微波在企业或家庭实现无线通信的一种方式。它如 DSL 或 FTTH 一样，是实现无线网络关键步骤▼的一种方式。

WiMAX 属于无线 MAN（Metropolitan Area Network），支持城域网范围内的无线通信。由 IEEE802.16 标准化。此外，移动终端由 IEEE802.16e（Mobile WiMAX）标准化。

WiMAX 由 WiMAX Forun（WiMAX 论坛）命名。该论坛还对厂商设备之间的兼容性及服务连通性进行检查。

▼ 3.4.9　ZigBee

ZigBee 主要应用于家电的远程控制[①]，是一种短距离、低功耗的无线通信技术。它最多允许 65536 个终端之间互连通信。ZigBee 的传输速度随着所使用的频率有所变化。但在日本，使用 2.4GHz 频率的设备最高可达 250kpbs[②]。

---

① 实际上，工业控制、商业、公共场所以及农业控制、医疗等领域的远程控制也在广泛使用 ZigBee。——译者注
② 在我国同样最高可达 250kpbs。——译者注

3.5 PPP

3.5.1 PPP 定义

　　PPP（Point-to-Point Protocol）是指点对点，即 1 对 1 连接计算机的协议。PPP 相当于位于 OSI 参考模型第 2 层的数据链路层。

　　PPP 不像以太网和 FDDI。后两者不仅与 OSI 参考模型的数据链路层有关，还与第 1 层的物理层有关。具体来讲，以太网使用同轴电缆或双绞线电缆，它可以决定其中的 0、1 该被解释为何种电子信号。与之相比，PPP 属于纯粹的数据链路层，与物理层没有任何关系。换句话说，仅有 PPP 无法实现通信，还需要有物理层的支持。

PPP（Point-to-Point Protocol）

专线、帧中继、模拟电话线、ISDN、ATM及其他

　　PPP 可以使用电话线或 ISDN、专线、ATM 线路。此外，近些年人们更多是在用 ADSL 或有线电视通过 PPPoE（PPP over Ethernet）实现互联网接入。PPPoE 是在以太网的数据中加入 PPP 帧进行传输的一种方式。

3.5.2 LCP 与 NCP

▼在使用电话线的情况下，首先要保证电话线物理层面的连接以后才能在它之上建立 PPP 连接。

　　在开始进行数据传输前，要先建立一个 PPP 级的连接▼。当这个连接建立以后就可以进行身份认证、压缩与加密。

　　在 PPP 的主要功能中包括两个协议：一个是不依赖上层的 LCP 协议（Link Control Protocol），另一个是依赖上层的 NCP 协议（Network Control Protocol）。如果上层为 IP，此时的 NCP 也叫做 IPCP（IP Control Protocol）。

　　LCP 主要负责建立和断开连接、设置最大接收单元（MRU，Maximum Receive Unit）、设置验证协议（PAP 或 CHAP）以及设置是否进行通信质量的监控。

▼设备之间的这种交互也叫协商（Negotiation）。

　　而 IPCP 则负责 IP 地址设置以及是否进行 TCP/IP 首部压缩等设置▼。

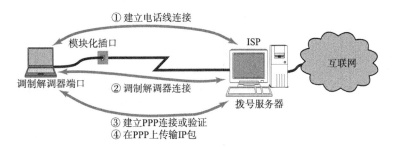

① 建立电话线连接
模块化插口
ISP
互联网
调制解调器端口
② 调制解调器连接
拨号服务器
③ 建立PPP连接或验证
④ 在PPP上传输IP包

▼通过 ISP 接入互联网时，一般对 ISP 端不验证。

　　通过 PPP 连接时，通常需要进行用户名密码的验证，并且对通信两端进行双方向的验证▼。其验证协议有两种，分别为 PAP（Password Authentication Protocol）和 CHAP（Challenge Handshake Authentication Protocol）。

PAP 是 PPP 连接建立时，通过两次握手进行用户名和密码验证。其中密码以明文方式传输。因此一般用于安全要求并不很高的环境，否则会有窃听或盗用连接的危险。

CHAP 则使用一次性密码 OTP（One Time Password），可以有效防止窃听。此外，在建立连接后还可以进行定期的密码交换，用来检验对端是否中途被替换。

3.5.3 PPP 的帧格式

▼ HDLC High Level Data Link Control Procedure，高级数据链路控制。

PPP 的数据帧格式如图 3.26 所示。其中标志码用来区分每个帧。这一点与 HDLC▼协议非常相似，因为 PPP 本身就是基于 HDLC 制定出来的一种协议。

HDLC 就是在每个帧的前后加上一个 8 位字节"01111110"用来区分帧。这一个 8 位字节叫做标志码。在两个标志码中间不允许出现连续 6 个以上的"1"。因此，在发送帧的时候，当出现连续 5 个"1"时后面必须插入一个 0。而当接收端在接收帧时，如果收到连续的 5 个"1"且后面跟着的是 0，就必须删除。由于最多只会出现 5 个连续的"1"，就可以比较容易地通过标志码区分帧的起始与终止。而 PPP 标准帧格式与此完全相同。

图 3.26
PPP 数据帧格式

PPP数据帧格式（按照标准设定）

标志1 字节 (01111110)	地址1 字节 (11111111)	控制1 字节 (00000011)	类型 2字节	数据0 ~ 1500字节	FCS 4字节	标志1 字节 (01111110)

另外，在通过电脑进行拨号时，PPP 已在软件中实现。因此，那些插入或删除"0"的操作或 FCS 计算都交由电脑的 CPU 去处理。这也是为什么人们常说 PPP 这种方式会给计算机带来大量负荷的原因所在。

3.5.4 PPPoE

有些互联网接入服务商在以太网上利用 PPPoE（PPP over Ethernet）提供 PPP 功能。

在这种互联网接入服务中，通信线路由以太网模拟。由于以太网越来越普及，在加上它的网络设备与相应的 NIC 价格比较便宜，因而 ISP 能够提供一个单价更低的互联网接入服务。

单纯的以太网没有验证功能，也没有建立和断开连接的处理，因此无法按时计费。而如果采用 PPPoE 管理以太网连接，就可以利用 PPP 的验证等功能使各家 ISP 可以有效地管理终端用户的使用。

图 3.27
PPPoE 数据帧格式

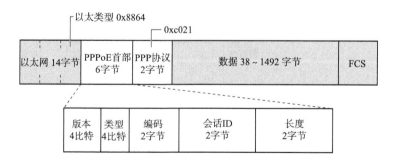

3.6　其他数据链路

到此为止，我们已经介绍过以太网、无线通信以及 PPP 等数据链路。除此之外，还很多其他类型的数据链路▼。本节将对它们做一个简单介绍。

▼其中很多类型可能已经不再使用。

▼3.6.1　ATM

ATM（Asynchronous Transfer Mode）是以一个叫做信元（5 字节首部加 48 字节数据）的单位进行传输的数据链路，由于其线路占用时间短和能够高效传输大容量数据等特点主要用于广域网络的连接。ITU▼和 ATM 论坛负责对 ATM 进行标准化。

▼ International Telecommunication Union，国际电信联盟。

■ ATM 的特点

ATM 是面向连接的一种数据链路。因此在进行通信传输之前一定要设置通信线路。这一点与传统电话很相似。使用传统电话进行通话时，需要事先向交换机发出一个信令要求，建立交换机与通话对端的连接▼。而 ATM 又与传统电话不同，它允许同时与多个对端建立通信连接。

▼ ATM 中把它叫做 SVC（Switched Virtual Circuit，交换式虚电路）。另外也有使用固定线路的方式，叫做 PVC（Permanent Virtual Circuit，永久虚电路）。

ATM 中没有类似以太网和 FDDI 那种发送权限的限制。它允许在任何时候发送任何数据。因此，当大量计算机同时发送大量数据时容易引发网络拥堵甚至使网络进入收敛状态▼。为了防止这一现象的出现，ATM 中也增加了限制带宽的细分功能。

▼收敛状态指当网络非常拥堵时，路由器或交换机无法完成包的处理，从而丢弃这些包的一种状态。

图 3.28

ATM 网络

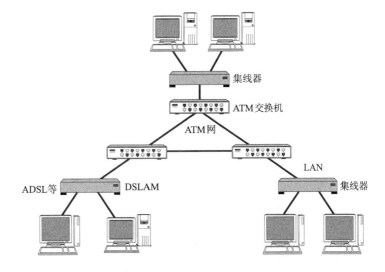

■ 同步与异步

　　以多个通信设备通过一条电缆相连的情况为例。首先，这样连接的设备叫做 TDM▼。TDM 通常在两端 TDM 设备之间同步的同时，按照特定的时间将每个帧分成若干个时隙，按照顺序发送给目标地址。这一过程与装配零件的车间作业非常相似。例如在汽车零件装配工厂，传送带上传送着各种颜色的汽车。工人们或自动化设备可以根据汽车的颜色将特定的零件附加到相应的车身上。在这里每个颜色的汽车叫做插槽，就相当于 TDM 中的时隙。即使某个汽车的车身缺少某些零件，如果颜色不同就无法将零件安装上去。在 TDM 中也是如此，不论是否还有想要发送的数据，时隙会一直被占有，从而可能会出现很多空闲的时隙。因此，这种方式的线路利用率比较低。

　　ATM 扩展了 TDM，能够有效地提高线路的利用率▼。ATM 在 TDM 的时隙中放入数据时，并非按照线路的顺序而是按照数据到达的顺序放入。然而，按照这样的顺序存放的数据在接收端并不易辨认真正的内容。为此，发送端还需要附加一个 5 字节的包首部，包含 VPI（Virtual Path Identifier）、VCI（Virtual Channel Identifier）等识别码▼用来标识具体的通信类型。这种 VPI 与 VCI 的值只在直连通信的两个 ATM 交换机之间设置。在其他交换机之间意思则完全不同。

　　ATM 中信元传输所占用的时隙不固定，一个帧所占用的时隙数也不固定，而且时隙之间并不要求连续。这些特点可以有效减少空闲时隙，从而提高线路的利用率。只不过需要额外附加 5 个字节的首部，增加了网络的开销▼，因此也在一定程度上降低了通信速度。也就是说，在一个 155Mbps 的线路上由于 TDM 和 ATM 的网络开销，实际的网络吞吐也只能到 135Mbps。

▼时分复用设备。

▼实际上它采用 TDM 方式的 SONET（Synchronous Optical Network）或 SDH（Sychronous Digital Hierachy）的线路。

▼在 VPI 所标识的通信线路中，用 VCI 识别多个通信。

▼网络开销是指在通信传输中，除了发送实际想要发送的数据，还需要附加的一些控制信息所耗的带宽开销以及处理这些信息所耗的时间开销。

图 3.29

同步与异步

同步中ABCD各自都有自己的传输时隙。即使没有需要发送的数据，也会占用时隙，或者说不得不发送空的数据。

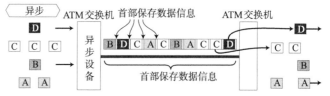

异步中在包首部位明确指明了目标地址，因此只在有必要发送时发送数据。

■ ATM 与上层协议

在以太网中一个帧最大可传输 1500 个字节，FDDI 可以最大传输 4352 字节。而 ATM 的一个信元却只能发送固定的 48 字节数据。这 48 个字节的数据部分中若包含 IP 首部和 TCP 首部，则基本无法存放上层的数据。为此，一般不会单独使用 ATM，而是使用上层的 AAL（ATM Adapter Layer）▼。在上层为 IP 的情况下，则叫做 AAL5。如图 3.30 所示，每个 IP 包被附加各层的协议首部以后，最多可以被分为 192 个信元发送出去。

▼从 ATM 的角度是上一层，但对 IP 来说属于下一层。

图 3.30

数据包的 ATM 信元封装

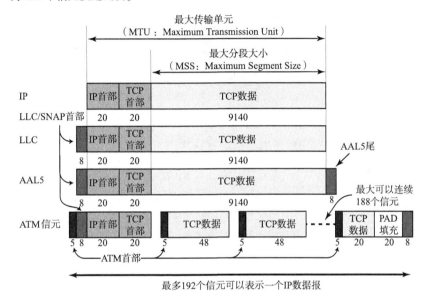

从这个图中还可以看出，在整个 192 个信元中只要有一个丢失，那么整个 IP 包就相当于被损坏。此时，AAL5 的帧检查位报错，导致接收端不得不丢弃所有的信元。前面曾提到 TCP/IP 在包发生异常的时候可以实现重发，因此在 ATM 网中即使只是一个信元丢失，也要重新发送最多 192 个信元。这也是 ATM 到目前为止的最大弊端。一旦在网络拥堵的情况下，只要丢掉哪怕 1% 的信元也会导致整个数据都无法接收。特别是由于 ATM 没有发送权限上的控制，很容易导致网络收敛。为此，在构建 ATM 网络的时候，必须保证终端的带宽合计小于主干网的带宽，还要尽量保证信元不易丢失。目前人们已经开始研究在发生网络收敛时，动态调整 ATM 网络带宽的技术。

图 3.31

ATM 中 IP 包的发送

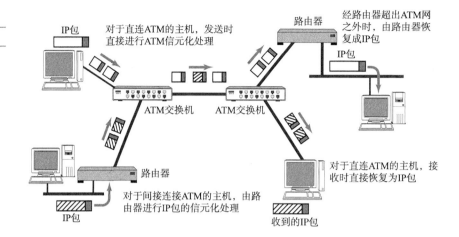

对于直连ATM的主机，发送时直接进行ATM信元化处理

路由器

经路由器超出ATM网之外时，由路由器恢复成IP包

IP包

IP包

ATM交换机   ATM交换机

路由器

对于直连ATM的主机，接收时直接恢复为IP包

对于间接连接ATM的主机，由路由器进行IP包的信元化处理

IP包

收到的IP包

▼ 3.6.2   POS

▼ Synchronous Digital Hierar-chy，同步数字体系。

▼ Synchronous Optical NET-work，同步光纤网络。

POS（Packet over SDH/SONET）是一种在 SDH▼（SONET▼）上进行包通信的一种协议。SDH（SONET）是在光纤上传输数字信号的物理层规范。

SDH 作为利用电话线或专线等可靠性较高的方式进行光传输的网络，正被广泛应用。SDH 的传输速率以 51.84Mbps 为基准，一般为它的数倍。目前，已经有针对 40Gbps SDH 的 OC 768 产品[①]。

▼ 3.6.3   FDDI

FDDI（Fiber Distributed Data Interface）叫做分布式光纤数据接口。曾几何时，人们为了用光纤和双绞线实现 100Mbps 的传输速率，在主干网或计算机之间的高速连接上广泛使用了 FDDI。但是由于后来高速 LAN 提供了 Gbps 级的传输速率，FDDI 也就逐渐淡出了应用领域。

FDDI 采用令牌（追加令牌）环的访问方式。令牌环访问方式在网络拥堵的情况下极容易导致网络收敛。

▼ Dual Attachment Station，双连站。

▼ Single Attachment Station，单连站。

FDDI 中的每个站通过光纤连接形成环状，如图 3.32 所示。FDDI 为了防止在环在某处断开时导致整个通信的中断，采用双环的结构。双环中站叫做 DAS▼，单环中的站叫做 SAS▼。

---

① OC（光学载波）是 SONET 光纤网络中的一组信号带宽，通常表示为 OC-n，其中，n 是一个倍数因子，表示是基本速率 51.84Mbit/s 的倍数。——译者注

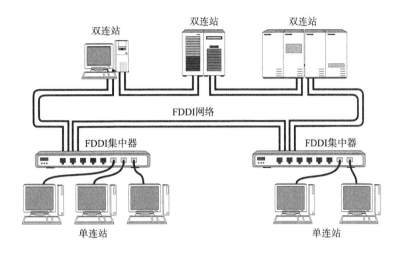

图 3.32

FDDI 网络

3.6.4 Token Ring

令牌环网（Token Ring）源自 IBM 开发的令牌环 LAN 技术，可以实现 4Mbps 或 16Mbps 传输速率。前面提到的 FDDI 实际上是扩展了 Token Ring 的一个产物。

令牌环由于其价格一直居高不下以及所支持的提供商逐渐较少等原因，除了在 IBM 的环境以外始终未能得到普及，而且随着以太网的广泛使用，人们已经不再采用令牌环技术。

3.6.5 100VG-AnyLAN

100VG-AnyLAN 是 IEEE802.12 规范定义的一种网络协议。VG 为 Voice Grade 的缩写，指语音级。它以语音级的 3 类 UTP 电缆实现 100Mbps 的传输速率。它的数据帧格式既能应对以太网又能应对令牌环网。在传输方式上，它采用扩展了令牌传递方式的需求优先▼访问方式。在这种方式中，交换机负责控制发送权。鉴于 100Mbps 以太网（100BASE-TX）的普及，100VG-AnyLAN 也几乎不再被使用。

▼ Demand Priority。在数据帧里附加了一个优先级的信息，使得包可以按照优先级发送给对端。

3.6.6 光纤通道

光纤通道（Fiber Channel）是实现高速数据通信的一种数据链路。与其说它是一种网络，不如说它更像是 SCSI 那样类似于连接计算机周边设备的总线一样的规范。数据传输速率为 133Mbpx~4Gbps。近些年被广泛用于搭建 SAN▼，成为其主要数据链路。

▼ Storage Area Network，存储域网络。服务器与多台存储设备（硬盘、磁带备份）之间高速传输数据的网络系统。一般在企业当中用于保存超大容量数据。

3.6.7 HIPPI

HIPPI 用于连接超大型计算机传输速率为 800Mbps 或 1.6Gbps。铜缆的实际传输距离在 25 米以内，但是如果使用光纤作为传输介质时，可以延长到数公里。

▼3.6.8　IEEE1394

也叫 FireWire 或 i. Link，是面向家庭的局域网，主要用于连接 AV 等计算机外围设备。数据传输速率为 100~800Mbps 以上。

▼3.6.9　HDMI

HDMI 是 High-Definition Multimedia Interface 的缩写，意为高清晰度多媒体接口。它可以通过一根缆线实现图像和声音等数字信号的高品质传输。曾主要用于 DVD/蓝光播放器、录像机、AV 功放等设备与电视机、投影仪的连接，现在也逐渐开始用于计算机或平板电脑、数码相机与显示器的连接。从 2009 年发布的 1.4 版开始它可以传输以太网帧，使得采用 HDMI 介质实现 TCP/IP 通信变为可能。关于它今后的发展，让我们拭目以待。

▼3.6.10　iSCSI

▼ RFC3720、RFC3783

它是将个人电脑连接硬盘的 SCSI 标准应用于 TCP/IP 网络上的一种标准▼。它把 SCSI 的命令和数据包含进 IP 包内，进行数据传输。由此，人们就可以像使用个人电脑内嵌的 SCSI 硬盘一样使用网络上直连的大规模硬盘了。

▼3.6.11　InfiniBand

▼如 4 链接或 12 链接。

InfiniBand 是针对高端服务器的一种超高速传输接口技术。它最大的特点是高速、高可靠性以及低延迟。它支持多并发链接，将多个线缆▼合并为一个线缆。可以实现从 2Gbps 至数百 Gbps 的传输速率。以后甚至还计划提供数千 Gbps 的高速传输速率。

▼3.6.12　DOCSIS

▼ Multimedia Cable Network System Patners Limited

DOCSIS 是有线电视（CATV）传输数据的行业标准，由 MCNS▼制定。该标准定义了有线电视的同轴电缆与 Cable Modem（电缆调制解调器）的连接及其与以太网进行转换的具体规范。此外，有一个叫做 CableLabs（有线电视业界的研究开发机构）的组织对 Cable Modem 进行认证。

▼3.6.13　高速 PLC

▼ Power line Communication，高速电力线通信。

高速 PLC▼是指在家里或办公室内利用电力线上数 MHz ~ 数十 MHz 频带范围，实现数十 Mbps~200Mbps 传输速率的一种通信方式。使用电力线不用重新布线，也能进行日常生活以及家电设备或办公设备的控制。然而，本不是为通信目的而设计的电力线在传输高频信号时，极容易收到电波干扰，一般仅限于室内（家里、办公室内）使用。

表3.6
主要数据链路类型及其
特点

数据链路名称	介质传输速率	用 途
以太网	10Mbps ~ 1000Gbps	LAN、MAN
802.11	5.5 Mbps ~ 150 Mbps	LAN
Bluetooth	上限2.1 Mbps，下限177.1kbps	LAN
ATM	25 Mbps、155 Mbps、622 Mbps、2.4GHz	LAN ~ WAN
POS	51.84 Mbps ~ 约40Gbps	WAN
FDDI	100 Mbps	LAN、MAN
Token Ring	4 Mbps、16 Mbps	LAN
100VG-AnyLAN	100 Mbps	LAN
光纤通道	133 Mbps ~ 4Gbps	SAN
HIPPI	800 Mbps、1.6Gbps	两台计算机之间的连接
IEEE1394	100 Mbps ~ 800 Mbps	面向家庭

3.7　公共网络

前面介绍了很多局域网连接相关的知识。本小节旨在介绍连接公共通信服务相关的细节。所谓的公共通信服务类似于电信运营商（如 NTT、KDDI 或软银等）提供的电话网络。人们通过与这些运营商签约、付费不仅可以实现联网还可以与距离遥远的机构组织进行通信。

这里将分别介绍模拟电话线路、移动通信、ADSL、FTTH、有线电视、专线、VPN 以及公共无线 LAN 等内容。

3.7.1　模拟电话线路

模拟电话线路其实就是利用固定电话线路进行通信。电话线中的音频带宽用于拨号上网。该方法不需要特殊的通信线路，完全使用已普及的电话网。

让计算机与电话线相连需要有一个将数字信号转换为模拟信号的调制解调器（俗称"猫"）。"猫"的传输速率一般只在 56kbps 左右，所以现在已逐渐被淘汰。

图 3.33

拨号连接

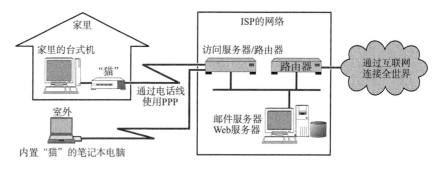

3.7.2　移动通信服务

在日本，移动通信服务包括手机和 PHS[①] 服务。它们的特点是：只要在服务区范围内，就可以连接到运营商的网络。

以前手机通信的传输速率相对较低。而现在随着 Mobole WiMAX（参考 3.4.8 节）和 LTE（参考 1.10.3 节）等技术的发展，手机的传输速率可以达到数 Mbps 甚至几十 Mbps 不等。

▼ Internet Access Forum Standard 的缩写。

PHS 的数字通信方式有以电路交换为基础的 PIAFS▼（最大 64kbps）和分包通信（最大 800kbps）两种方式。此外，还有更多实现高速通信的全新方式也在被不断提出。

3.7.3　ADSL

▼ Asymmetric Digital Subscriber Line，非对称数字用户环路。

ADSL▼ 是对已有的模拟电话线路进行扩展的一种服务。模拟电话线路虽然也能传输高频数字通信，但是它与电信局的交换机之间只有发送音频信号时才能显

---

①　Personal Handy-phone System，类似于我国的小灵通。——译者注

示极好的传输效率，并会对其他多余频率的信号进行丢弃。尤其是在近几年，随着电话网逐渐数字化，通过电话线路的信号再经过电信的交换机时会变成 64kbps 左右的数字信号。因此，从理论上就无法传输 64kbps 更快的数字信号。然而，每个话机到电信局交换机之前的这段线路，是可以实现高速传输的。

　　ADSL 正是利用话机到电信局交换机之间这段线路，附加一个叫做分离器的装置，将音频信号（低频信号）和数字信号（高频信号）隔离以免产生噪声干扰。

　　类似这种类型的通信方式除了 ADSL 还有其他诸如 VDSL、HDSL、SDSL 等。它们被统称为 xDSL。ADSL 是其中最为普及的一种方式。

　　ADSL 中的线路速度根据通信方式或线路的质量以及距离电信局的远近有所不同。从 ISP 到家里/办公室的速率在 1.5Mbps~50Mbps 左右，而从家里/办公室到 ISP 端的速率一般在 512kbps~2Mbps 左右。

图 3.34

ADSL 连接

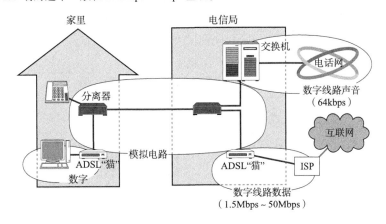

3.7.4　FTTH

▼ Optical Network Unit，光网络单元。其局端光线路终端叫做 OLT（Optical Line Terminal）。

　　FTTH（Fiber To The Home）顾名思义就是一根高速光纤直接连到用户家里或公司建筑物处的方法。它通过一个叫做 ONU▼ 的装置将计算机与之关连。该装置负责在光信号与电子信号之间的转换。使用 FTTH 可以实现稳定的高速通信。不过它的线路传输速率与具体的服务内容仍受个别运营商限制。

　　以上属于光纤到户。还有一种方式叫光纤到楼。它是指一个高速光纤直接连到某个大厦、公司或宾馆的大楼，随后在整个大楼内部再通过布线实现联网。简称 FTTB（Fiber To The Building）。甚至还有一种方式是将光纤接入到某个家庭以后，再通过布线实现周围几户住家共同联网。这种方式简称为 FTTC（Fiber To The Curb▼）。

▼ Curb 意指住宅周边的绿石小路。

图 3.35

FTTH 连接

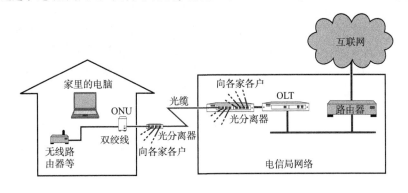

▼有关光纤电缆与 WDM 的更多细节请参考附录4.3节。

另外，光缆通常由一条用来发送数据和另一条用来接收数据的线对组成。然而在 FTTH 中使用的是 WDM▼，即发送和接收两方都使用同一根线缆。接入每家每户的这些光纤电缆又通过 ONU 与 OLT 之间的光分离器相互隔离。

▚ 3.7.5　有线电视

电视最初使用无线电波发送信号。后来发展为使用线缆的有线电视。使用无线电波的时候，电视信号经常会受天线的设置状况以及周围其他建筑物的干扰。而有线电视则很少受这种干扰，因此传送画质也明显好于传统电视。

近几年通过有线电视接入互联网的服务又得到推广。这种方式通过利用空闲的频道传输数据实现通信。

▼称为下行（DownStream）。

▼称为上行（UpStream）。

其中从电视台到用户住宅使用与电视播送相同的频率带宽▼，而从住家住宅到电视台则使用播送当中未使用的低频带宽▼。因此这种方式有一个特点就是数据传输的上行速度低于下行速度。

图 3.36
通过有线电视连接互联网

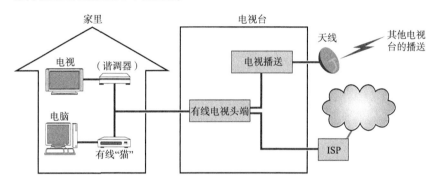

通过有线电视连接互联网时，首先需要到有线电视台申请该项服务。购置用来进行通信的有线调制解调器（有线"猫"）以后就可以与局端的有线电视头端相连。端头负责将数字播送或部分模拟播送与数字信息之间通过一根线缆进行收发转换。

▼具体请参考 3.6.12 节。

连网时，用户发送的信息由有线"猫"进行转换，经由有线电视网以后再接入具体的 ISP。在有线电视网中使用着一种叫做 DOCSIS▼的标准，最大可实现 160Mbps 的传输速率。

▚ 3.7.6　专线

随着互联网用户的急剧上升，专线服务向着价格更低、带宽更广以及多样化的方向发展。现在市面上已经出现了各种各样的"专线服务"。以 NTT Group 的服务为例，有 Mega Data Nets（用 ATM 接口提供 3Mbps~42Mbps 的专线接入）、ATM Mega-Link、Giga Stream（用以太网或 SONET/SDH 接口提供 0.5Mbps~135Mbps 的专线接入）等众多专线接入服务。

专线的连接一定是一对一的连接。虽然 ATM 的设计初衷允许有多个目标地，但对于提供专线服务的 ATM Mega-Link 中也只能指定一个目的地。因此不可能像 ISDN 或帧中继那样引进一条线缆就能连接众多目的地。

3.7.7　VPN

虚拟专用网络（VPN）用于连接距离较远的地域。这种服务包括 IP-VPN 和
广域以太网。

■ IP-VPN

意指在 IP 网络（互联网）上建立 VPN。

网络服务商提供一种在 IP 网络上使用 MPLS 技术构建 VPN 的服务。其中
MPLS（Multiprotocol Label Switching，多协议标签交换）在 IP 包中附加一个叫做标
签（Label▼）的信息进行传输控制。每个用户的标签信息不同，因此在通过
MPLS 网时，可以轻松地判断出目标地址。这样一来就可以将多个不同用户的
VPN 信息通过 MPLS 网加以区分，形成封闭的私有网络。此外，还能进行用户级
的带宽控制。

▼有时也叫 tag。

图 3.37

IP-VPN（MPLS）

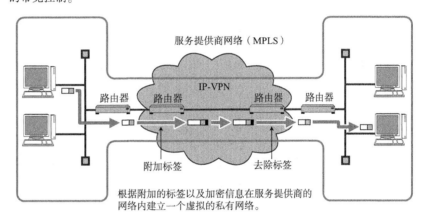

根据附加的标签以及加密信息在服务提供商的
网络内建立一个虚拟的私有网络。

除了使用服务提供商的 IP-VPN 服务之外，有时企业还可以在互联网上建立
自己的 VPN▼，一般采用的是 IPsec▼ 技术。该方法对 VPN 通信中的 IP 包进行验
证和加密，在互联网上构造一个封闭的私有网络。虽然这种方式可以利用价格低
廉的互联网通信线路，并且还可以根据自己的情况对数据进行不同级别的加密，
但有时会受到网络拥堵的影响。

▼为了与 IP-VPN 相区别，这
种方式的 VPN 也叫做企业互联
网 VPN。

▼关于 IPsec 的更多细节请参
考 9.4.1 节。

■ 广域以太网

服务提供商所提供的用于连接相距较远的地域的一种服务。IP-VPN 是在 IP
层面的连接，广域以太网则是在作为数据链路层的以太网上利用 VLAN（虚拟局
域网）实现 VPN 的技术。该技术还可以使用 TCP/IP 中的其他协议。

广域以太网以企业专门使用服务提供商构建的 VLAN 网络为主要形式。只要
指定同一个 VLAN，无论从哪里都能接入到同一个网络。由于广域以太网利用的
是数据链路层技术，因此为了避免一些不必要的信息传输，使用者应谨慎操作。

3.7.8　公共无线 LAN

公共无线 LAN 是指公开的可以使用 Wi-Fi（IEEE802.11b 等）的服务。服务
提供者可以在车站或餐饮店等人员相对比较集中的地方架设的一个叫做热点
（HotSpot）的无线电波接收器。使用者到达这些区域就可以使用带有无线 LAN 网

卡的笔记本电脑或智能手机连接上网。

上网时使用者首先要通过这些热点建立互联网连接。连接以后，还可以通过那些利用 IPsec 技术实现的 VPN 连接到自己公司的内网。这种接入服务有时免费（如商场、车站等场所），有时也可能是收费的。

图 3. 38

无线 LAN

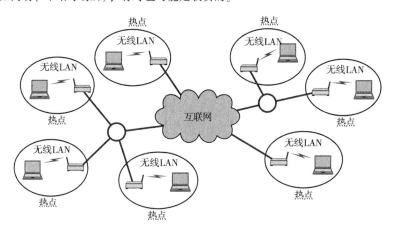

3.7.9　其他公共无线通信服务

其他公共无线通信服务包括 X. 25、帧中继和 ISDN。

X. 25

X. 25 网是电话网的改良版。它允许一个端点连接多个站点，传输速率为 9. 6kbps 或 64kbps。由于现在已出现其他多种网络服务，X. 25 已经不再使用。

帧中继

帧中继是对 X. 25 进行精简并高速化的网络。与 X. 25 相似，它允许 1 对 N 的通信，一般提供 64kbps~1. 5Mbps 的传输速率。目前由于以太网和 IP–VPN 的广泛应用，帧中继的用户也在逐渐减少。

ISDN

ISDN 是 Integrated Services Digital Network（综合业务数字网）的缩写。它是一种集合了电话、FAX、数据通信等多种类型的综合公共网络。目前它的使用者也在日趋减少。

第4章

IP协议

本章我们来学习IP（Internet Protocol，网际协议）。IP作为整个TCP/IP中至关重要的协议，主要负责将数据包发送给最终的目标计算机。因此，IP能够让世界上任何两台计算机之间进行通信。本章旨在详细介绍IP协议的主要功能及其规范。

7 应用层	**\<应用层\>** TELNET, SSH, HTTP, SMTP, POP, SSL/TLS, FTP, MIME, HTML, SNMP, MIB, SIP, RTP ...
6 表示层	
5 会话层	
4 传输层	**\<传输层\>** TCP, UDP, UDP-Lite, SCTP, DCCP
3 网络层	**\<网络层\>** ARP, IPv4, IPv6, ICMP, IPsec
2 数据链路层	**以太网、无线LAN、PPP……** （双绞线电缆、无线、光纤……）
1 物理层	

4.1　IP 即网际协议

TCP/IP 的心脏是互联网层。这一层主要由 IP（Internet Protocol）和 ICMP（Internet Control Message Protocol）两个协议组成。本章仅对 IP 协议进行详细说明。关于 DNS、ARP、ICMP 等 IP 相关的其他协议将在第 5 章做详细介绍。

此外，鉴于目前的 IP 已无法应对互联网的需求，于是出现了更高版本的 IP 协议（称作 IPv6）。本章将按照 IPv4、IPv6 的顺序逐一介绍。

▼4.1.1　IP 相当于 OSI 参考模型的第 3 层

IP（IPv4、IPv6）相当于 OSI 参考模型中的第 3 层——网络层。

网络层的主要作用是"实现终端节点之间的通信"。这种终端节点之间的通信也叫"点对点（point-to-point）通信"。

从前面的章节可知，网络层的下一层——数据链路层的主要作用是在互连同一种数据链路的节点之间进行包传递。而一旦跨越多种数据链路，就需要借助网络层。网络层可以跨越不同的数据链路，即使是在不同的数据链路上也能实现两端节点之间的数据包传输。

图 4.1

IP 的作用

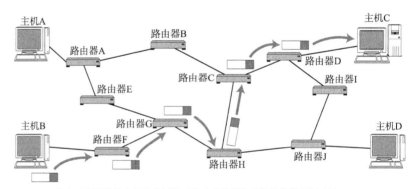

IP的主要作用就是在复杂的网络环境中将数据包发给最终的目标地址。

■ 主机与节点

在互联网世界中，将那些配有 IP 地址的设备叫做"主机"。这里的主机如同在 1.1 节中所介绍的那样，可以是超大型计算机，也可以是小型计算机。这是因为互联网在当初刚发明的时候，只能连接这类大型的设备，因此习惯上就将配有 IP 地址的设备称为"主机"。

然而，准确地说，主机的定义应该是指"配置有 IP 地址，但是不进行路由控制▼的设备"。既配有 IP 地址又具有路由控制能力的设备叫做"路由器"，跟主机有所区别。而节点则是主机和路由器的统称▼。

▼路由控制
英文叫做 Routing。是指中转分组数据包。更多细节请参考 4.2.2 节和第 7 章。

▼这些都是 IPv6 的规范 RFC2460 中所使用的名词术语。在 IPv4 的规范 RFC791 中，将具有路由控制功能的设备叫做"网关"，然而现在都普遍叫做路由器（或 3 层交换机）。

▼4.1.2　网络层与数据链路层的关系

数据链路层提供直连两个设备之间的通信功能。与之相比，作为网络层的 IP

则负责在没有直连的两个网络之间进行通信传输。那么为什么一定需要这样的两个层次呢？它们之间的区别又是什么呢？

在此，我们以旅行为例说明这个问题。有个人要去一个很远的地方旅行，并且计划先后乘坐飞机、火车、公交车到达目的地。为此，他决定先去旅行社购买机票和火车票。

旅行社不仅为他预订好了旅途过程中所需要的机票和火车票，甚至为他制定了一个详细行程表，详细到几点几分需要乘坐飞机或火车都一目了然。

▼这里的"区间"与"段"(3.1节)同义。

当然，机票和火车票只有特定区间▼内有效，当你换乘不同公司的飞机或火车时，还需要重新购票。

图 4.2

IP 的作用与数据链路的作用

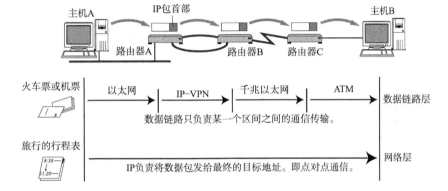

仔细分析一下机票和火车票，不难发现，每张票只能够在某一限定区间内移动。此处的"区间内"就如同通信网络上的数据链路。而这个区间内的出发地点和目的地点就如同某一个数据链路的源地址和目标地址等首部信息▼。整个全程的行程表的作用就相当于网络层。

▼出发地点好比源 MAC 地址，目标地点好比目的 MAC 地址。

如果我们只有行程表而没有车票，就无法搭乘交通工具到达目的地。反之，如果除了车票其他什么都没有，恐怕也很难到达目的地。因为你不知道该坐什么车，也不知道该在哪里换乘。因此，只有两者兼备，既有某个区间的车票又有整个旅行的行程表，才能保证到达目的地。与之类似，计算机网络中也需要数据链路层和网络层这个分层才能实现向最终目标地址的通信。

4.2　IP 基础知识

IP 大致分为三大作用模块，它们是 IP 寻址、路由（最终节点为止的转发）以及 IP 分包与组包。以下就这三个要点逐一介绍。

4.2.1　IP 地址属于网络层地址

在计算机通信中，为了识别通信对端，必须要有一个类似于地址的识别码进行标识。第 3 章中，我们介绍过数据链路的 MAC 地址。MAC 地址正是用来标识同一个链路中不同计算机的一种识别码。

作为网络层的 IP，也有这种地址信息。一般叫做 IP 地址。IP 地址用于在"连接到网络中的所有主机中识别出进行通信的目标地址"。因此，在 TCP/IP 通信中所有主机或路由器必须设定自己的 IP 地址▼。

▼严格来说，要针对每块网卡至少配置一个或一个以上的 IP 地址。

图 4.3

IP 地址

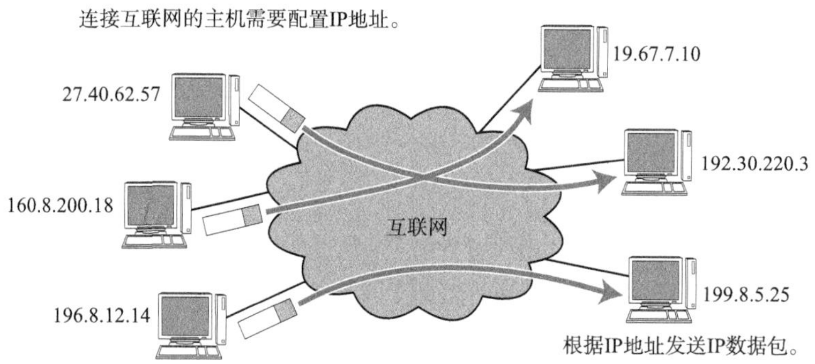

连接互联网的主机需要配置IP地址。

27.40.62.57

19.67.7.10

160.8.200.18

192.30.220.3

互联网

196.8.12.14

199.8.5.25

根据IP地址发送IP数据包。

▼数据链路的 MAC 地址的形式不一定必须一致。

不论一台主机与哪种数据链路连接，其 IP 地址的形式都保持不变。以太网、无线局域网、PPP 等，都不会改变 IP 地址的形式▼。更多细节请参考 4.2.3 节。网络层对数据链路层的某些特性进行了抽象。数据链路的类型对 IP 地址形式透明，这本身就是其中抽象化中的一点。

▼在用 SNMP 进行网路管理时有必要设置 IP 地址。不指定 IP 则无法利用 IP 进行网路管理。

▼反之，这些设备既可以在IPv4 环境中使用，也可以在IPv6 环境中使用。

另外，在网桥或交换集线器等物理层或数据链路层数据包转发设备中，不需要设置 IP 地址▼。因为这些设备只负责将 IP 包转化为 0、1 比特流转发或对数据链路帧的数据部分进行转发，而不需要应对 IP 协议▼。

4.2.2　路由控制

路由控制（Routing）是指将分组数据发送到最终目标地址的功能。即使网络非常复杂，也可以通过路由控制确定到达目标地址的通路。一旦这个路由控制的运行出现异常，分组数据极有可能"迷失"，无法到达目标地址。因此，一个数据包之所以能够成功地到达最终的目标地址，全靠路由控制。

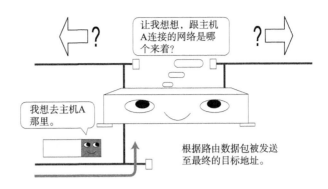

图 4.4
路由控制

根据路由数据包被发送
至最终的目标地址。

■ 发送数据至最终目标地址

Hop 译为中文叫"跳"。它是指网络中的一个区间。IP 包正是在网络中一个个跳间被转发。因此 IP 路由也叫做多跳路由。在每一个区间内决定着包在下一跳被转发的路径。

图 4.5
多跳路由

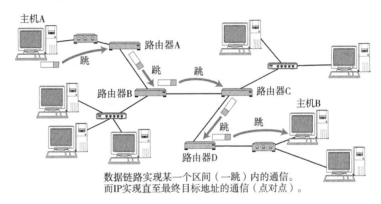

数据链路实现某一个区间（一跳）内的通信。
而 IP 实现直至最终目标地址的通信（点对点）。

■ 一跳的范围

一跳（1 Hop）是指利用数据链路层以下分层的功能传输数据帧的一个区间。

以太网等数据链路中使用 MAC 地址传输数据帧。此时的一跳是指从源 MAC 地址到目标 MAC 地址之间传输帧的区间。也就是说它是主机或路由器网卡不经其他路由器而能直接到达的相邻主机或路由器网卡之间的一个区间。在一跳的这个区间内，电缆可以通过网桥或交换集线器相连，不会通过路由器或网关相连。

多跳路由是指路由器或主机在转发 IP 数据包时只指定下一个路由器或主机，而不是将到最终目标地址为止的所有通路全都指定出来。因为每一个区间（跳）在转发 IP 数据包时会分别指定下一跳的操作，直至包达到最终的目标地址。

如图 4.6，以乘坐火车旅游为例具体说明。

图 4.6

每到一站再打听接下来
该坐什么车

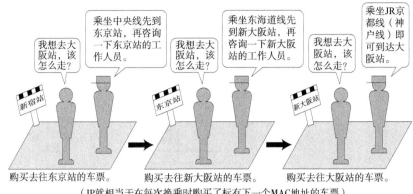

购买去往东京站的车票。　　购买去往新大阪站的车票。　　购买去往大阪站的车票。

（IP就相当于在每次换乘时购买了标有下一个MAC地址的车票）

　　在前面的例子中，虽然已经确定了最终的目标车站，但是一开始还是不知道如何换乘才能到达这个终极目标地址。因此，工作人员给出的方法是首先去往最近的一个车站，再咨询这一车站的工作人员。而到了这个车站以后再询问工作人员如何才能达到最终的目标地址时，仍然得到同样的建议：乘坐某某线列车到某某车站以后再询问那里的工作人员。

　　于是，该乘客就按照每一个车站工作人员的指示，到达下一车站以后再继续询问车站的工作人员，得到类似的建议。

　　因此，即使乘客不知道其最终目的地的方向也没有关系。可以通过每到一个车站咨询工作人员的这种极其偶然▼的方法继续前进，也可以到达最终的目标地址。

▼英文叫做 "Ad Hoc"，是指
具有偶然性的、在各跳之间无
计划传输的意思。尤其在谈到
IP 时经常会用到该词。

　　IP 数据包的传输亦是如此。可以将旅行者看做 IP 数据包，将车站和工作人员看做路由器。当某个 IP 包到达路由器时，路由器首先查找其目标地址▼，从而再决定下一步应该将这个包发往哪个路由器，然后将包发送过去。当这个 IP 包到达那个路由器以后，会再次经历查找下一目标地址的过程，并由该路由器转发给下一个被找到的路由器。这个过程可能会反复多次，直到找到最终的目标地址将数据包发送给这个节点。

▼ IP 包被转发到途中的某个路
由器时，实际上是装入数据链
路层的数据帧以后再被送出。
以太网为例，目标 MAC 地
址就是下一个路由器的 MAC
地址。关于 IP 地址与 MAC 地
址相关的细节请参考 5.3.3
节。

　　这里还可以用快递的送货方式来打比方。IP 数据包犹如包裹，而送货车犹如数据链路。包裹不可能自己移动，必须有送货车承载转运。而一辆送货车只能将包裹送到某个区间范围内。每个不同区间的包裹将由对应的送货车承载、运输。IP 的工作原理也是如此。

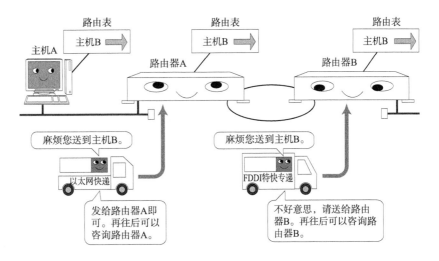

图 4.7
IP 包的发送

■ 路由控制表

　　为了将数据包发给目标主机，所有主机都维护着一张路由控制表（Routing Table）。该表记录 IP 数据在下一步应该发给哪个路由器。IP 包将根据这个路由表在各个数据链路上传输。

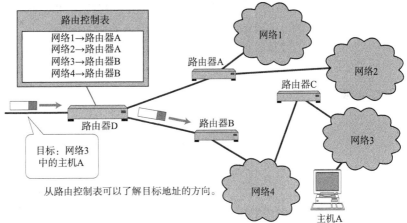

图 4.8
路由控制表

4.2.3　数据链路的抽象化

　　IP 是实现多个数据链路之间通信的协议。数据链路根据种类的不同各有特点。对这些不同数据链路的相异特性进行抽象化也是 IP 的重要作用之一。在 4.2.1 节也曾提到过，数据链路的地址可以被抽象化为 IP 地址。因此，对 IP 的上一层来说，不论底层数据链路使用以太网还是无线 LAN 亦或是 PPP，都将被一视同仁。

　　不同数据链路有个最大的区别，就是它们各自的最大传输单位（MTU：Maximum Transmission Unit）不同。就好像人们在邮寄包裹或行李时有各自的大小限制一样。

　　图 4.9 中展示了很多运输公司在运送包裹时所限定的包裹大小。

图 4.9

不同数据链路的最大传
输单位

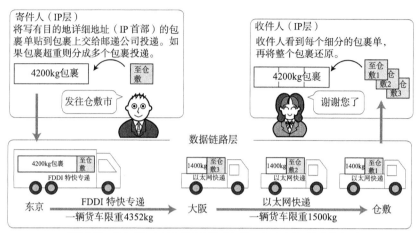

到了大阪，将包裹卸车转为以太网快递邮送。由于以太网快递限重，就需
要对原包裹进行拆分，并在每一个分包上贴上相应序号的包裹单。到了仓
敷可以根据包裹单的序号再将整个包裹合并复原。

MTU 的值在以太网中是 1500 字节，在 FDDI 中是 4352 字节，而 ATM 则为
9180 字节▼。IP 的上一层可能会要求传送比这些 MTU 更多字节的数据，因此必须
在线路上传送比包长还要小的 MTU。

▼关于 MTU 的更多取值，请
参考 4.5 节。

为了解决这个问题，IP 进行分片处理（IP Fragmentation）。顾名思义，所谓分
片处理是指，将较大的 IP 包分成多个较小的 IP 包▼。分片的包到了对端目标地址
以后会再被组合起来传给上一层。即从 IP 的上层看，它完全可以忽略数据包在途
中的各个数据链路上的 MTU，而只需要按照源地址发送的长度接收数据包。IP 就
是以这种方式抽象化了数据链路层，使得从上层更不容易看到底层网络构造的
细节。

▼关于分片处理的更多细节，
请参考 4.5 节。

4.2.4　IP 属于面向无连接型

IP 面向无连接。即在发包之前，不需要建立与对端目标地址之间的连接。上
层如果遇到需要发送给 IP 的数据，该数据会立即被压缩成 IP 包发送出去。

在面向有连接的情况下，需要事先建立连接。如果对端主机关机或不存在，
也就不可能建立连接。反之，一个没有建立连接的主机也不可能发送数据过来。

而面向无连接的情况则不同。即使对端主机关机或不存在，数据包还是会被
发送出去。反之，对于一台主机来说，它会何时从哪里收到数据也是不得而知的。
通常应该进行网络监控，让主机只接收发给自己的数据包。若没有做好准备很有
可能会错过一些该收的包。因此，在面向无连接的方式下可能会有很多冗余的
通信。

那么，为什么 IP 要采用面向无连接呢？

主要有两点原因：一是为了简化，二是为了提速。面向连接比起面向无连接
处理相对复杂。甚至管理每个连接本身就是一个相当繁琐的事情。此外，每次通
信之前都要事先建立连接，又会降低处理速度。需要有连接时，可以委托上一层
提供此项服务。因此，IP 为了实现简单化与高速化采用面向无连接的方式。

■ 为了提高可靠性，上一层的 TCP 采用面向有连接型

　　IP 提供尽力服务（Best Effort），意指"为了把数据包发送到最终目标地址，尽最大努力。"然而，它并不做"最终收到与否的验证"。IP 数据包在途中可能会发生丢包、错位以及数据量翻倍等问题。如果发送端的数据未能真正发送到对端目标主机会造成严重的问题。例如，发送一封电子邮件，如果邮件内容中很重要的一部分丢失，会让收件方无法及时获取信息。

　　因此提高通信的可靠性很重要。TCP 就提供这种功能。如果说 IP 只负责将数据发给目标主机，那么 TCP 则负责保证对端主机确实接收到数据。

　　那么，有人可能会提出疑问：为什么不让 IP 具有可靠传输的功能，从而把这两种协议合并到一起呢？

　　这其中的缘由就在于，如果要一种协议规定所有的功能和作用，那么该协议的具体实施和编程就会变得非常复杂，无法轻易实现。相比之下，按照网络分层，明确定义每层协议的作用和责任以后，针对每层具体的协议进行编程会更加有利于该协议的实现。

　　网络通信中如果能进行有效分层，就可以明确 TCP 与 IP 各自协议的最终目的，也有利于后续对这些协议进行扩展和性能上的优化。分层也简化了每个协议的具体实现。互联网能够发展到今天，与网络通信的分层密不可分。

4.3   IP 地址的基础知识

在用 TCP/IP 通信时，用 IP 地址识别主机和路由器。为了保证正常通信，有必要为每个设备配置正确的 IP 地址。在互联网通信中，全世界都必须设定正确的 IP 地址。否则，根本无法实现正常的通信。

因此，IP 地址就像是 TCP/IP 通信的一块基石。

4.3.1   IP 地址的定义

▼二进制是指用 0、1 表示数字的方法。

IP 地址（IPv4 地址）由 32 位正整数来表示。TCP/IP 通信要求将这样的 IP 地址分配给每一个参与通信的主机。IP 地址在计算机内部以二进制▼方式被处理。然而，由于人类社会并不习惯于采用二进制方式，需要采用一种特殊的标记方式。那就是将 32 位的 IP 地址以每 8 位为一组，分成 4 组，每组以 "." 隔开，再将每组数转换为十进制数▼。下面举例说明这一方法。

▼这种方法也叫做 "十进制点符号"（Dot–decimal notation）。

例)	2^8	2^8	2^8	2^8	
	10101100	00010100	00000001	00000001	（2 进制）
	10101100.	00010100.	00000001.	00000001	（2 进制）
	172.	20.	1.	1	（10 进制）

将表示成 IP 地址的数字整体计算，会得出如下数值。

$$2^{32} = 4\ 294\ 967\ 296$$

▼虽然 43 亿这个数字听起来还算比较大，但是还不到地球上现有人口的总数。

从这个计算结果可知，最多可以允许 43 亿台计算机连接到网络▼。

▼ Windows 或 Unix 中设置 IP 地址的命令分别为 ipconfig/all 和 ifconfig -a。

实际上，IP 地址并非是根据主机台数来配置的，而是每一台主机上的每一块网卡（NIC）都得设置 IP 地址▼。通常一块网卡只设置一个 IP 地址，其实一块网卡也可以配置多个 IP 地址。此外，一台路由器通常都会配置两个以上的网卡，因此可以设置两个以上的 IP 地址。

▼根据一种可以更换 IP 地址的技术 NAT，可连接计算机数超过 43 亿台。关于 NAT 的更多细节请参考 5.6 节。

因此，让 43 亿台计算机全部连网其实是不可能的。后面将要详细介绍 IP 地址的两个组成部分（网络标识和主机标识），了解了这两个组成部分后你会发现实际能够连接到网络的计算机个数更是少了很多▼。

图 4.10

每块网卡可以分配一个以上的 IP 地址

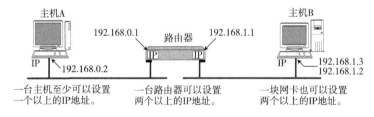

4.3.2   IP 地址由网络和主机两部分标识组成

IP 地址由 "网络标识（网络地址）" 和 "主机标识（主机地址）" 两部分组成▼。

▼ 192. 168. 128. 10/24 中的 "/24" 表示从第 1 位开始到多少位属于网络标识。在这个例子中，192. 168. 128 之前的都是该 IP 的网络地址。更多细节请参考 4. 3. 6 节。

如图 4.11 所示，网络标识在数据链路的每个段配置不同的值。网络标识必须保证相互连接的每个段的地址不相重复。而相同段内相连的主机必须有相同的网络地址。IP 地址的"主机标识"则不允许在同一个网段内重复出现。

由此，可以通过设置网络地址和主机地址，在相互连接的整个网络中保证每台主机的 IP 地址都不会相互重叠。即 IP 地址具有了唯一性▼。

▼ 唯一性是指在整个网络中，不会跟其他主机的 IP 地址冲突。关于唯一性的解释还可以参考 1.8.1 节。

如图 4.12 所示，IP 包被转发到途中某个路由器时，正是利用目标 IP 地址的网络标识进行路由。因为即使不看主机标识，只要一见到网络标识就能判断出是否为该网段内的主机。

那么，究竟从第几位开始到第几位算是网络标识，又从第几位开始到第几位算是主机标识呢？关于这点，有约定俗成的两种类型。最初二者以分类进行区别。而现在基本以子网掩码（网络前缀）区分。不过，请读者注意，在有些情况下依据部分功能、系统和协议的需求，前一种的方法依然存在。

图 4.11

IP 地址的主机标识

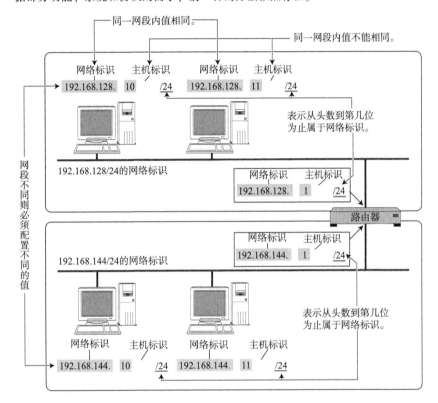

图 4.12

IP 地址的网络标识

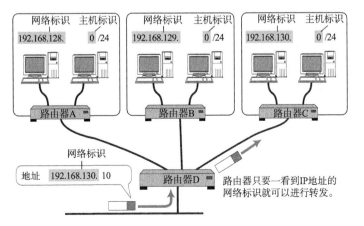

▌4.3.3　IP 地址的分类

IP 地址分为四个级别，分别为 A 类、B 类、C 类、D 类▼。它根据 IP 地址中从第 1 位到第 4 位的比特列对其网络标识和主机标识进行区分。

▼还有一个一直未使用的 E 类。

▌A 类地址

A 类 IP 地址是首位以"0"开头的地址。从第 1 位到第 8 位▼是它的网络标识。用十进制表示的话，0.0.0.0～127.0.0.0 是 A 类的网络地址。A 类地址的后 24 位相当于主机标识。因此，一个网段内可容纳的主机地址上限为 16，777，214 个▼。

▼去掉分类位剩下 7 位。

▼关于 A 类地址总数的计算请参考附录 2.1 节。

▌B 类地址

B 类 IP 地址是前两位为"10"的地址。从第 1 位到第 16 位▼是它的网络标识。用十进制表示的话，128.0.0.0～191.255.0.0 是 B 类的网络地址。B 类地址的后 16 位相当于主机标识。因此，一个网段内可容纳的主机地址上限为 65，534 个▼。

▼去掉分类位剩下 14 位。

▼关于 B 类地址总数的计算请参考附录 2.2 节。

图 4.13

IP 地址的分类

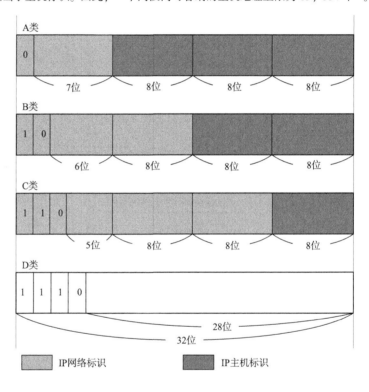

■ C 类地址

▼去掉分类位剩下 21 位。

C 类 IP 地址是前三位为 "110" 的地址。从第 1 位到第 24 位▼是它的网络标识。用十进制表示的话，192.0.0.0 ~ 223.255.255.0 是 C 类的网络地址。C 类地址的后 8 位相当于主机标识。因此，一个网段内可容纳的主机地址上限为 254 个▼。

▼关于 C 类地址总数的计算请参考附录 2.3 节。

■ D 类地址

▼去掉分类位剩下 28 位。

D 类 IP 地址是前四位为 "1110" 的地址。从第 1 位到第 32 位▼是它的网络标识。用十进制表示的话，224.0.0.0 ~ 239.255.255.255 是 D 类的网络地址。D 类地址没有主机标识，常被用于多播。关于多播的更多细节请参考 4.3.5 节。

■ 关于分配 IP 主机地址的注意事项

在分配 IP 地址时关于主机标识有一点需要注意。即要用比特位表示主机地址时，不可以全部为 0 或全部为 1。因为全部为只有 0 在表示对应的网络地址或 IP 地址不可获知的情况下才使用。而全部为 1 的主机地址通常用作为广播地址。

因此，在分配过程中，应该去掉这两种情况。这也是为什么 C 类地址每个网段最多只能有 254（$2^8 - 2 = 254$）个主机地址的原因。

▌4.3.4　广播地址

▼以太网中如果将 MAC 地址的所有位都改为 1，则形成 FF：FF：FF：FF：FF：FF 的广播地址。因此，广播的 IP 包以数据链路的帧的形式发送时，得通过 MAC 地址为全 1 比特的 FF：FF：FF：FF：FF：FF 转发。

广播地址用于在同一个链路中相互连接的主机之间发送数据包。将 IP 地址中的主机地址部分全部设置为 1，就成为了广播地址▼。例如把 172.20.0.0/16 用二进制表示如下：

　　　10101100.00010100.00000000.00000000　　　（二进制）

将这个地址的主机部分全部改为 1，则形成广播地址：

　　　10101100.00010100.11111111.11111111　　　（二进制）

再将这个地址用十进制表示，则为 172.20.255.255。

■ 两种广播

广播分为本地广播和直接广播两种。

在本网络内的广播叫做本地广播。例如网络地址为 192.168.0.0/24 的情况下，广播地址是 192.168.0.255。因为这个广播地址的 IP 包会被路由器屏蔽，所以不会到达 192.168.0.0/24 以外的其他链路上。

▼由于直接广播有一定的安全问题，多数情况下会在路由器上设置为不转发。

在不同网络之间的广播叫做直接广播。例如网络地址为 192.168.0.0/24 的主机向 192.168.1.255/24 的目标地址发送 IP 包。收到这个包的路由器，将数据转发给 192.168.1.0/24，从而使得所有 192.168.1.1 ~ 192.168.1.254 的主机都能收到这个包▼。

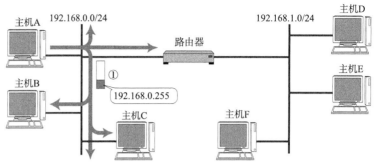

① 的包不会到达192.168.1.0/24的网络。（本地广播）

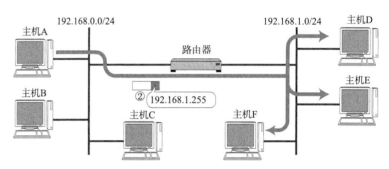

② 是指向192.168.1.0/24的广播包。（直接广播）

4.3.5　IP 多播

■ 同时发送提高效率

多播用于将包发送给特定组内的所有主机。由于其直接使用 IP 协议，因此也不存在可靠传输。

而随着多媒体应用的发展，对于向多台主机同时发送数据包，在效率上的要求也日益提高。在电视会议系统中对于 1 对 N、N 对 N 通信的需求明显上升。而具体实现上往往采用复制 1 对 1 通信的数据，将其同时发送给多个主机的方式。

在人们使用多播功能之前，一直采用广播的方式。那时广播将数据发给所有终端主机，再由这些主机 IP 之上的一层去判断是否有必要接收数据。是则接收，否则丢弃。

然而这种方式会给那些毫无关系的网络或主机带来影响，造成网络上很多不必要的流量。况且由于广播无法穿透路由，若想给其他网段发送同样的包，就不得不采取另一种机制。因此，多播这种既可以穿透路由器，又可以实现只给那些必要的组发送数据包的技术就成为必选之路了。

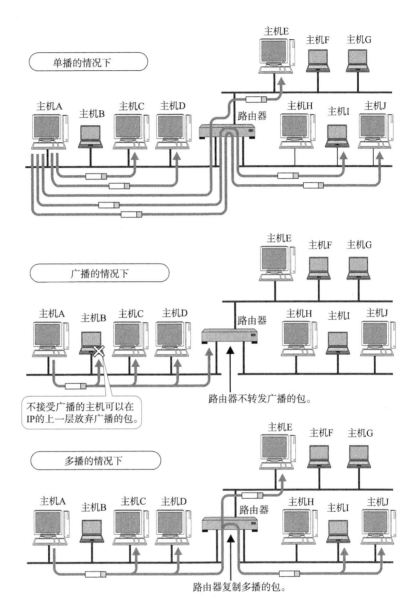

图 4.15
单播、广播、多播通信

不接受广播的主机可以在
IP的上一层放弃广播的包。

路由器不转发广播的包。

路由器复制多播的包。

■ IP 多播与地址

多播使用 D 类地址。因此，如果从首位开始到第 4 位是 "1110"，就可以认
为是多播地址。而剩下的 28 位可以成为多播的组编号。

图 4.16
多播地址

从 224.0.0.0 到 239.255.255.255 都是多播地址的可用范围。其中从
224.0.0.0 到 224.0.0.255 的范围不需要路由控制，在同一个链路内也能实现多

▼可以利用生存时间（TTL，Time To Live）限制包的到达范围。

播。而在这个范围之外设置多播地址会给全网所有组内成员发送多播的包▼。

此外，对于多播，所有的主机（路由器以外的主机和终端主机）必须属于 224.0.0.1 的组，所有的路由器必须属于 224.0.0.2 的组。类似地，多播地址中有众多已知的地址，它们中具有代表性的部分已在表 4.1 中列出。

▼ Internet Group Management Protocol

利用 IP 多播实现通信，除了地址外还需要 IGMP▼ 等协议的支持。关于它的更多细节请参考 5.8.1 节。

表 4.1
既定已知的多播地址

地址	内　　容
224.0.0.0	（预定）
224.0.0.1	子网内所有的系统
224.0.0.2	子网内所有的路由器
224.0.0.5	OSPF 路由器
224.0.0.6	OSPF 指定路由器
224.0.0.9	RIP2 路由器
224.0.0.10	IGRP 路由器
224.0.0.11	Mobile-Agents
224.0.0.12	DHCP 服务器/中继器代理
224.0.0.14	RSVP-ENCAPSULATION
224.0.1.1	NTP Network Time Protocol
224.0.1.8	SUN NIS+ Information Service
224.0.1.22	Service Location（SVRLOC）
224.0.1.33	RSVP-encap-1
224.0.1.34	RSVP-encap-2
224.0.1.35	Directory Agent Discovery（SVRLOC-DA）
224.0.2.2	SUN RPC PMAPPROC CALLIT

4.3.6　子网掩码

分类造成浪费？

一个 IP 地址只要确定了其分类，也就确定了它的网络标识和主机标识。例如 A 类地址前 8 位（除首位"0"还有 7 位）、B 类地址前 16 位（除首位"10"还有 14 位）、C 类地址前 24 位（除首位"110"还有 21 位）分别是它们各自的网络标识部分。

由此，按照每个分类所表示的网络标识的范围如下所示。

例）　A 类　11111111. 00000000. 00000000. 00000000
　　　B 类　11111111. 11111111. 00000000. 00000000
　　　C 类　11111111. 11111111. 11111111. 00000000

用"1"表示 IP 网络地址的比特范围，用"0"表示 IP 主机地址范围。将它们以十进制表示，如下所示。其中"1"的部分是网络地址部分，"0"的部分是主机地址部分。

例) 　A 类　255.　　0.　　0.　　0

　　　B 类　255.　255.　　0.　　0

　　　C 类　255.　255.　255.　　0

网络标识相同的计算机必须同属于同一个链路。例如，架构 B 类 IP 网络时，理论上一个链路内允许 6 万 5 千多台计算机连接。然而，在实际网络架构当中，一般不会有在同一个链路上连接 6 万 5 千多台计算机的情况。因此，这种网络结构实际上是不存在的。

因此，直接使用 A 类或 B 类地址，确实有些浪费。随着互联网的覆盖范围逐渐增大，网络地址会越来越不足以应对需求，直接使用 A 类、B 类、C 类地址就更加显得浪费资源。为此，人们已经开始一种新的组合方式以减少这种浪费。

■ 子网与子网掩码

现在，一个 IP 地址的网络标识和主机标识已不再受限于该地址的类别，而是由一个叫做"子网掩码"的识别码通过子网网络地址细分出比 A 类、B 类、C 类更小粒度的网络。这种方式实际上就是将原来 A 类、B 类 C 类等分类中的主机地址部分用作子网地址，可以将原网络分为多个物理网络的一种机制。

自从引入了子网以后，一个 IP 地址就有了两种识别码。一是 IP 地址本身，另一个是表示网络部的子网掩码。子网掩码用二进制方式表示的话，也是一个 32 位的数字。它对应 IP 地址网络标识部分的位全部为"1"，对应 IP 地址主机标识的部分则全部为"0"。由此，一个 IP 地址可以不再受限于自己的类别，而是可以用这样的子网掩码自由地定位自己的网络标识长度。当然，子网掩码必须是 IP 地址的首位开始连续的"1"▼。

▼最初提出子网掩码时曾允许出现不连续的子网掩码，但现在基本不允许出现这种情况。

对于子网掩码，目前有两种表示方式。以 172.20.100.52 的前 26 位是网络地址的情况为例，以下是其中一种表示方法，它将 IP 地址与子网掩码的地址分别用两行来表示。

IP 地址	172.	20.	100.	52
子网掩码	255.	255.	255.	192
网络地址	172.	20.	100.	0
子网掩码	255.	255.	255.	192
广播地址	172.	20.	100.	63
子网掩码	255.	255.	255.	192

▼这种方式也叫"后缀"表示法。

另一种表示方式如下所示。它在每个 IP 地址后面追加网络地址的位数▼用"/"隔开。

IP 地址	172.	20.	100.	52	/26
网络地址	172.	20.	100.	0	/26
广播地址	172.	20.	100.	63	/26

不难看出，在第二种方式下记述网络地址时可以省略后面的"0"。例如 172.20.0.0/16 跟 172.20/16 其实是一个意思。

假定有一个B类的IP地址定义了10位子网掩码。

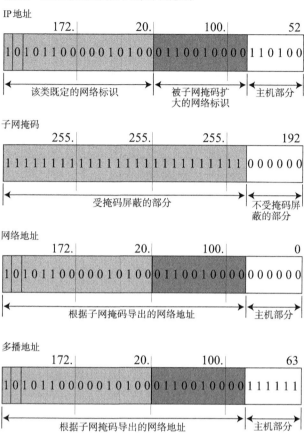

4.3.7   CIDR 与 VLSM

直到 20 世纪 90 年代中期,向各种组织分配 IP 地址都以 A 类、B 类、C 类等分类为单位进行。对于架构大规模网络的组织,一般会分配一个 A 类地址。反之,在架构小规模网络时,则分配 C 类地址。然而 A 类地址的派发在全世界最多也无法超过 128 个▼,加上 C 类地址的主机标识最多只允许 254 台计算机相连,导致众多组织开始申请 B 类地址。其结果是 B 类地址也开始严重缺乏,无法满足需求。

于是,人们开始放弃 IP 地址的分类▼,采用任意长度分割 IP 地址的网络标识和主机标识。这种方式叫做 CIDR▼,意为 "无类型域间选路"。由于 BGP(Border Gateway Protocol,边界网关协议,参考 7.6 节)对应了 CIDR,所以不受 IP 地址分类的限制自由分配▼。

根据 CIDR,连续多个 C 类地址▼就可以划分到一个较大的网络内。CIDR 更有效地利用了当前 IPv4 地址,同时通过路由集中▼降低了路由器的负担。

例如,以图 4.18 为例,应用 CIDR 技术将 203.183.224.1 到 203.183.225.254 的地址合为同一个网络(它们本来是 2 个 C 类地址)。

203. 183 . 224 . 0 / 23
11001011.10110111.11100000.00000001
(203.183.224.1)
(网络地址标识)
11001011.10110111.11100001.11111110
(203.183.225.254)
8位 + 8位 + 7位
9位
(IP主机地址标识)
23位
2⁹−2=510
… 510台主机数
203.183.224.0/23
从203.183.224.1到
203.183.225.254一
个网络内允许510台
主机。也可以将这个
网络划分成多个子网。
同一个网络的
路由信息
互联网
路由器

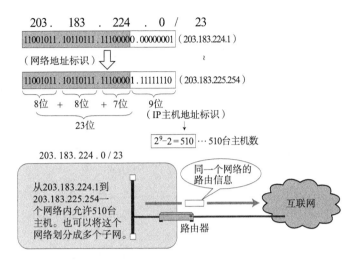

图 4.18
CIDR 应用举例（1）

类似地，图 4.19 展示了将 202.244.160.1 到 202.244.167.254 的地址合并为一个网络的情形。该例子中实际上是将 8 个 C 类地址合并为一个网络。

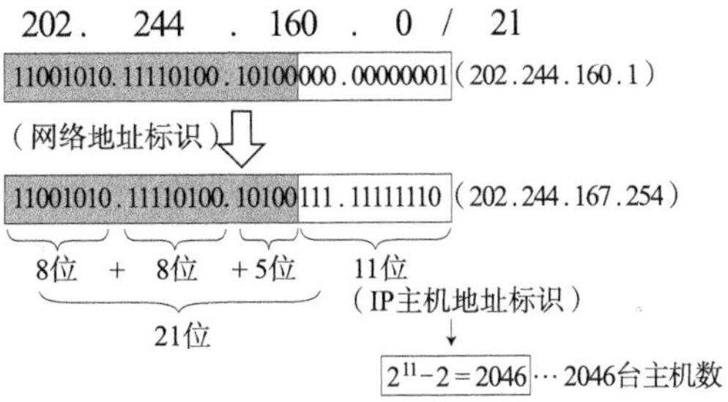

202. 244 . 160 . 0 / 21
11001010.11110100.10100000.00000001
(202.244.160.1)
(网络地址标识)
11001010.11110100.10100111.11111110
(202.244.167.254)
8位 + 8位 + 5位
11位
(IP主机地址标识)
21位
2¹¹−2=2046
… 2046台主机数

图 4.19
CIDR 应用举例（2）

在 CIDR 被应用到互联网的初期，网络内部采用固定长度的子网掩码机制。也就是说，当子网掩码的长度被设置为/25 以后，域内所有的子网掩码都得使用同样的长度。然而，有些部门可能有 500 台主机，另一些部门可能只有 50 台主机。如果全部采用统一标准，就难以架构一个高效的网络结构。为此人们提出组织内要使用可变长度的、高效的 IP 地址分配方式。

于是产生了一种可以随机修改组织内各个部门的子网掩码长度的机制——VLSM（可变长子网掩码）▼。它可以通过域间路由协议转换为 RIP2（7.4.5 节）以及 OSPF（7.5 节）实现。根据 VLSM 可以将网络地址划分为主机数为 500 个时子网掩码长度为/23，主机数为 50 个时子网掩码长度为/26。从而在理论上可以将 IP 地址的利用率提高至 50%。

▼ Variable Length Subnet Mask

有了 CIDR 和 VLSM 技术，确实相对缓解了全局 IP 地址▼不够用的问题。但是 IP 地址的绝对数本身有限的事实无法改变。因此才会出现本章 4.6 节中将要介绍的 IPv6 等 IPv4 以外的方法。

▼为了应对全局 IP 地址不足的问题，除了 CIDR 和 VLSM 之外还有 NAT（5.6 节）、代理服务器（1.9.7 节）等技术。

4.3.8 全局地址与私有地址

起初，互联网中的任何一台主机或路由器必须配有一个唯一的 IP 地址。一旦出现 IP 地址冲突，就会使发送端无法判断究竟应该发给哪个地址。而接收端收到

数据包以后发送回执时，由于地址重复，发送端也无从得知究竟是哪个主机返回
的信息，影响通信的正常进行。

　　然而，随着互联网的迅速普及，IP 地址不足的问题日趋显著。如果一直按照
现行的方法采用唯一地址的话，会有 IP 地址耗尽的危险。

　　于是就出现了一种新技术。它不要求为每一台主机或路由器分配一个固定的
IP 地址，而是在必要的时候只为相应数量的设备分配唯一的 IP 地址。

　　尤其对于那些没有连接互联网的独立网络中的主机，只要保证在这个网络内
地址唯一，可以不用考虑互联网即可配置相应的 IP 地址。不过，即使让每个独立
的网络各自随意地设置 IP 地址，也可能会有问题▼。于是又出现了私有网络的 IP
地址。它的地址范围如下所示：

▼ 例如因运维方案发生变化该
网络需要连接到互联网时，或
者不小心误被连接到了互联网
时，再例如连接两个本来就各
自独立的网络时，都容易发生
地址冲突。

10.	0.	0.	0	~ 10.	255.	255.	255	（10/8）	A 类
172.	16.	0.	0	~ 172.	31.	255.	255	（172.16/12）	B 类
192.	168.	0.	0	~ 192.	168.	255.	255	（192.168/16）	C 类

▼ A 类~C 类范围中除去 0/8、
127/8。

　　包含在这个范围内的 IP 地址都属于私有 IP，而在此之外▼的 IP 地址称为全
局 IP▼。

▼ 也叫公网 IP。

　　私有 IP 最早没有计划连接互联网，而只用于互联网之外的独立网络。然而，
当一种能够互换私有 IP 与全局 IP 的 NAT▼ 技术诞生以后，配有私有地址的主机
与配有全局地址的互联网主机实现了通信。

▼ 更多细节请参考 5.6 节。

　　现在有很多学校、家庭、公司内部正采用在每个终端设置私有 IP，而在路由
器（宽带路由器）或在必要的服务器上设置全局 IP 地址的方法。而如果配有私有
IP 的地址主机连网时，则通过 NAT 进行通信。

▼ 在使用任播（5.8.2 节）的
情况下，多台主机或路由器可
以配置同一个 IP。

　　全局 IP 地址基本上要在整个互联网范围内保持唯一▼，但私有地址不需要。只
要在同一个域里保证唯一即可。在不同的域里出现相同的私有 IP 不会影响使用。

　　由此，私有 IP 地址结合 NAT 技术已成为现在解决 IP 地址分配问题的主流方
案。它与使用全局 IP 地址相比有各种限制▼。为了解决这些问题 IPv6 出现了。然
而由于现在 IPv6 还没有得到普及，IPv4 地址又即将耗尽，人们正在努力使用 IPv4
和 NAT 技术解决现有的问题。这也是互联网的现状之一。

▼ 例如在应用的首部或数据部
分传递 IP 地址和端口号的应用
程序来说，直接使用私有地址
会导致无法通信。

图 4.20

全局 IP 与私有 IP

■ 所有全局IP地址　　　　　　　　　　　　　　■ 现在的互联网中一部分主机使用私有地址。

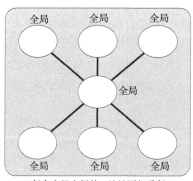

每台主机之间的IP地址不相重复。

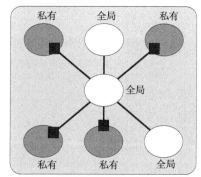

○　表示的全局IP地址的网络中没有重复的
　　IP地址。
●　表示的私有IP地址的网络中，各个网络
　　内部使用同样的IP地址。
■　表示的NAT部分可以转换IP地址。

▼4.3.9　全局地址由谁决定

▼ Internet Corporation for As-signed Names and Numbers,中文叫"互联网名称与数字地址分配机构",负责管理全世界的 IP 地址和域名。

▼ Japan Network Information Center,负责日本国内 IP 地址与 AS 编号的管理。

到此,读者可能会问这个所谓的全局地址究竟是由谁管理,又是由谁制定的呢?在世界范围内,全局 IP 由 ICANN▼ 进行管理。在日本则由一个叫做 JPNIC▼ 的机构进行管理,它是日本国内唯一指定的全局 IP 地址管理的组织。

在互联网被广泛商用之前,用户只有直接向 JPNIC 申请全局 IP 地址才能接入互联网。然而,随着 ISP 的出现,人们在向 ISP 申请接入互联网的同时往往还会申请全局 IP 地址。在这种情况下,实际上是 ISP 代替用户向 JPNIC 申请了一个全局 IP 地址。而连接某个区域网络时,一般不需要联系提供商,只要联系该区域网络的运营商即可。

对于 FTTH 和 ADSL 的服务,网络提供商直接给用户分配全局 IP 地址,并且用户每次重连该 IP 地址都可能会发生变化。这时的 IP 地址由提供商维护,不需要用户亲自申请全局 IP 地址。

一般只有在需要固定 IP 的情况下才会申请全局 IP 地址。例如,如果要让多台主机接入互联网,就需要为每一台主机申请一个 IP 地址。

图 4.21

IP 地址的申请流程

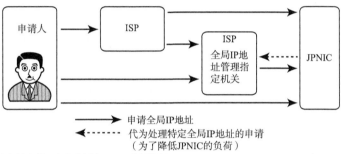

日本国内的IP地址申请由JPNIC进行管理。
也有指定的代理全局IP地址分配及管理的机构。
一般的用户,申请IP地址可以联系ISP。如果直接向JPNIC申请有时可能会遭到拒绝。

不过现在,普遍采用的一种方式是,在 LAN 中按照 4.3.8 节所介绍的那样设置私有地址,通过少数设置全局 IP 地址的代理服务器(1.9.7 节)结合 NAT(5.6 节)的设置进行互联网通信。这时 IP 地址个数就不限于 LAN 中主机个数而是由代理服务器和 NAT 的个数决定。

如果完全使用公司内网,今后不会接入互联网,只要使用私有地址即可。

■ WHOIS

互联网其实是由各种各样的域组合而成的。分组数据像包中继那样经过众多域才能被发送出去。也就是说,即使是在相互认识的人与人之间进行通信,包在传输过程中所经过的线路或设备也无从得知。而且通常为了实现正常通信,也不需要了解这些信息。

然而,有时在包的传输过程中可能会遇到一些意外▼。如果这些异常仅仅是跟自己或对端有关,那么直接联系对端或许就能够很容易地解决问题。但是如果这些异常是由途中其他设备所造成的,那该如何是好呢?

▼例如,设备上的错误配置或设备本身的故障、缺陷导致线路频繁切换以及网络不稳定,路由错误甚至会导致无法与子网主机进行通信、丢包等问题。

此时，网络技术人员可以通过检查 ICMP 包▼、利用 traceroute▼ 等命令定位发生异常的设备或线路最近的 IP 地址。一旦明确了 IP 地址，就可以跟管理这个 IP 地址的域管理员取得联系，提出问题并找到解决问题的突破口▼。

不过，这里也有一个问题。那就是即使知道了发生问题的 IP 地址，该如何了解该 IP 隶属于哪个域哪个机构？对此，又该如何定位呢？尤其在近来网络病毒的入侵愈加迅猛，受感染的主机很有可能在不知情的情况下又将非法的数据包继续转发出去。管理员在处理此类问题时，必须通过 IP 地址和主机名定位出具体管理人。

为了解决这个问题，互联网中从很早开始就可以通过网络信息查询机构和管理人联系方式。这种方法就叫做 WHOIS。WHOIS 提供查询 IP 地址、AS 编号以及搜索域名分配登记和管理人信息的服务。

例如，查找在日本国内使用的特定 IP 可以在 Unix 下输入如下命令：

whois-h whois.nic.ad.jp <IP 地址>

使用域名▼的情况下，可以输入如下命令：

whois-h whois.jprs.jp <域名>

最近，亦可使用面向浏览器的 web 服务。

- IP 地址、AS 编号：
  http://www.nic.ad.jp/ja/whois/ja-gateway.html
- 域名：http://whois.jprs.jp/

4.4 路由控制

发送数据包时所使用的地址是网络层的地址，即 IP 地址。然而仅仅有 IP 地址还不足以实现将数据包发送到对端目标地址，在数据发送过程中还需要类似于"指明路由器或主机"的信息，以便真正发往目标地址。保存这种信息的就是路由控制表（Routing Table）。实现 IP 通信的主机和路由器都必须持有一张这样的表。它们也正是在这个表格的基础上才得以进行数据包发送的。

该路由控制表的形成方式有两种：一种是管理员手动设置，另一种是路由器与其他路由器相互交换信息时自动刷新。前者也叫静态路由控制，而后者叫做动态路由控制。为了让动态路由及时刷新路由表，在网络上互连的路由器之间必须设置好路由协议，保证正常读取路由控制信息。

IP 协议始终认为路由表是正确的。然而，IP 本身并没有定义制作路由控制表的协议。即 IP 没有制作路由控制表的机制。该表是由一个叫做"路由协议"（这个协议有别于 IP）的协议制作而成。关于路由协议的更多细节将在后续的第 7 章详细介绍。

4.4.1 IP 地址与路由控制

IP 地址的网络地址部分用于进行路由控制。图 4.22 即发送 IP 包的示例。

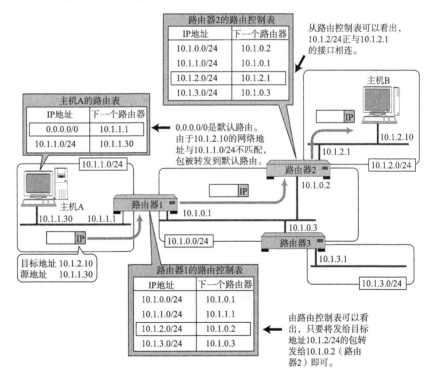

图 4.22
路由控制表与 IP 包发送

▼ 在 Windows 或 Unix 上表示路由表的方法分别为 netstat-r 或 netstat-rn。

路由控制表中记录着网络地址与下一步应该发送至路由器的地址▼。在发送 IP 包时，首先要确定 IP 包首部中的目标地址，再从路由控制表中找到与该地址具有相同网络地址的记录，根据该记录将 IP 包转发给相应的下一个路由器。如果路由控制表中存在多条相同网络地址的记录，就选择一个最为吻合的网络地址。所谓最为吻合是指相同位数最多的意思▼。

例如 172.20.100.52 的网络地址与 172.20/16 和 172.20.100/24 两项都匹配。此时，应该选择匹配度最长的 172.20.100/24。此外，如果路由表中下一个路由器的位置记录着某个主机或路由器网卡的 IP 地址，那就意味着"发送的目标地址属于同一个链路"▼。

■ 默认路由

如果一张路由表中包含所有的网络及其子网的信息，将会造成无端的浪费。这时，默认路由（Default Route）是不错的选择。默认路由是指路由表中任何一个地址都能与之匹配的记录。

默认路由一般标记为 0.0.0.0/0 或 default▼。这里的 0.0.0.0/0 并不是指 IP 地址是 0.0.0.0。由于后面是 "/0"，所以并没有标识 IP 地址▼。它只是为了避免人们误以为 0.0.0.0 是 IP 地址。有时默认路由也被标记为 default，但是在计算机内部和路由协议的发送过程中还是以 0.0.0.0/0 进行处理。

■ 主机路由

"IP 地址/32" 也被称为主机路由（Host Route）。例如，192.168.153.15/32▼就是一种主机路由。它的意思是整个 IP 地址的所有位都将参与路由。进行主机路由，意味着要基于主机上网卡上配置的 IP 地址本身，而不是基于该地址的网络地址部分进行路由。

主机路由多被用于不希望通过网络地址路由的情况▼。

■ 环回地址

环回地址是在同一台计算机上的程序之间进行网络通信时所使用的一个默认地址。计算机使用一个特殊的 IP 地址 127.0.0.1 作为环回地址。与该地址具有相同意义的是一个叫做 localhost 的主机名。使用这个 IP 或主机名时，数据包不会流向网络。

▼ 4.4.2　路由控制表的聚合

利用网络地址的比特分布可以有效地进行分层配置。对内即使有多个子网掩码，对外呈现出的也是同一个网络地址。这样可以更好地构建网络，通过路由信息的聚合可以有效地减少路由表的条目▼。

如图 4.23 所示，在聚合之前需要 6 条路由记录，聚合之后只需要 2 条记录。

能够缩小路由表的大小是它最大的优势。路由表越大，管理它所需要的内存和 CPU 也就越多。并且查找路由表的时间也会越长，导致转发 IP 数据包的性能下降。如果想要构建大规模、高性能网络，则需要尽可能削减路由表的大小。

而且路由聚合可以将已知的路由信息传送给周围其他的路由器，以达到控制路由信息的目的。图 4.23 的例子中路由器 C 正是将已知 192.168.2.0/24 与 192.168.3.0/24 的网络这一信息聚合成为对 "192.168.2.0/23 的网络也已知"，从而进行公示。

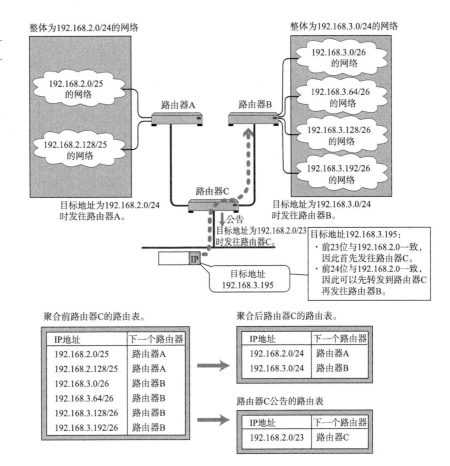

图4.23

路由控制表聚合的例子

整体为192.168.2.0/24的网络

整体为192.168.3.0/24的网络

192.168.2.0/25
的网络

192.168.2.128/25
的网络

路由器A

路由器B

192.168.3.0/26
的网络

192.168.3.64/26
的网络

192.168.3.128/26
的网络

192.168.3.192/26
的网络

目标地址为192.168.2.0/24
时发往路由器A。

目标地址为192.168.3.0/24
时发往路由器B。

路由器C

公告
目标地址为192.168.2.0/23
时发往路由器C。

IP

目标地址
192.168.3.195

目标地址192.168.3.195：
· 前23位与192.168.2.0一致，
因此首先发往路由器C。
· 前24位与192.168.2.0一致，
因此可以先转发到路由器C
再发往路由器B。

聚合前路由器C的路由表。

IP地址	下一个路由器
192.168.2.0/25	路由器A
192.168.2.128/25	路由器A
192.168.3.0/26	路由器B
192.168.3.64/26	路由器B
192.168.3.128/26	路由器B
192.168.3.192/26	路由器B

聚合后路由器C的路由表。

IP地址	下一个路由器
192.168.2.0/24	路由器A
192.168.3.0/24	路由器B

路由器C公告的路由表

IP地址	下一个路由器
192.168.2.0/23	路由器C

4.5 / IP 分割处理与再构成处理

▼4.5.1 数据链路不同，MTU 则相异

如前面 4.2.3 节中所介绍，每种数据链路的最大传输单元（MTU）都不尽相同。表 4.2 列出了很多不同的链路及其 MTU。每种数据链路的 MTU 之所以不同，是因为每个不同类型的数据链路的使用目的不同。使用目的不同，可承载的 MTU 也就不同。鉴于 IP 属于数据链路上一层，它必须不受限于不同数据链路的 MTU 大小。如 4.2.3 节所述，IP 抽象化了底层的数据链路。

表 4.2

各种数据链路及其 MTU

数据链路	MTU（字节）	总长度（单位为字节，包含 FCS）
IP 的最大 MTU	65535	–
Hyperchannel	65535	–
IP over HIPPI	65280	65320
16Mbps IBM Token Ring	17914	17958
IP over ATM	9180	–
IEEE 802.4 Token Bus	8166	8191
IEEE 802.5 Token Ring	4464	4508
FDDI	4352	4500
以太网	1500▼	1518
PPP（Default）	1500	–
IEEE 802.3 Ethernet	1492	1518
PPPoE	1492	–
X.25	576	–
IP 的最小 MTU	68	–

▼最近以太网也可以使用大于 1500 字节的 MTU。这种方式叫做 Jumbo Frame，是指超长帧格式。为了提高服务器主机的通信速度，采用 9000 字节左右 MTU 的情况更多一些。使用 Jumbo Frame 不仅要对应网段的主机，还需要路由器、交换机和网桥（交换集线器）的支持。即使在不使用 Jumbo Frame 的情况下，经由 IP 隧道也能通过途中的路由器或网桥实现 1500 字节以上 MTU 的通信。因此，如果想避免过多的 IP 碎片，可以适当地扩大路由器或网桥上的 MTU 值。

▼4.5.2 IP 报文的分片与重组

任何一台主机都有必要对 IP 分片（IP Fragmentation）进行相应的处理。分片往往在网络上遇到比较大的报文无法一下子发送出去时才会进行处理。

图 4.24 展示了网络传输过程中进行分片处理的一个例子。由于以太网的默认 MTU 是 1500 字节，因此 4342 字节的 IP 数据报无法在一个帧当中发送完成。这时，路由器将此 IP 数据报划分成了 3 个分片进行发送。而这种分片处理只要路由器认为有必要，会周而复始地进行▼。

▼分片以 8 个字节的倍数为单位进行。

经过分片之后的 IP 数据报在被重组的时候，只能由目标主机进行。路由器虽然做分片但不会进行重组。

▼在目标主机上进行分片的重组时，可能有一部分包会延迟到达。因此，一般会从第一个数据报的分片到达的那一刻起等待约 30 秒再进行处理。

这样的处理是由诸多方面的因素造成的。例如，现实当中无法保证 IP 数据报是否经由同一个路径传送。因此，途中即使等待片刻，数据包也有可能无法到达目的地。此外，拆分之后的每个分片也有可能会在途中丢失▼。即使在途中某一

处被重新组装，但如果下一站再经过其他路由时还会面临被分片的可能。这会给路由器带来多余的负担，也会降低网络传送效率。出于这些原因，在终结点（目标主机）端重组分片了的 IP 数据报成为现行的规范。

图 4.24

IP 报文的分片与重组

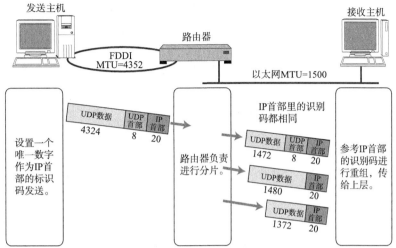

发送主机　　　　　　　　　　　路由器　　　　　　　　　　接收主机

FDDI
MTU=4352

以太网MTU=1500

设置一个唯一数字作为IP首部的标识码发送。

UDP数据 4324　UDP首部 8　IP首部 20

路由器负责进行分片。

IP首部里的识别码都相同

UDP数据 1472　UDP首部 8　IP首部 20

UDP数据 1480　IP首部 20

UDP数据 1372　IP首部 20

参考IP首部的识别码进行重组，传给上层。

IP首部中的"片偏移"字段表示分片之后每个分片在用户数据中的相对位置和该分片之后是否还有后续其他分片。
根据这个字段可以判断一个IP数据报是否分片以及当前分片为整个数据报的起始、中段还是末尾。

（数字表示数据长度。单位为字节）

4.5.3　路径 MTU 发现

分片机制也有它的不足。首先，路由器的处理负荷加重。随着时代的变迁，计算机网络的物理传输速度不断上升。这些高速的链路，对路由器和计算机网络提出了更高的要求。另一方面，随着人们对网络安全的要求提高，路由器需要做的其他处理也越来越多，如网络过滤▼等。因此，只要允许，是不希望由路由器进行 IP 数据包的分片处理的。

其次，在分片处理中，一旦某个分片丢失，则会造成整个 IP 数据报作废。为了避免此类问题，TCP 的初期设计还曾使用过更小▼的分片进行传输。其结果是网路的利用率明显下降。

为了应对以上问题，产生了一种新的技术"路径 MTU 发现"（Path MTU Discovery▼）。所谓路径 MTU（Path MTU）是指从发送端主机到接收端主机之间不需要分片时最大 MTU 的大小。即路径中存在的所有数据链路中最小的 MTU。而路径 MTU 发现从发送主机按照路径 MTU 的大小将数据报分片后进行发送。进行路径 MTU 发现，就可以避免在中途的路由器上进行分片处理，也可以在 TCP 中发送更大的包。现在，很多操作系统都已经实现了路径 MTU 发现的功能。

▼过滤是指只有带有一定特殊参数的 IP 数据报才能通过路由器。这里的参数可以是发送端主机、接收端主机、TCP 或 UDP 端口号或者 TCP 的 SYN 标志或 ACK 标志等。

▼包含 TCP 的数据限制在 536 字节或 512 字节。

▼也可以缩写为 PMTUD。

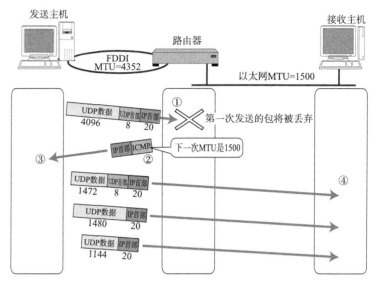

图 4.25

路径 MTU 发现 的机制
（UDP 的情况下）

① 发送时IP首部的分片标志位设置为不分片。路由器丢包。
② 由ICMP通知下一次MTU的大小。
③ UDP中没有重发处理。应用在发送下一个消息时会被分片。具体来说，就是指UDP层传过来的
"UDP首部+UDP数据"在IP层被分片。对于IP，它并不区分UDP首部和应用的数据。
④ 所有的分片到达目标主机后被重组，再传给UDP层。

（数字表示数据长度，单位为字节）

路径 MTU 发现的工作原理如下：

首先在发送端主机发送 IP 数据报时将其首部的分片禁止标志位设置为 1。根
据这个标志位，途中的路由器即使遇到需要分片才能处理的大包，也不会去分片，
而是将包丢弃。随后，通过一个 ICMP 的不可达消息将数据链路上 MTU 的值给发
送主机▼。

▼具体来说，以 ICMP 不可达
消息中的分片需求（代码 4）
进行通知。然而，在有些老式
的路由器中，ICMP 可能不包
含下一个 MTU 值。这时，发
送主机端必须不断增减包的大
小，以此来定位一个合适的
MTU 值。

下一次，从发送给同一个目标主机的 IP 数据报获得 ICMP 所通知的 MTU 值以
后，将它设置为当前 MTU。发送主机根据这个 MTU 对数据报进行分片处理。如
此反复，直到数据被发送到目标主机为止没有再收到任何 ICMP，就认为最后一
次 ICMP 所通知的 MTU 即是一个合适的 MTU 值。那么，当 MTU 的值比较多时，

▼缓存是指将反复使用的信息
暂时保存到一个可以即刻获取
的位置。

最少可以缓存▼约 10 分钟。在这 10 分钟内使用刚刚求得的 MTU，但过了这 10 分
钟以后则重新根据链路上的 MTU 做一次路径 MTU 发现。

前面是 UDP 的例子。那么在 TCP 的情况下，根据路径 MTU 的大小计算出最
大段长度（MSS），然后再根据这些信息进行数据报的发送。因此，在 TCP 中如
果采用路径 MTU 发现，IP 层则不会再进行分片处理。关于 TCP 的最大段长度，
请参考 6.4.5 节。

图 4.26

路径 MTU 发现的机制
(TCP 的情况下)

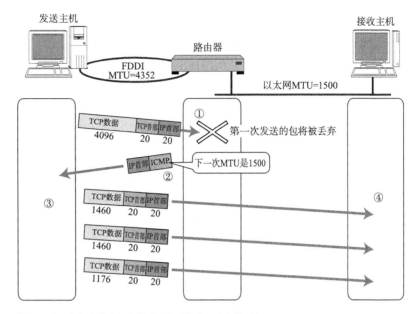

▼出于网络安全的考虑，有些
域会限制 ICMP 消息的接收。
然而实际上这也有问题。因为
这时路径 MTU 发现的功能无
法正常运行，会造成最终用户
不明，导致连接不稳定。

① 发送时IP首部的分片标志位设置为不分片。路由器丢包。
② 由ICMP通知下一次MTU的大小▼。
③ 根据TCP的重发处理，数据报会被重新发送。TCP负责将数据分成IP层不会再被
　 分片的粒度以后传给IP层　IP层不再做分片处理。
④ 不需要重组。数据被原样发送给接收端主机的TCP层。

（数字表示数据长度，单位为字节）

4.6 IPv6

▌4.6.1　IPv6 的必要性

IPv6（IP version 6）是为了根本解决 IPv4 地址耗尽的问题而被标准化的网际协议。IPv4 的地址长度为 4 个 8 位字节，即 32 比特。而 IPv6 的地址长度则是原来的 4 倍，即 128 比特▼，一般写成 8 个 16 位字节。

▼因此 IPv6 的地址空间是 IPv4 的 2^{96} = 7.923×10^{28}倍。

从 IPv4 切换到 IPv6 极其耗时，需要将网络中所有主机和路由器的 IP 地址进行重新设置。当互联网广泛普及后，替换所有 IP 地址会是更为艰巨的任务。

也是出于上述原因，IPv6 不仅仅能解决 IPv4 地址耗尽的问题，它甚至试图弥补 IPv4 中的绝大多数缺陷。目前，人们正着力于进行 IPv4 与 IPv6 之间的相互通信与兼容性方面的测试▼。

▼即 IP 隧道（5.7 节）和协议转换（5.6.3 节）等。

▌4.6.2　IPv6 的特点

IPv6 具有以下几个特点。这些功能中的一部分在 IPv4 中已经得以实现。然而，即便是那些实现 IPv4 的操作系统，也并非实现了所有的 IPv4 功能。这中间不乏存在根本无法使用或需要管理员介入才能实现的部分。而 IPv6 则将这些通通作为必要的功能，减轻了管理员的负担▼。

▼这些只能在 IPv6 的情况下使用。如果想要在 IPv4 和 IPv6 都投入使用，工作量恐怕会是原来的两倍不止。

- IP 地址的扩大与路由控制表的聚合
  IP 地址依然适应互联网分层构造。分配与其地址结构相适应的 IP 地址，尽可能避免路由表膨大。
- 性能提升
  包首部长度采用固定的值（40 字节），不再采用首部检验码。简化首部结构，减轻路由器负荷。路由器不再做分片处理（通过路径 MTU 发现只由发送端主机进行分片处理）。
- 支持即插即用功能
  即使没有 DHCP 服务器也可以实现自动分配 IP 地址。
- 采用认证与加密功能
  应对伪造 IP 地址的网络安全功能以及防止线路窃听的功能（IPsec）。
- 多播、Mobile IP 成为扩展功能
  多播和 Mobile IP 被定义为 IPv6 的扩展功能。由此可以预期，曾在 IPv4 中难于应用的这两个功能在 IPv6 中能够顺利使用。

▌4.6.3　IPv6 中 IP 地址的标记方法

IPv6 的 IP 地址长度为 128 位。它所能表示的数字高达 38 位数（2^{128} = 约 3.40×10^{38}）。这可谓是天文数字，足以为人们所能想象到的所有主机和路由器分配地址。

如果将 IPv6 的地址像 IPv4 的地址一样用十进制数据表示的话，是 16 个数字的序列（IPv4 是 4 个数字的序列）。由于用 16 个数字序列表示显得有些麻烦，因

此，将 IPv6 和 IPv4 在标记方法上进行区分。一般人们将 128 比特 IP 地址以每 16 比特为一组，每组用冒号（":"）隔开进行标记。而且如果出现连续的 0 时还可以将这些 0 省略，并用两个冒号（"::"）隔开。但是，一个 IP 地址中只允许出现一次两个连续的冒号。

在 IPv6 当中，人们正在努力使用最简单的方法标记 IP 地址，以便易于记忆。

- IPv6 的 IP 地址标记举例
  - 用二进制数表示
    1111111011011100：1011101010011000：0111011001010100：
    0011001000010000：1111111011011100：1011101010011000：
    0111011001010100：0011001000010000
  - 用十六进制数表示
    FEDC：BA98：7654：3210：FEDC：BA98：7654：3210
- IPv6 的 IP 地址省略举例
  - 用二进制数表示
    0001000010000000：0000000000000000：0000000000000000：
    0000000000000000：0000000000000000：0001000000000000：
    0010000000001100：0100000101111010
  - 用十六进制数表示
    1080：0：0：0：8：800：200C：417A
    ↓
    1080::8：800：200C：417A（省略后）

4.6.4 IPv6 地址的结构

IPv6 类似 IPv4，也是通过 IP 地址的前几位标识 IP 地址的种类。

在互联网通信中，使用一种全局的单播地址。它是互联网中唯一的一个地址，不需要正式分配 IP 地址。

限制型网络，即那些不与互联网直接接入的私有网络，可以使用唯一本地地址。该地址根据一定的算法生成随机数并融合到地址当中，可以像 IPv4 的私有地址一样自由使用。

在不使用路由器或者在同一个以太网网段内进行通信时，可以使用链路本地单播地址。

而在构建允许多种类型 IP 地址的网络时，在同一个链路上也可以使用全局单播地址以及唯一本地地址进行通信。

在 IPv6 的环境下，可以同时将这些 IP 地址全都配置在同 1 个 NIC 上，按需灵活使用。

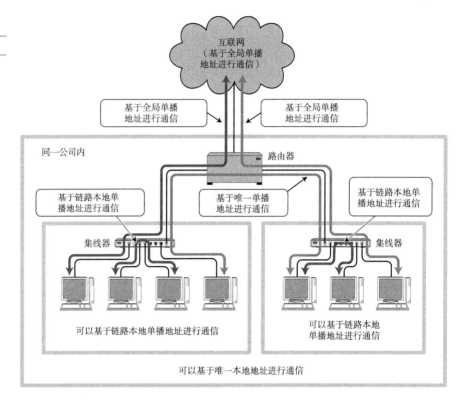

图 4.27

IPv6 中的通信

表 4.3

IPv6 地址结构

未定义	0000 … 0000（128 比特）	:: /128
环回地址	0000 … 0001（128 比特）	:: 1/128
唯一本地地址	1111 110	FC00:: /7
链路本地单播地址	1111 1110 10	FE80:: /10
多播地址	1111 1111	FF00:: /8
全局单播地址	（其他）	

▰ 4.6.5   全局单播地址

全局单播地址是指世界上唯一的一个地址。它是互联网通信以及各个域内部通信中最为常用的一个 IPv6 地址。

全局单播地址的格式如图 4.28 所示。现在 IPv6 的网络中所使用的格式为，n = 48，m = 16 以及 128−n−m = 64。即前 64 比特为网络标识，后 64 比特为主机标识。

▼称为 IEEE EUI–64 识别码。

通常，接口 ID 中保存 64 比特版的 MAC 地址的值。不过由于 MAC 地址▼属于设备固有的信息，有时不希望让对端知道。这时的接口 ID 可设置为一个与 MAC 地址没有关系的"临时地址"。这种临时地址通常随机产生，并会定期更新。因

▼常被用作客户端的个人电脑中分配这种临时地址的情况多一些。

此，从 IPv6 地址中查看定位设备变得没那么简单。究竟会是哪种信息，全由操作系统的具体装置决定▼。

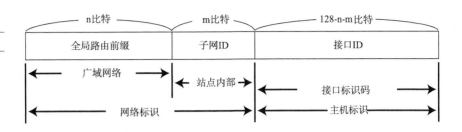

图 4.28
全局单播地址

4.6.6 链路本地单播地址

图 4.29
链路本地单播地址

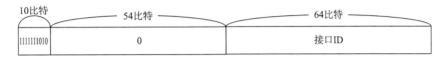

链路本地单播地址是指在同一个数据链路内唯一的地址。它用于不经过路由器，在同一个链路中的通信。通常接口 ID 保存 64 比特版的 MAC 地址。

4.6.7 唯一本地地址

图 4.30
唯一本地地址

※ L通常被置为1.
※ 全局ID的值随机决定
※ 子网ID是指该域子网地址
※ 接口ID即为接口的ID

唯一本地地址是不进行互联网通信时所使用的地址。

设备控制的限制型网络以及金融机关的核心网等会与互联网隔离。为了提高安全性，企业内部的网络与互联网通信时通常会通过 NAT 或网关（代理）进行。而唯一本地地址正是在这种不联网或通过 NAT 以及代理联网的环境下使用的。

唯一本地地址虽然不会与互联网连接，但是也会尽可能地随机生成一个唯一的全局 ID。由于企业兼并、业务统一、效率提高等原因，很有可能会需要用到唯一本地地址进行网络之间的连接。在这种情况下，人们希望可以在不改动 IP 地址的情况下即可实现网络的统一▼。

▼全局 ID 不一定必须是全世界唯一的，但是完全一致的可能性也不高。

4.6.8 IPv6 分段处理

IPv6 的分片处理只在作为起点的发送端主机上进行，路由器不参与分片。这也是为了减少路由器的负荷，提高网速。因此，IPv6 中的"路径 MTU 发现"功能必不可少。不过 IPv6 中最小 MTU 为 1280 字节。因此，在嵌入式系统中对于那些有一定系统资源限制▼的设备来说，不需要进行"路径 MTU 发现"，而是在发送 IP 包时直接以 1280 字节为单位分片送出。

▼ CPU 处理能力或内存限制等。

4.7　IPv4 首部

通过 IP 进行通信时，需要在数据的前面加入 IP 首部信息。IP 首部中包含着用于 IP 协议进行发包控制时所有的必要信息。了解 IP 首部的结构，也就能够对 IP 所提供的功能有一个详细的把握。

图 4.31
IP 数据报格式（IPv4）

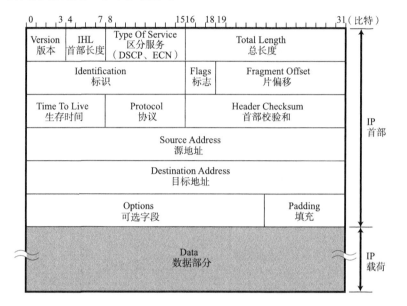

■ 版本（Version）

由 4 比特构成，表示标识 IP 首部的版本号。IPv4 的版本号即为 4，因此在这个字段上的值也是 "4"。此外，关于 IP 的所有版本在以下表 4.4 中列出。关于 IP 版本的最新情况，读者也可以在以下网址发布的信息中查看：

`http://www.iana.org/assignments/version-numbers`

表 4.4
IP 首部的版本号

版本	简称	协议
4	IP	Internet Protocol
5	ST	ST Datagram Mode
6	IPv6	Internet Protocol version 6
7	TP/IX	TP/IX：The Next Internet
8	PIP	The P Internet Protocol
9	TUBA	TUBA

■ 关于 IP 版本号

　　IPv4 的下一个版本是 IPv6。那么为什么要从版本 4 直接跳到版本 6 呢?

　　这里需要提到的是,IP 版本号的含义与普通软件的版本号有所区别。普通的软件产品,版本号会随着更新逐渐增大,最新版本号即为最大号码。这是基于每款软件都由特定的软件公司或团体进行开发才能实现的。

　　而在互联网中,为了让 IP 协议更为完善,有众多机构致力于它的规范化。为了让这些机构能够验证相应的 IP 协议,它们会按照顺序分配具体的版本。

　　一向重视实践的互联网,在遇到好的提案时,不能只纸上谈兵,还需要反复实验。为此,对于那些还未正式被广泛使用的版本就会像表 4.4 所示那样标上几个号码,从而在实验的过程中,选择一个最佳的产物进行标准化。IP version 6(IPv6)正是经历了这些过程后才成为 IPv4 下一代的 IP 协议的。因此,IP 协议版本号的大小本身没有什么太大的意义。

■ 首部长度(IHL：Internet Header Length）

　　由 4 比特构成,表明 IP 首部的大小,单位为 4 字节(32 比特)。对于没有可选项的 IP 包,首部长度则设置为"5"。也就是说,当没有可选项时,IP 首部的长度为 20 字节(4×5＝20)。

■ 区分服务(TOS：Type Of Service）

　　由 8 比特构成,用来表明服务质量。每一位的具体含义如表 4.5 所示。

表 4.5

服务类型中各比特的含义

▼用 0、1、2 这三位表示 0~7 的优先度。从 0 到 7 表示优先度从低到高。

比　　特	含　　义
0 1 2	优先度▼
3	最低延迟
4	最大吞吐
5	最大可靠性
6	最小代价
(3~6)	最大安全
7	未定义

　　这个值通常由应用指定。而且现在也鼓励这种结合应用的特性设定 TOS 的方法。然而在目前,几乎所有的网络都无视这些字段。这不仅仅是因为在符合质量要求的情况下按其要求发送本身的功能实现起来十分困难,还因为若不符合质量要求就可能会产生不公平的现象。因此,实现 TOS 控制变得极其复杂。这也导致 TOS 整个互联网几乎就没有被投入使用。不过已有人提出将 TOS 字段本身再划分为 DSCP 和 ECN 两个字段的建议。

■ DSCP 段与 ECN 段

图 4.32

DSCP 段与 ECN 段

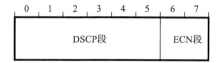

▼关于 DiffServ 的更多细节请参考 5.8.3 节。

DSCP（Differential Services Codepoint，差分服务代码点）是 TOS（Type Of Service）的一部分。现在统称为 DiffServ[▼]，用来进行质量控制。

如果 3~5 位的值为 0，0~2 位则被称作类别选择代码点。这样就可以像 TOS 的优先度那样提供 8 种类型的质量控级别。对于每一种级别所采取的措施则由提供 DiffServ 的运营管理者制定。为了与 TOS 保持一致，值越大优先度也越高。如果第 5 位为 1，表示实验或本地使用的意思。

ECN（Explicit Congestion Notification，显式拥塞通告）用来报告网络拥堵情况，由两个比特构成。

表 4.6

ECN 域

比特	简称	含　义
6	ECT	ECN-Capable Transport
7	CE	Congenstion Experienced

▼关于 ECN 的更多细节请参考 5.8.4 节。

第 6 位的 ECT 用以通告上层 TCP 层协议是否处理 ECN。当路由器在转发 ECN 为 1 的包的过程中，如果出现网络拥堵的情况，就将 CE 位设置为 1[▼]。

■ 总长度（Total Length）

表示 IP 首部与数据部分合起来的总字节数。该字段长 16 比特。因此 IP 包的最大长度为 65535（= 2^{16}）字节。

如表 4.2 所示，目前还不存在能够传输最大长度为 65535 字节的 IP 包的数据链路。不过，由于有 IP 分片处理，从 IP 的上一层的角度看，不论底层采用何种数据链路，都可以认为能够以 IP 的最大包长传输数据。

■ 标识（ID：Identification）

由 16 比特构成，用于分片重组。同一个分片的标识值相同，不同分片的标识值不同。通常，每发送一个 IP 包，它的值也逐渐递增。此外，即使 ID 相同，如果目标地址、源地址或协议不同的话，也会被认为是不同的分片。

■ 标志（Flags）

由 3 比特构成，表示包被分片的相关信息。每一位的具体含义请参考下表。

表 4.7

标志段各位含义

比　　特	含　　义
0	未使用。现在必须是 0。
1	指示是否进行分片（don't fragment） 0- 可以分片 1- 不能分片
2	包被分片的情况下，表示是否为最后一个包（more fragment）。 0- 最后一个分片的包 1- 分片中段的包

■ 片偏移（FO：Fragment Offset）

　　由 13 比特构成，用来标识被分片的每一个分段相对于原始数据的位置。第一个分片对应的值为 0。由于 FO 域占 13 位，因此最多可以表示 8192（= 2^{13}）个相对位置。单位为 8 字节，因此最大可表示原始数据 8×8192 = 65536 字节的位置。

■ 生存时间（TTL：Time To Live）

　　由 8 比特构成，它最初的意思是以秒为单位记录当前包在网络上应该生存的期限。然而，在实际中它是指可以中转多少个路由器的意思。每经过一个路由器，TTL 会减少 1，直到变成 0 则丢弃该包▼。

▼ TTL 占 8 位，因此可以表示 0~255 的数字。因此一个包的中转路由的次数不会超过 2^8 = 256 个。由此可以避免 IP 包在网络内无限传递的问题。

■ 协议（Protocol）

　　由 8 比特构成，表示的是 IP 包传输层的上层协议编号。目前常使用的协议如表 4.8 所示已经分配相应的协议编号。

　　关于协议编号一览表的更新情况可以从以下网站获取：

http://www.iana.org/assignments/protocol-numbers

表 4.8

上层协议编号

分配编号	简　称	协　议
0	HOPOPT	IPv6 Hop-by-Hop Option
1	ICMP	Internet Control Message
2	IGMP	Internet Group Management
4	IP	IP in IP（encapsulation）
6	TCP	Transmission Control
8	EGP	Exterior Gateway Protocol
9	IGP	any private interior gateway（Cisco IGRP）
17	UDP	User Datagram
33	DCCP	Datagram Congestion Control Protocol
41	IPv6	IPv6
43	IPv6-Route	Routing Header for IPv6
44	IPv6-Frag	Fragment Header for IPv6
46	RSVP	Reservation Protocol
50	ESP	Encap Security Payload
51	AH	Authentication Header
58	IPv6-ICMP	ICMP for IPv6
59	IPv6-NoNxt	No Next Header for IPv6
60	IPv6-Opts	Destination Options for IPv6
88	EIGRP	EIGRP
89	OSPFIGP	OSPF
97	ETHERIP	Ethernet-within-IP Encapsulation
103	PIM	Protocol Independent Multicast

分配编号	简　　称	协　　议
108	IPComp	IP Payload Compression Protocol
112	VRRP	Virtual Router Redundancy Protocol
115	L2TP	Layer Two Tunneling Protocol
124	ISIS over IPv4	ISIS over IPv4
132	SCTP	Stream Control Transmission Protocol
133	FC	Fibre Channel
134	RSVP–E2E–IGNORE	RSVP–E2E–IGNORE
135	Mobility Header（IPv6）	Mobility Header（IPv6）
136	UDPLite	UDP–Lite
137	MPLS–in–IP	MPLS–in–IP

■ 首部校验和（Header Checksum）

由 16 比特（2 个字节）构成，也叫 IP 首部校验和。该字段只校验数据报的首部，不校验数据部分。它主要用来确保 IP 数据报不被破坏。校验和的计算过程，首先要将该校验和的所有位置设置为 0，然后以 16 比特为单位划分 IP 首部，并用 1 补数▼计算所有 16 位字的和。最后将所得到这个和的 1 补数赋给首部校验和字段。

■ 源地址（Source Address）

由 32 比特（4 个字节）构成，表示发送端 IP 地址。

■ 目标地址（Destination Address）

由 32 比特（4 个字节）构成，表示接收端 IP 地址。

■ 可选项（Options）

长度可变，通常只在进行实验或诊断时使用。该字段包含如下几点信息：

- 安全级别
- 源路径
- 路径记录
- 时间戳

■ 填充（Padding）

也称作填补物。在有可选项的情况下，首部长度可能不是 32 比特的整数倍。为此，通过向字段填充 0，调整为 32 比特的整数倍。

■ 数据（Data）

存入数据。将 IP 上层协议的首部也作为数据进行处理。

▼ 1 补数
　　通常计算机中对整数运算采用 2 补数的方式。但在校验和的计算中采用 1 补数运算方法。这样做的优点在于即使产生进位也可以回到第 1 位，可以防止信息缺失并且可以用 2 个 0 区分使用。

4.8 IPv6 首部格式

IPv6 的 IP 数据首部格式如图 4.33。相比 IPv4，已经发生了巨大变化。

IPv6 中为了减轻路由器的负担，省略了首部校验和字段▼。因此路由器不再需要计算校验和，从而也提高了包的转发效率。

此外，分片处理所用的识别码成为可选项。为了让 64 位 CPU 的计算机处理起来更方便，IPv6 的首部及可选项都由 8 字节构成。

▼因为 TCP 和 UDP 在做校验和计算的时候使用伪首部，所以可以验证 IP 地址或协议是否正确。因此，即使在 IP 层无法提供可靠传输，在 TCP 或 UDP 层也可以提供可靠传输的服务。关于这一点可以参考 TCP 或 UDP 的详解。

图 4.33

IPv6 数据报格式

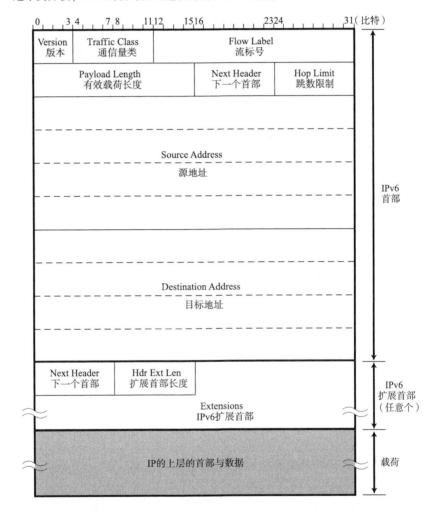

版本（Version）

与 IPv4 一样，由 4 比特构成。IPv6 其版本号为 6，因此在这个字段上的值为 "6"。

通信量类（Traffic Class）

相当于 IPv4 的 TOS（Type Of Service）字段，也由 8 比特构成。由于 TOS 在 IPv4 中几乎没有什么建树，未能成为卓有成效的技术，本来计划在 IPv6 中删掉这个字段。不过，出于今后研究的考虑还是保留了该字段。具体可以参考 5.8.3 节对 DiffServ 的说明，以及 5.8.4 节对 ECN 的详解。

■ 流标号（Flow Label）

▼详见 5.8.3 节。

由 20 比特构成，准备用于服务质量（QoS：Quality Of Service）▼ 控制。使用这个字段提供怎样的服务已经成为未来研究的课题。不使用 QoS 时每一位可以全部设置为 0。

▼ RSVP 相关的更多细节，请参考 5.8.3 节中的 IntServ。

在进行服务质量控制时，将流标号设置为一个随机数，然后利用一种可以设置流的协议 RSVP（Resource Reservation Protocol）▼ 在路由器上进行 QoS 设置。当某个包在发送途中需要 QoS 时，需要附上 RSVP 预想的流标号。路由器接收到这样的 IP 包后先将流标号作为查找关键字，迅速从服务质量控制信息中查找并做相应处理▼。

▼采用 QoS 的路由器必须尽早转发所接受的包。但是由于以何种质量发送包才合适还需要检索相应的质量控制信息，因此有时有可能会反而影响发送质量。而流标号正是为 "高速检索" 而是用的一种索引（Index）。它的值本身没有什么具体含义。

此外，只有流标号、源地址以及目标地址三项完全一致时，才被认为是一个流。

■ 有效载荷长度（Payload Length）

有效载荷是指包的数据部分。IPv4 的 TL（Total Length）是指包括首部在内的所有长度。然而 IPv6 中的这个 Playload Length 不包括首部，只表示数据部分的长度。由于 IPv6 的可选项是指连接 IPv6 首部的数据，因此当有可选项时，此处包含可选项数据的所有长度就是 Playload Length▼。

▼该字段长度为 16 比特，因此数据最大长度可达 65535 字节。不过，为了让更大的数据也能通过一个 IP 包发送出去，便增加了大型有效载荷选项（Jumbo Payload Option）。该选项长度为 32 比特。有了它 IPv6 一次可以发送最大 4G 字节的包。

■ 下一个首部（Next Header）

相当于 IPv4 中的协议字段。由 8 比特构成。通常表示 IP 的上一层协议是 TCP 或 UDP。不过在有 IPv6 扩展首部的情况下，该字段表示后面第一个扩展首部的协议类型。

■ 跳数限制（Hop Limit）

由 8 比特构成。与 IPv4 中的 TTL 意思相同。为了强调 "可通过路由器个数" 这个概念，才将名字改成了 "Hop Limit"。数据每经过一次路由器就减 1，减到 0 则丢弃数据。

■ 源地址（Source Address）

由 128 比特（8 个 16 位字节）构成。表示发送端 IP 地址。

■ 目标地址（Destination Address）

由 128 比特（8 个 16 位字节）构成。表示接收端 IP 地址。

IPv6 扩展首部

IPv6 的首部长度固定，无法将可选项加入其中。取而代之的是通过扩展首部对功能进行了有效扩展。

扩展首部通常介于 IPv6 首部与 TCP/UDP 首部中间。在 IPv4 中可选项长度固定为 40 字节，但是在 IPv6 中没有这样的限制。也就是说，IPv6 的扩展首部可以是任意长度。扩展首部当中还可以包含扩展首部协议以及下一个扩展首部字段。

IPv6 首部中没有标识以及标志字段，在需要对 IP 数据报进行分片时，可以使用扩展首部。

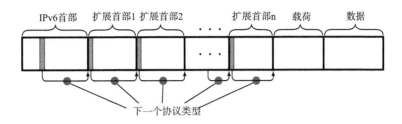

图 4.34
IPv6 扩展首部

　　具体的扩展首部如表4.9所示。当需要对 IPv6 的数据报进行分片时，可以设置为扩展域为 44（Fragemant Header）。使用 IPsec 时，可以使用 50、51 的 ESP、AH。Mobile IPv6 的情况下可以采用 60 与 135 的目标地址选项与移动首部。

表 4.9
IPv6 扩展首部与协议号

扩展首部	协议号
IPv6 逐跳选项（HOPOPT）	0
IPv6 路由标头（IPv6-Route）	43
IPv6 片首部（IPv6-Frag）	44
载荷加密（ESP）	50
认证首部（AH）	51
首部终止（IPv6-NoNxt）	59
目标地址选项（IPv6-Opts）	60
移动首部（Mobility Header）	135

第5章

IP协议相关技术

IP（Internet Protocol）旨在让最终目标主机收到数据包，但是在这一过程中仅仅有IP是无法实现通信的。必须还有能够解析主机名称和MAC地址的功能，以及数据包在发送过程中异常情况处理的功能。此外，还会涉及IP必不可少的其他功能。

本章主要介绍作为IP的辅助和扩展规范的DNS、ARP、ICMP以及DHCP等协议。

7 应用层	<应用层> TELNET, SSH, HTTP, SMTP, POP, SSL/TLS, FTP, MIME, HTML, SNMP, MIB, SIP, RTP …
6 表示层	
5 会话层	
4 传输层	<传输层> TCP, UDP, UDP-Lite, SCTP, DCCP
3 网络层	<网络层> ARP, IPv4, IPv6, ICMP, IPsec
2 数据链路层	以太网、无线LAN、PPP…… （双绞线电缆、无线、光纤……）
1 物理层	

5.1　仅凭 IP 无法完成通信

　　到第 4 章为止，主要介绍了网络通信中利用 IP 如何实现让数据包到达最终目标主机的功能，想必读者已经对此有所了解。

　　然而不知道大家有没有注意到，人们在上网的时候其实很少直接输入某个具体的 IP 地址。

　　在访问 Web 站点和发送、接收电子邮件时，我们通常会直接输入 Web 网站的地址或电子邮件地址等那些由应用层提供的地址，而不会使用由十进制数字组成的某个 IP 地址。因此，为了能让主机根据实际的 IP 包进行通信，就有必要实现一种功能——将应用中使用的地址映射为 IP 地址。

　　此外，在数据链路层也不使用 IP 地址。在以太网的情况下只使用 MAC 地址传输数据包。而实际上将众多 IP 数据包在网络上进行传送的就是数据链路本身，因此，必须了解发送端 MAC 地址。如果不知道 MAC 地址，那么通信也就无从谈起。

　　由此可知，在实际通信中，仅凭 IP 远远不够，还需要众多支持 IP 的相关技术才能够实现最终通信。

　　本章旨在介绍 IP 的辅助技术，具体包括 DNS、ARP、ICMP、ICMPv6、DHCP、NAT 等。还包括如 IP 隧道、IP 多播、IP 任播、质量控制（QoS）以及网络拥塞的显式通知和 Mobile IP 技术。

5.2 / **DNS**

我们平常在访问某个网站时不使用 IP 地址，而是用一串由罗马字和点号组成的字符串。而一般用户在使用 TCP/IP 进行通信时也不使用 IP 地址。能够这样做是因为有了 DNS（Domain Name System）功能的支持。DNS 可以将那串字符串自动转换为具体的 IP 地址。

这种 DNS 不仅适用于 IPv4，还适用于 IPv6。

▮5.2.1　IP 地址不便记忆

TCP/IP 网络中要求每一个互连的计算机都具有其唯一的 IP 地址，并基于这个 IP 地址进行通信。然而，直接使用 IP 地址有很多不便之处。例如，在进行应用操作时，用户必须指定对端的接收地址，此时如果使用 IP 地址的话应用就会有很多不便之处。因为 IP 地址是由一串数据序列组成，并不好记▼。

▼电话号码也是一种数据序列。当人们搬家后不得不换一个新的号码时往往会感觉不好记。与此相比，由英文字母序列组成的电子邮件地址反倒比较容易记忆。

为此，TCP/IP 世界中从一开始就已经有了一个叫做主机识别码的东西。这种识别方式是指为每台计算机赋以唯一的主机名，在进行网络通信时可以直接使用主机名称而无需输入一大长串的 IP 地址。并且此时，系统必须自动将主机名转换为具体的 IP 地址。为了实现这样的功能，主机往往会利用一个叫做 hosts 的数据库文件。

图 5.1

主机名与 IP 地址之间的转换

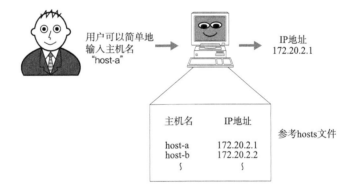

在互联网的起源 ARPANET 中，起初由互联网信息中心（SRI-NIC）整体管理一份 hosts 文件。如果新增一台计算机接入到 ARPANET 网或者已有的某台计算机要进行 IP 地址变更，中心的这个 hosts 文件就得更新，而其他计算机则不得不定期下载最新的 hosts 文件才能正常使用网络。

然而，随着网络规模的不断扩大、接入计算机的个数不断增加，使得这种集中管理主机名和 IP 地址的登录、变更处理的可行性逐渐降低。

▮5.2.2　DNS 的产生

在上述背景之下，产生了一个可以有效管理主机名和 IP 地址之间对应关系的系统，那就是 DNS 系统。在这个系统中主机的管理机构可以对数据进行变更和设定。也就是说，它可以维护一个用来表示组织内部主机名和 IP 地址之间对应关系的数据库。

▼ Windows 和 Unix 中若想查找域名对应的 IP 地址，常用 nslookup 命令。输入 "nslookup 主机名" 时会返回对应的 IP 地址。

在应用中，当用户输入主机名（域名）时，DNS 会自动检索那个注册了主机名和 IP 地址的数据库，并迅速定位对应的 IP 地址▼。而且，如果主机名和 IP 地址需要进行变更时，也只需要在组织机构内部进行处理即可，而没必要再向其他机构进行申请或报告。

有了 DNS，不论网络规模变得多么庞大，都能在一个较小的范围内通过 DNS 进行管理。可以说 DNS 充分地解决了 ARPANET 初期遇到的问题。就算到现在，当人们访问任何一个 Web 站点时，都能够直接输入主机名进行访问，这也要归功于 DNS。

▼5.2.3　域名的构成

在理解 DNS 规范时，首先需要了解什么是域名。域名是指为了识别主机名称和组织机构名称的一种具有分层的名称。例如，仓敷艺术科学大学的域名如下：

kusa.ac.jp

域名由几个英文字母（或英文字符序列）用点号连接构成。在上述域名中最左边的 "kusa" 表示仓敷艺术科学大学（Kurashiki University of Science and the Arts）固有的域名。而 "ac" 表示大学（academy）或高等专科以及技术专门学校等高等教育相关机构。最后边的 "jp" 则代表日本（japan）。

▼持有域名的组织机构可以设置自己的子网，此时的子域名要介于主机名和域名之间。

在使用域名时，可以在每个主机名后面追加上组织机构的域名▼。例如，有 pepper、piyo、kinoko 等主机时，它们完整的带域名的主机名将呈如下形式：

pepper.kusa.ac.jp
piyo.kusa.ac.jp
kinoko.kusa.ac.jp

在启用域名功能之前，单凭主机名还无法完全管理 IP 地址，因为在不同的组织机构中不允许有同名的主机。然而，当出现了带有层次结构的域名之后，每一个组织机构就可以自由地为主机命名了。

DNS 的分层如图 5.2 所示。由于看起来像一颗倒挂的树，人们也把这种分层结构叫做树形结构。如果说顶点是树的根（Root），那么底下是这棵树的各层枝叶。顶点的下一层叫做第 1 层域名▼，它包括 "jp（日本）"、"uk（英国）" 等代表国家的域名▼，还包括代表 "edu（美国教育机构）" 或 "com（美国企业）" 等特定领域的域名▼。这种表示方法也非常类似于一个企业内部的组织结构图。

▼顶级域名（TLD：Top Level Domain）

▼国别顶级域名（ccTLD：country code TLD）

▼通用顶级域名（gTLD：generic TLD）

图 5.2
域名分层

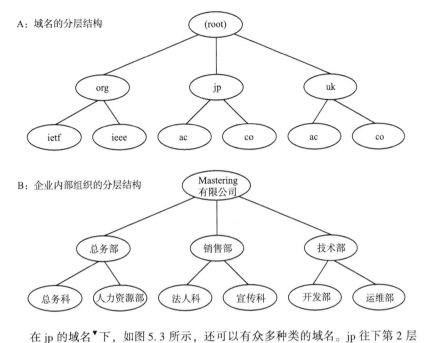

A：域名的分层结构

B：企业内部组织的分层结构

▼ jp 这个域名的登录管理和运维服务，从 2002 年 4 月 1 日起由日本的 JPRS 公司全权负责。

▼ American Standard Code for Information Interchage 的缩写。是指用英文、数字以及"|"、"@"等字符表示的 7 比特编码。

图 5.3
* . jp 域名

在 jp 的域名▼下，如图 5.3 所示，还可以有众多种类的域名。jp 往下第 2 层域名中不仅包括"ac"、"co"等表示不同组织机构的属性（组织类型）域名，还包括"tokyo"等表示地域的通用域名。甚至在使用属性（组织类型）域名或地域域名的情况下还可以有第 3 层域名。

很长时间以来域名都以 ASCII 字符编码▼表示，然而现在也逐渐开始使用日语等众多国家的文字表示。

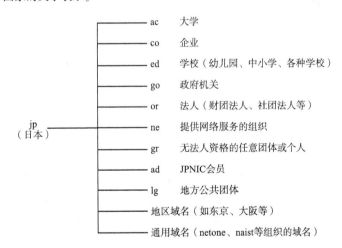

■ 域名服务器

域名服务器是指管理域名的主机和相应的软件，它可以管理所在分层的域的相关信息。其所管理的分层叫做 ZONE。如图 5.4 所示，每层都设有一个域名服务器。

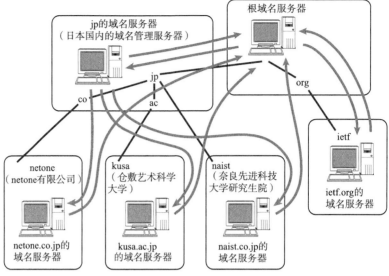

图 5.4

域名服务器

· 各个域的分层上都有设有各自的域名服务器
· 各层域名服务器都了解该层以下分层中所有域名服务器的IP地址。因此它们从根域名服务器开始呈树状结构相互连接。
· 由于所有域名服务器都了解根域名服务器的IP地址，所以若从根开始按照顺序追踪，可以访问世界上所有域名服务器的地址。

根部所设置的 DNS 叫做根域名服务器。它对 DNS 的检索数据功能起着至关重要的作用▼。根域名服务器中注册着根以下第 1 层域名服务器的 IP 地址。以图 5.4 为例，根域名服务器中，注册了那些管理的域名服务器的 IP 地址。反之，如果想要新增一个类似 jp 或 org 的域名或修改某个已有域名，就得在根域名服务器中进行追加或变更。

类似地，在根域名服务器的下一层域名服务器中注册了再往下一层域名服务器的 IP 地址。根据每个域名服务器所管理的域名，如果下面再没有其他分层，就可以自由地指定主机名称或子网名称。不过，如果想修改该分层的域名或重新设置域名服务器的 IP 地址，还必须得在其上层的域名服务器中进行追加或修改。

因此，域名和域名服务器需要按照分层进行设置。如果域名服务器宕机，那么针对该域的 DNS 查询也就无法正常工作。因此，为了提高容灾能力，一般会设置至少两个以上的域名服务器。一旦第一个域名服务器无法提供查询时，就会自动转到第二个甚至第三个域名服务器上进行，以此可以按照顺序进行灾备处理。

所有的域名服务器都必须注册根域名服务器的 IP 地址。因为 DNS 根据 IP 地址进行检索时，需要从根域名服务器开始按顺序进行。关于根域名服务器 IP 地址相关的最新情况可以参考如下网站：

    http://www.internic.net/zones/named.root

■ 解析器（Resolver）

进行 DNS 查询的主机和软件叫做 DNS 解析器。用户所使用的工作站或个人电脑都属于解析器。一个解析器至少要注册一个以上域名服务器的 IP 地址。通常，它至少包括组织内部的域名服务器的 IP 地址。

▼根据 DNS 协议，根域名服务器可由 13 个 IP 地址表示，并且从 A 到 M 开始命名。然而，现在由于 IP 任播可以为多个节点设置同一个 IP 地址，为了提高容灾能力和负载均衡能力，根域名服务器的个数也在不断增加。关于 IP 任播，请参考 5.8.2 节。

▼ 5.2.4 DNS 查询

▼也叫做 query。

那么 DNS 查询▼的机制是什么呢？在此，以图 5.5 为例具体说明。图中 ku-sa. co. jp 域中的计算机想要访问网站 www. ietf. org，此时的 DNS 查询流程如图所示。

图 5.5

DNS 查询

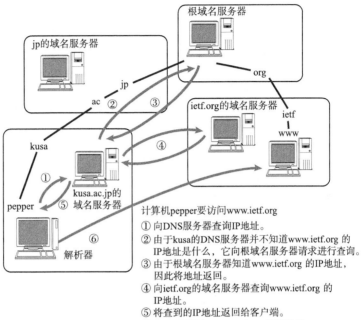

计算机pepper要访问www.ietf.org
① 向DNS服务器查询IP地址。
② 由于kusa的DNS服务器并不知道www.ietf.org 的IP地址是什么，它向根域名服务器请求进行查询。
③ 由于根域名服务器知道www.ietf.org 的IP地址，因此将地址返回。
④ 向ietf.org的域名服务器查询www.ietf.org 的IP地址。
⑤ 将查到的IP地址返回给客户端。
⑥ pepper开始与www.ietf.org 进行通信。

▼该图中，不仅可以访问同一域中的域名服务器，还可以访问其他域的域名服务器。

解析器为了调查 IP 地址，向域名服务器▼进行查询处理。接收这个查询请求的域名服务器首先会在自己的数据库进行查找。如果有该域名所对应的 IP 地址就返回。如果没有，则域名服务器再向上一层根域名服务器进行查询处理。因此，如图所示，从根开始对这棵树按照顺序进行遍历，直到找到指定的域名服务器，并由这个域名服务器返回想要的数据。

▼缓存的时限可以在提供信息的域名服务上进行设置。

解析器和域名服务器将最新了解到的信息暂时保存在缓存里▼。这样，可以减少每次查询时的性能消耗。

▼ 5.2.5 DNS 如同互联网中的分布式数据库

前面提到 DNS 是一种通过主机名检索 IP 地址的系统。然而，它所管理的信息不仅仅是这些主机名跟 IP 地址之间的映射关系。它还要管理众多其他信息。具体可参考表 5.1。

例如，主机名与 IP 地址的对应信息叫做 A 记录。反之，从 IP 地址检索主机名称的信息叫做 PTR。此外，上层或下层域名服务器 IP 地址的映射叫做 NS 记录。

在此特别需要指出的是 MX 记录。这类记录中注册了邮件地址与邮件接收服务器的主机名。具体可参考 8.4 节的电子邮件说明。

表 5.1
DNS 的主要记录

类型	编号	内　　容
A	1	主机名的 IP 地址（IPv4）
NS	2	域名服务器
CNAME	5	主机别名对应的规范名称
SOA	6	区域内权威记录起始标志
WKS	11	已知的服务
PTR	12	IP 地址反向解析
HINFO	13	主机相关的追加信息
MINFO	14	邮箱与邮件组信息
MX	15	邮件交换（Mail Exchange）
TXT	16	文本
SIG	24	安全证书
KEY	25	密钥
GPOS	27	地理位置
AAAA	28	主机的 IPv6 地址
NXT	30	下一代域名
SRV	33	服务器选择
*	255	所有缓存记录

5.3 ARP

只要确定了 IP 地址，就可以向这个目标地址发送 IP 数据报。然而，在底层数据链路层，进行实际通信时却有必要了解每个 IP 地址所对应的 MAC 地址。

5.3.1 ARP 概要

▼ Address Resolution Protocol

ARP▼ 是一种解决地址问题的协议。以目标 IP 地址为线索，用来定位下一个应该接收数据分包的网络设备对应的 MAC 地址。如果目标主机不在同一个链路上时，可以通过 ARP 查找下一跳路由器的 MAC 地址。不过 ARP 只适用于 IPv4，不能用于 IPv6。IPv6 中可以用 ICMPv6 替代 ARP 发送邻居探索消息▼。

▼请参考 5.4.4 节中的邻居探索。

5.3.2 ARP 的工作机制

那么 ARP 又是如何知道 MAC 地址的呢？简单地说，ARP 是借助 ARP 请求与 ARP 响应两种类型的包确定 MAC 地址的。

如图 5.6 所示，假定主机 A 向同一链路上的主机 B 发送 IP 包，主机 A 的 IP 地址为 172.20.1.1，主机 B 的 IP 地址为 172.20.1.2，它们互不知道对方的 MAC 地址。

图 5.6

ARP 工作机制

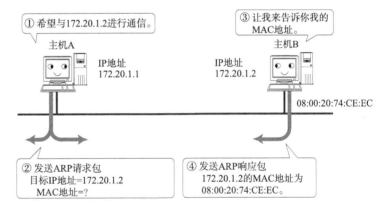

主机 A 为了获得主机 B 的 MAC 地址，起初要通过广播发送一个 ARP 请求包。这个包中包含了想要了解其 MAC 地址的主机 IP 地址。也就是说，ARP 请求包中已经包含了主机 B 的 IP 地址 172.20.1.2。由于广播的包可以被同一个链路上所有的主机或路由器接收，因此 ARP 的请求包也就会被这同一个链路上所有的主机和路由器进行解析。如果 ARP 请求包中的目标 IP 地址与自己的 IP 地址一致，那么这个节点就将自己的 MAC 地址塞入 ARP 响应包返回给主机 A。

▼ ARP 请求包还有一个作用，那就是将自己的 MAC 地址告诉给对方。

总之，从一个 IP 地址发送 ARP 请求包以了解其 MAC 地址▼，目标地址将自己的 MAC 地址填入其中的 ARP 响应包返回到 IP 地址。由此，可以通过 ARP 从 IP 地址获得 MAC 地址，实现链路内的 IP 通信。

根据 ARP 可以动态地进行地址解析，因此，在 TCP/IP 的网络构造和网络通信中无需事先知道 MAC 地址究竟是什么，只要有 IP 地址即可。

如果每发送一个 IP 数据报都要进行一次 ARP 请求以此确定 MAC 地址，那将

▼是指预见到同样的信息可能会再次使用，从而在内存中开辟一块区域记忆这些信息。

▼记录 IP 地址与 MAC 地址对应关系的数据库叫做 ARP 表。在 UNIX 或 Windows 中可以通过"arp–a"命令获取该表信息。

会造成不必要的网络流量，因此，通常的做法是把获取到的 MAC 地址缓存▼一段时间。即把第一次通过 ARP 获取到的 MAC 地址作为 IP 对 MAC 的映射关系记忆▼到一个 ARP 缓存表中，下一次再向这个 IP 地址发送数据报时不需再重新发送 ARP 请求，而是直接使用这个缓存表当中的 MAC 地址进行数据报的发送。每执行一次 ARP，其对应的缓存内容都会被清除。不过在清除之前都可以不需要执行 ARP 就可以获取想要的 MAC 地址。这样，在一定程度上也防止了 ARP 包在网络上被大量广播的可能性。

一般来说，发送过一次 IP 数据报的主机，继续发送多次 IP 数据报的可能性会比较高。因此，这种缓存能够有效地减少 ARP 包的发送。反之，接收 ARP 请求的那个主机又可以从这个 ARP 请求包获取发送端主机的 IP 地址及其 MAC 地址。这时它也可以将这些 MAC 地址的信息缓存起来，从而根据 MAC 地址发送 ARP 响应包给发送端主机。类似地，接收到 IP 数据报的主机又往往会继续返回 IP 数据报给发送端主机，以作为响应。因此，在接收主机端缓存 MAC 地址也是一种提高效率的方法。

不过，MAC 地址的缓存是有一定期限的。超过这个期限，缓存的内容将被清除。这使得 MAC 地址与 IP 地址对应关系即使发生了变化▼，也依然能够将数据包正确地发送给目标地址。

▼尤其是在换网卡，或移动笔记本电脑、智能终端时。

图 5.7

ARP 包格式

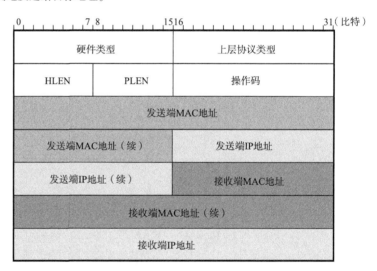

HLEN：MAC地址长度=6（字节）
PLEN：IP地址长度=4（字节）

5.3.3　IP 地址和 MAC 地址缺一不可？

有些读者可能会提出这样的疑问："数据链路上只要知道接收端的 MAC 地址不就知道数据是准备发送给主机 B 的吗，那还需要知道它的 IP 地址吗？"

乍听起来确实让人觉得好像是在做多余的事。此外，还有些读者可能会质疑："只要知道了 IP 地址，即使不做 ARP，只要在数据链路上做一个广播不就能发给主机 B 了吗？"那么，为什么既需要 IP 地址又需要 MAC 地址呢？

如果读者考虑一下发送给其他数据链路中某一个主机时的情况，这件事就不难理解了。如图 5.8 所示，主机 A 想要发送 IP 数据报给主机 B 时必须得经过路由器 C。即使知道了主机 B 的 MAC 地址，由于路由器 C 会隔断两个网络，还是无法实现直接从主机 A 发送数据报给主机 B。此时，主机 A 必须得先将数据报发送给路由器 C 的 MAC 地址 C1。

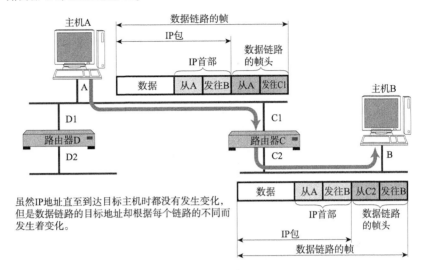

图5.8
MAC 地址与 IP 地址的作用不同

此外，假定 MAC 地址就用广播地址，那么路由器 D 也将会收到该广播消息。于是路由器 D 又将该消息转发给路由器 C，导致数据包被重复发送两次▼。

在以太网上发送 IP 包时，"下次要经由哪个路由器发送数据报"这一信息非常重要。而这里的"下一个路由器"就是相应的 MAC 地址。

如此看来，IP 地址和 MAC 地址两者缺一不可。于是就有将这两个地址相关联的 ARP 协议▼。

最后，我们再试想一下，不使用 IP 地址，而是通过 MAC 地址连接世界上所有网络中所有的主机和节点的情况。仅仅凭一个 MAC 地址，人们是无法知道这台机器所处的位置的▼。而且如果全世界的设备都使用 MAC 地址相连，那么网桥在习得之前就得向全世界发送包。可想而知那将会造成多大的网络流量。而且由于没有任何集约机制，网桥就不得不维护一张巨大的表格来维护所学到的所有 MAC 地址。一旦这些信息超过网桥所能承受的极限，那将会导致网桥无法正常工作，也就无法实现通信了▼。

▼ 5.3.4 RARP

RARP (Reverse Address Resolution Protocol) 是将 ARP 反过来，从 MAC 地址定位 IP 地址的一种协议。例如将打印机服务器等小型嵌入式设备接入到网络时就经常会用得到。

平常我们可以通过个人电脑设置 IP 地址，也可以通过 DHCP▼自动分配获取 IP 地址。然而，对于使用嵌入式设备时，会遇到没有任何输入接口或无法通过 DHCP 动态获取 IP 地址的情况▼。

在类似情况下，就可以使用 RARP。为此，需要架设一台 RARP 服务器，从而在这个服务器上注册设备的 MAC 地址及其 IP 地址▼。然后再将这个设备接入到网络，插电启动设备时，该设备会发送一条"我的 MAC 地址是 ***，请告诉我，我的 IP 地址应该是什么"的请求信息。RARP 服务器接到这个消息后返回类似于

▼为了防止这种现象的出现，目前路由器可以做到将那些 MAC 地址成为了广播地址的 IP 数据报不进行转发。

▼为了避免这两个阶段的通信带来过多的网络流量，ARP 具有对 IP 地址和 MAC 地址的映射进行缓存的功能。有了这个缓存功能，发送 IP 包时就不必每次都发送 ARP 请求，从而防止性能下降。

▼在使用 IP 地址的情况下，可以由网络部分充当提供位置的作用，对地址进行集约。

▼与之对应的 IP 地址路由控制表也将会变得无比庞大。

▼ Dynamic Host Configuration Protocol，具体请参考 5.5 节。DHCP 可以像 RARP 一样分配一个固定的 IP 地址。

▼通过个人电脑连接这个嵌入式设备时虽然可以为其指定 IP 地址，但是用 DHCP 动态分配 IP 地址，有时会遇到无法知道所分配的 IP 是多少的情况。

▼使用 RARP 的前提是认为 MAC 地址就是设备固有的一个值。

"MAC 地址为 *** 的设备, IP 地址为 *** " 的信息给这个设备。而设备就根据从
RARP 服务器所收到的应答信息设置自己的 IP 地址。

图 5.9

RARP

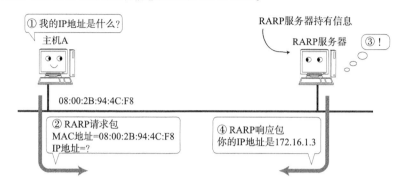

① 我的IP地址是什么?

主机A

RARP服务器持有信息

RARP服务器   ③!

08:00:2B:94:4C:F8

② RARP请求包
MAC地址=08:00:2B:94:4C:F8
IP地址=?

④ RARP响应包
你的IP地址是172.16.1.3

5.3.5   代理 ARP

　　通常 ARP 包会被路由器隔离, 但是采用代理 ARP (Proxy ARP) 的路由器可
以将 ARP 请求转发给邻近的网段。由此, 两个以上网段的节点之间可以像在同一
个网段中一样进行通信。

　　在目前的 TCP/IP 网络当中, 一般情况下用路由器连接多个网络时, 会在每个
网段上定义各自的子网, 从而进行路由控制。然而, 对于那些不支持设定子网掩
码的老设备来说, 不使用代理 ARP, 有时就无法更好地使用网络。

5.4 ICMP

5.4.1 辅助 IP 的 ICMP

架构 IP 网络时需要特别注意两点：确认网络是否正常工作，以及遇到异常时进行问题诊断。

▼网络的设置可以包括很多内容，网线连好后涉及 IP 地址或子网掩码的设置、路由表的设置、DNS 服务器的设置、邮件服务器的设置以及代理服务器的设置等。而 ICMP 只负责其中与 IP 相关的设置。

例如，一个刚刚搭建好的网络，需要验证该网络的设置是否正确▼。此外，为了确保网络能够按照预期正常工作，一旦遇到什么问题需要立即制止问题的蔓延。为了减轻网络管理员的负担，这些都是必不可少的功能。

ICMP 正是提供这类功能的一种协议。

ICMP 的主要功能包括，确认 IP 包是否成功送达目标地址，通知在发送过程当中 IP 包被废弃的具体原因，改善网络设置等。有了这些功能以后，就可以获得网络是否正常、设置是否有误以及设备有何异常等信息，从而便于进行网络上的问题诊断▼。

▼不过，ICMP 是基于尽力而为的 IP 上进行工作的，因此无法保证服务质量，而且在网络安全优先于便利性的环境里往往无法使用 ICMP，因此不宜过分依赖 ICMP。

在 IP 通信中如果某个 IP 包因为某种原因未能达到目标地址，那么这个具体的原因将由 ICMP 负责通知。如图 5.10，主机 A 向主机 B 发送了数据包，由于某种原因，途中的路由器 2 未能发现主机 B 的存在，这时，路由器 2 就会向主机 A 发送一个 ICMP 包，说明发往主机 B 的包未能成功。

▼在 ICMP 中，包以明文的形式像 TCP/UDP 一样通过 IP 进行传输。然而，ICMP 所承担的功能并非传输层的补充，而应该把它考虑为 IP 的一部分。

ICMP 的这种通知消息会使用 IP 进行发送▼。因此，从路由器 2 返回的 ICMP 包会按照往常的路由控制先经过路由器 1 再转发给主机 A。收到该 ICMP 包的主机 A 则分解 ICMP 的首部和数据域以后得知具体发生问题的原因。

ICMP 的消息大致可以分为两类：一类是通知出错原因的错误消息，另一类是用于诊断的查询消息。（如图 5.3）

图 5.10

ICMP 无法到达的消息

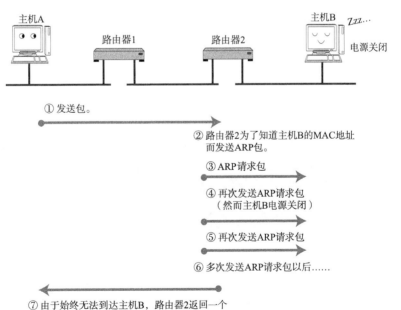

① 发送包。

② 路由器2为了知道主机B的MAC地址而发送ARP包。

③ ARP请求包

④ 再次发送ARP请求包（然而主机B电源关闭）

⑤ 再次发送ARP请求包

⑥ 多次发送ARP请求包以后……

⑦ 由于始终无法到达主机B，路由器2返回一个 ICMP Destination Unreachable的包给主机A。

表 5.2

ICMP 消息类型

类型（十进制数）	内　　　容
0	回送应答（Echo Reply）
3	目标不可达（Destination Unreachable）
4	原点抑制（Source Quench）
5	重定向或改变路由（Redirect）
8	回送请求（Echo Request）
9	路由器公告（Router Advertisement）
10	路由器请求（Router Solicitation）
11	超时（Time Exceeded）
17	地址子网请求（Address Mask Request）
18	地址子网应答（Address Mask Reply）

5.4.2　主要的 ICMP 消息

■ ICMP 目标不可达消息（类型 3）

IP 路由器无法将 IP 数据包发送给目标地址时，会给发送端主机返回一个目标不可达（Destination Unreachable Message）的 ICMP 消息，并在这个消息中显示不可达的具体原因，如表 5.3 所示。

在实际通信当中经常会遇到的错误代码是 1，表示主机不可达（Host Unreachable）[▼]，它是指路由表中没有该主机的信息，或者该主机没有连接到网络的意思。此外，错误代码 4（Fragmentation Needed and Don't Fragment was Set）则用于前面 4.5.3 节介绍过的 MTU 探索。由此，根据 ICMP 不可达的具体消息，发送端主机也就可以了解此次发送不可达的具体原因。

▼ 自从不再有网络分类以后，Network Unreachable 也渐渐不再使用了。

表 5.3

ICMP 不可达消息

错误号	ICMP 不可达消息
0	Network Unreachable
1	Host Unreachable
2	Protocol Unreachable
3	Port Unreachable
4	Fragmentation Needed and Don't Fragment was Set
5	Soruce Route Failed
6	Destination Network Unknown
7	Destination Host Unknown
8	Source Host Isolated
9	Communication with Destination Network is Administratively Prohibited
10	Communication with Destination Host is Administratively Prohibited
11	Destination Network Unreachable for Type of Service
12	Destination Host Unreachable for Type of Service

■ ICMP 重定向消息（类型 5）

如果路由器发现发送端主机使用了次优的路径发送数据，那么它会返回一个 ICMP 重定向（ICMP Redirect Message）的消息给这个主机。在这个消息中包含了最合适的路由信息和源数据。这主要发生在路由器持有更好的路由信息的情况下。路由器会通过这样的 ICMP 消息给发送端主机一个更合适的发送路由。

图 5.11

ICMP 重定向消息

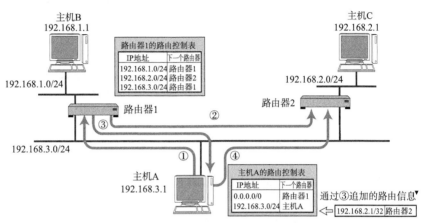

▼由于 ICMP 重定向消息中并不包含表示网络部分的子网掩码的长度，因此追加的路由信息为/32 的形式。

▼鉴于自动追加的信息要在一定期限之后删除，ICMP 的重定向消息也会在一定时间以后自动清除。

▼例如，不是发送端主机，而是途中某个路由器的路由控制表不正确时，ICMP 有可能无法正常工作。

▼当 IP 包在路由器上停留 1 秒以上时减去所停留的秒数，但是现在绝大多数设备并不做这样的处理。

▼错误号 1 表示将被拆分包做重构处理时超时。

① 主机A要与主机C进行通信，此时主机A的路由控制表中没有192.168.2.0/24的记录，因此采用默认的路由发往路由器1。
② 路由器1知道192.168.2.0/24的子网在路由器2的后面，因此将包转发给路由器2。
③ 由于给192.168.2.1的包直接发送给路由器2效率会更高，因此路由器1发送一个ICMP重定向的包给主机A。
④ 主机A将这个路由信息追加到自己的路由控制表▼中，以备再次发送数据给主机C时使用路由器2而不是路由器1。

不过，多数情况下由于这种重定向消息成为引发问题的原因，所以往往不进行这种设置▼。

■ ICMP 超时消息（类型 11）

IP 包中有一个字段叫做 TTL（Time To Live，生存周期），它的值随着每经过一次路由器就会减1▼，直到减到 0 时该 IP 包会被丢弃。此时，IP 路由器将会发送一个 ICMP 超时的消息（ICMP Time Exceeded Message，错误号 0▼）给发送端主机，并通知该包已被丢弃。

设置 IP 包生存周期的主要目的，是为了在路由控制遇到问题发生循环状况时，避免 IP 包无休止地在网络上被转发。此外，有时可以用 TTL 控制包的到达范围，例如设置一个较小的 TTL 值。

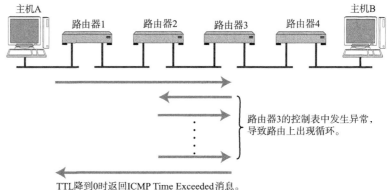

图 5.12

ICMP 时间超过消息

路由器3的控制表中发生异常，导致路由上出现循环。

TTL降到0时返回ICMP Time Exceeded消息。

■ 方便易用的 traceroute

▼ 在 UNIX、MacOS 中是这个命令，而在 Windows 中对等的命令叫做 tracert。

有一款充分利用 ICMP 超时消息的应用叫做 traceroute▼。它可以显示出由执行程序的主机到达特定主机之前历经多少路由器。它的原理就是利用 IP 包的生存期限从 1 开始按照顺序递增的同时发送 UDP 包，强制接收 ICMP 超时消息的一种方法。这样可以将所有路由器的 IP 地址逐一呈现。这个程序在网络上发生问题时，是问题诊断常用的一个强大工具。具体用法是在 UNIX 命令行里输入"traceroute 目标主机地址"即可。

关于 traceroute 的源代码可以参考以下网址：

`http: //ee.lbl.gov/`

■ ICMP 回送消息（类型 0、8）

用于进行通信的主机或路由器之间，判断所发送的数据包是否已经成功到达对端的一种消息。可以向对端主机发送回送请求的消息（ICMP Echo Request Message，类型 8），也可以接收对端主机发回来的回送应答消息（ICMP Echo Reply Message，类型 0）。网络上最常用的 ping 命令▼就是利用这个消息实现的。

▼ Packet InterNetwork Groper，判断对端主机是否可达的一种命令。

图 5.13

ICMP 回送消息

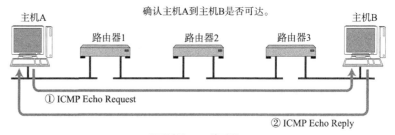

确认主机A到主机B是否可达。

① ICMP Echo Request

② ICMP Echo Reply

只要返回Reply就可以。

5.4.3 其他 ICMP 消息

■ ICMP 原点抑制消息（类型 4）

在使用低速广域线路的情况下，连接 WAN 的路由器可能会遇到网络拥堵的问题。ICMP 原点抑制消息的目的就是为了缓和这种拥堵情况。当路由器向低速线路发送数据时，其发送队列的残存变为零而无法发送出去时，可以向 IP 包的源地址发送一个 ICMP 原点抑制（ICMP Source Quench Message）消息。收到这个消息的主机借此了解在整个线路的某一处发生了拥堵的情况，从而打开 IP 包的传输间隔。然而，由于这种 ICMP 可能会引起不公平的网络通信，一般不被使用。

■ ICMP 路由器探索消息（类型 9、10）

主要用于发现与自己相连网络中的路由器。当一台主机发出 ICMP 路由器请求（Router Solicitaion，类型 10）时，路由器则返回 ICMP 路由器公告消息（Router Advertisement，类型 9）给主机。

■ ICMP 地址掩码消息（类型 17、18）

主要用于主机或路由器想要了解子网掩码的情况。可以向那些目标主机或路由器发送 ICMP 地址掩码请求消息（ICMP Address Mask Request，类型 17），然后通过接收 ICMP 地址掩码应答消息（ICMP Address Mask Reply，类型 18）获取子网掩码的信息。

5.4.4 ICMPv6

■ ICMPv6 的作用

IPv4 中 ICMP 仅作为一个辅助作用支持 IPv4。也就是说，在 IPv4 时期，即使没有 ICMP，仍然可以实现 IP 通信。然而，在 IPv6 中，ICMP 的作用被扩大，如果没有 ICMPv6，IPv6 就无法进行正常通信。

尤其在 IPv6 中，从 IP 地址定位 MAC 地址的协议从 ARP 转为 ICMP 的邻居探索消息（Neighbor Discovery）。这种邻居探索消息融合了 IPv4 的 ARP、ICMP 重定向以及 ICMP 路由器选择消息等功能于一体，甚至还提供自动设置 IP 地址的功能▼。

▼ ICMPv6 中没有 DNS 服务器的通知功能，因此实际上需要与 DHCPv6 组合起来才能实现自动设置 IP 地址。

ICMPv6 中将 ICMP 大致分为两类：一类是错误消息，另一类是信息消息。类型 0~127 属于错误消息，128~255 属于信息消息。

表 5.4

ICMPv6 错误消息

类型（十进制数）	内　　容
1	目标不可达（Destination Unreachable）
2	包过大（Packet Too Big）
3	超时（Time Exceeded）
4	参数问题（Parameter Problem）

类型（十进制数）	内 容
128	回送请求消息（Echo Request）
129	回送应答消息（Echo Reply）
130	多播监听查询（Multicast Listener Query）
131	多播监听报告（Multicast Listener Report）
132	多播监听结束（Multicast Listener Done）
133	路由器请求消息（Router Solicitation）
134	路由器公告消息（Router Advertisement）
135	邻居请求消息（Neighbor Solicitation）
136	邻居宣告消息（Neighbor Advertisement）
137	重定向消息（Redirect Message）
138	路由器重编号（Router Renumbering）
139	信息查询（ICMP Node Information Query）
140	信息应答（ICMP Node Information Response）
141	反邻居探索请求消息（Inverse Neighbor Discovery Solicitation）
142	反邻居探索宣告消息（Inverse Neighbor Discovery Advertisement）

■ 邻居探索

▼ IPv4 中查询 IP 地址与 MAC 地址对应关系用到的是 ARP。

▼ IPv4 中所使用的 ARP 采用广播，使得不支持 ARP 的节点也会收到包，造成一定的浪费。

ICMPv6 中从类型 133 至类型 137 的消息叫做邻居探索消息。这种邻居探索消息对于 IPv6 通信起着举足轻重的作用。邻居请求消息用于查询 IPv6 的地址与 MAC 地址的对应关系，并由邻居宣告消息得知 MAC 地址▼。邻居请求消息利用 IPv6 的多播地址▼实现传输。

图 5.14

IPv6 中查询 MAC 地址

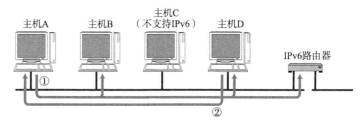

主机A　主机B　主机C（不支持IPv6）　主机D　IPv6路由器

① 以主机D为目标用多播发送邻居探索请求消息，查询主机D的MAC地址。
② 主机D通过邻居探索宣告消息将自己的MAC地址通知给主机A。

此外，由于 IPv6 中实现了即插即用的功能，所以在没有 DHCP 服务器的环境下也能实现 IP 地址的自动获取。如果是一个没有路由器的网络，就使用 MAC 地址作为链路本地单播地址（4.6.6 节）。而在一个有路由器的网络环境中，可以从路由器获得 IPv6 地址的前面部分，后面部分则由 MAC 地址进行设置。此时可以利用路由器请求消息和路由器宣告消息进行设置。

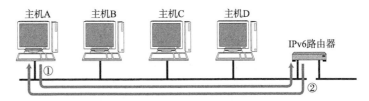

IP 地址的自动设置

① 通过路由器请求消息查询IP地址前面部分的内容。
② 通过路由器宣告消息通知IP地址后面部分的内容。

5.5   DHCP

◤5.5.1   DHCP 实现即插即用

如果逐一为每一台主机设置 IP 地址会非常繁琐的事情。特别是在移动使用笔记本电脑、智能终端以及平板电脑等设备时，每移动到一个新的地方，都要重新设置 IP 地址。

于是，为了实现自动设置 IP 地址、统一管理 IP 地址分配，就产生了 DHCP（Dynamic Host Configuration Protocol）协议。有了 DHCP，计算机只要连接到网络，就可以进行 TCP/IP 通信。也就是说，DHCP 让即插即用▼变得可能。而 DHCP 不仅在 IPv4 中，在 IPv6 中也可以使用。

▼指只要物理上一连通，无需专门设置就可以直接使用这个物理设备。

图 5.16

DHCP

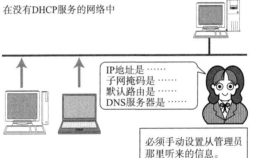

在没有DHCP服务的网络中

IP地址是……
子网掩码是……
默认路由是……
DNS服务器是……

必须手动设置从管理员那里听来的信息。

· 用户接入到网络以后必须先设置 IP地址和子网掩码。

· 为了让所有的主机IP地址唯一，管理员必须清晰地分配每个IP地址以免冲突。

· 管理员的负担重。
· 用户无法自由地连接到网络。

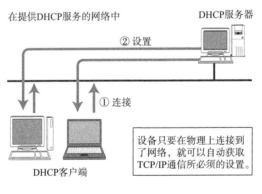

在提供DHCP服务的网络中   DHCP服务器

② 设置

① 连接

设备只要在物理上连接到了网络，就可以自动获取 TCP/IP通信所必须的设置。

DHCP客户端

· 只要接入到网络，就可以自动获取 TCP/IP通信所必须的设置。

· 管理员只要在DHCP服务器上做一些必要的设置即可，DHCP服务器会保证IP地址的唯一性。

· 减轻了管理员的负担。
· 用户不用与管理员做过多交涉就可以接入到网络。

◤5.5.2   DHCP 的工作机制

▼很多时候用该网段的路由器充当 DHCP 服务器。

使用 DHCP 之前，首先要架设一台 DHCP 服务器▼。然后将 DHCP 所要分配的 IP 地址设置到服务器上。此外，还需要将相应的子网掩码、路由控制信息以及 DNS 服务器的地址等设置到服务器上。

▼在发送 DHCP 发现包与 DHCP 请求包时，DHCP 即插即用的 IP 地址尚未确定。因此，DHCP 发现包的目标地址为广播地址 255.255.255.255，而源地址则为 0.0.0.0，表示未知。

关于从 DHCP 中获取 IP 地址的流程，以图 5.17 为例简单说明的话，主要分为两个阶段▼。

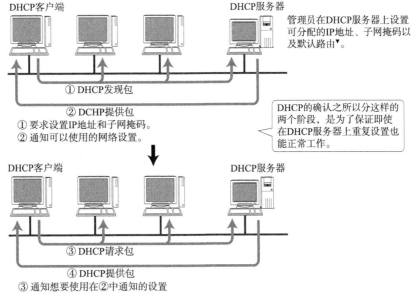

图 5.17

DHCP 的工作原理

▼ DHCP 在分配 IP 地址有两种方法。一种是由 DHCP 服务器在特定的 IP 地址中自动选出一个进行分配。另一种方法是针对 MAC 地址分配一个固定的 IP 地址。而且这两种方法可以并用。

DHCP客户端　　　　　　　　　　　　　　　　DHCP服务器

管理员在DHCP服务器上设置可分配的IP地址、子网掩码以及默认路由▼。

① DHCP发现包

② DCHP提供包

① 要求设置IP地址和子网掩码。
② 通知可以使用的网络设置。

DHCP的确认之所以分这样的两个阶段，是为了保证即使在DHCP服务器上重复设置也能正常工作。

DHCP客户端　　　　　　　　　　　　　　　　DHCP服务器

③ DHCP请求包

④ DHCP提供包

③ 通知想要使用在②中通知的设置
④ 通知允许③的设置

由此，DHCP的网络设置结束，可以进行TCP/IP通信。

不需要IP地址时，可以发送DHCP解除包。

另外，DHCP的设置中通常都会有一个限制时间的设定。DHCP客户端在这个时限之前可以发送DHCP请求包通知想要延长这个时限。

使用 DHCP 时，如果 DHCP 服务器遇到故障，将导致无法自动分配 IP 地址，从而也导致网段内所有主机之间无法进行 TCP/IP 通信。为了避免此类问题的发生，通常人们会架设两台或两台以上的 DHCP 服务器。不过启动多个 DHCP 服务器时，由于每个服务器内部都记录着 IP 地址分配情况的信息，因此可能会导致几处分配的 IP 地址相互冲突▼。

▼为了避免这种地址重复的危险，可以在 DHCP 服务器上区分所要分配的地址。

为了检查所要分配的 IP 地址以及已经分配了的 IP 地址是否可用，DHCP 服务器或 DHCP 客户端必须具备以下功能：

- DHCP 服务器
  在分配 IP 地址前发送 ICMP 回送请求包，确认没有返回应答。
- DHCP 客户端
  针对从 DHCP 那里获得的 IP 地址发送 ARP 请求包，确认没有返回应答。

在获得 IP 地址之前做这种事先处理可能会耗一点时间，但是可以安全地进行 IP 地址分配。

▼ 5.5.3 DHCP 中继代理

家庭网络大多都只有一个以太网（无线 LAN）的网段，与其连接的主机台数也不会太多。因此，只要有一台 DHCP 服务器就足以应对 IP 地址分配的需求，而大多数情况下都由宽带路由器充当这个 DHCP 的角色。

相比之下，一个企业或学校等较大规模组织机构的网络环境当中，一般会有多个以太网（无线 LAN）网段。在这种情况下，若要针对每个网段都设置 DHCP

服务器将会是个庞大的工程。即使路由器可以分担 DHCP 的功能，如果网络中有 100 个路由器，就要为 100 个路由器设置它们各自可分配 IP 地址的范围，并对这些范围进行后续的变更维护，这将是一个极其耗时和难于管理的工作▼。也就是说将 DHCP 服务器分设到各个路由器上，于管理和运维都不是件有益的事。

因此，在这类网络环境中，往往需要将 DHCP 统一管理。具体方法可以使用 DHCP 中继代理来实现。有了 DHCP 中继代理以后，对不同网段的 IP 地址分配也可以由一个 DHCP 服务器统一进行管理和运维。

这种方法使得在每个网段架设一个 DHCP 服务器被取代，只需在每个网段设置一个 DHCP 中继代理即可▼。它可以设置 DHCP 服务器的 IP 地址，从而可以在 DHCP 服务器上为每个网段注册 IP 地址的分配范围。

DHCP 客户端会向 DHCP 中继代理发送 DHCP 请求包，而 DHCP 中继代理在收到这个广播包以后再以单播的形式发给 DHCP 服务器。服务器端收到该包以后再向 DHCP 中继代理返回应答，并由 DHCP 中继代理将此包转发给 DHCP 客户端▼。由此，DHCP 服务器即使不在同一个链路上也可以实现统一分配和管理 IP 地址。

▼ DHCP 服务器分配的 IP 地址范围，有时会随着服务器或打印机等固定 IP 设备的增减而不得不发生变化。

▼ DHCP 中继代理多数为路由器，不过也有在主机中安装某些软件得以实现的情况。

▼ DHCP 包中包含发出请求的主机的 MAC 地址。DHCP 中继代理正是利用这个 MAC 地址将包返回给了 DHCP 客户端。

图 5.18

DHCP 中继代理

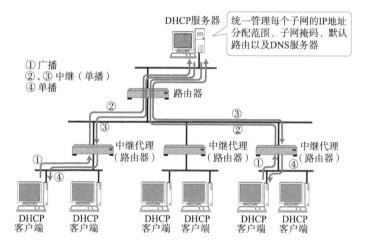

5.6 NAT

5.6.1 NAT 定义

NAT（Network Address Translator）是用于在本地网络中使用私有地址，在连接互联网时转而使用全局 IP 地址的技术。除转换 IP 地址外，还出现了可以转换 TCP、UDP 端口号的 NAPT（Network Address Port Translation）技术，由此可以实现用一个全局 IP 地址与多个主机的通信▼。具体可参考图 5.19 和图 5.20 的构造。

▼通常人们提到的 NAT，多半是指 NAPT。NAPT 也叫做 IP 伪装或 Multi NAT。

NAT（NAPT）实际上是为正在面临地址枯竭的 IPv4 而开发的技术。不过，在 IPv6 中为了提高网络安全也在使用 NAT，在 IPv4 和 IPv6 之间的相互通信当中常常使用 NAT-PT▼。

▼可参考 5.6.3 节。

5.6.2 NAT 的工作机制

如图 5.19 所示，以 10.0.0.10 的主机与 163.221.120.9 的主机进行通信为例。利用 NAT，途中的 NAT 路由器将发送源地址从 10.0.0.10 转换为全局的 IP 地址（202.244.174.37）再发送数据。反之，当包从地址 163.221.120.9 发过来时，目标地址（202.244.174.37）先被转换成私有 IP 地址 10.0.0.10 以后再被转发▼。

▼在 TCP 或 UDP 中，由于 IP 首部中的 IP 地址还要用于校验和的计算，因此当 IP 地址发生变化时，也需要相应地将 TCP、UDP 的首部进行转换。

图 5.19

NAT

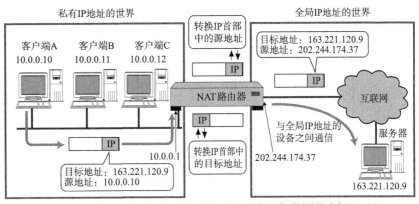

局域网内设置为私有IP地址，在与外部通信时被替换成全局IP地址。

在 NAT（NAPT）路由器的内部，有一张自动生成的用来转换地址的表。当 10.0.0.10 向 163.221.120.9 发送第一个包时生成这张表，并按照表中的映射关系进行处理。

当私有网络内的多台机器同时都要与外部进行通信时，仅仅转换 IP 地址，人们不免担心全局 IP 地址是否不够用。这时采用如图 5.20 所示的包含端口号一起转换的方式（NAPT）可以解决这个问题。

图 5.20
NAPT

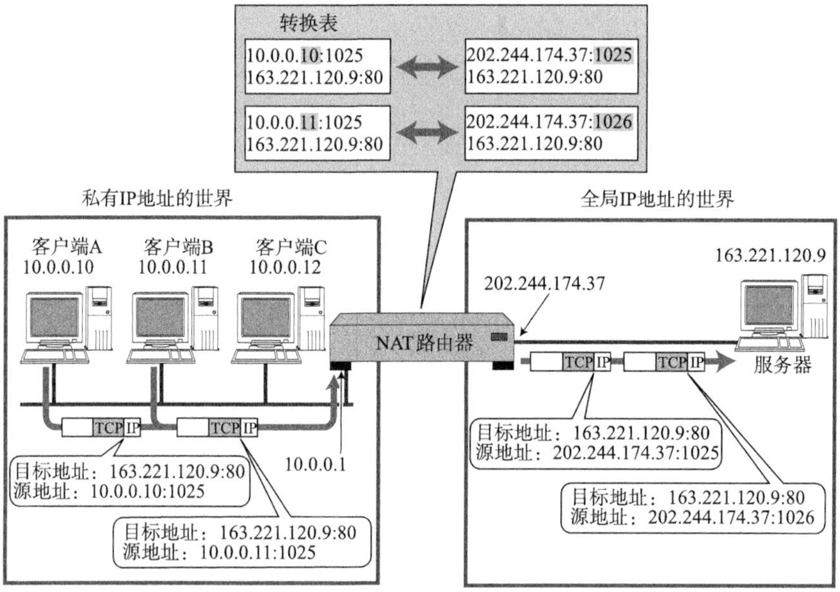

*图中用“IP地址：端口号”标记。

关于这一点，第六章有更详细的说明。不过在此需要注明的一点是，在使用 TCP 或 UDP 的通信当中，只有目标地址、源地址、目标端口、源端口以及协议类型（TCP 还是 UDP）五项内容都一致时才被认为是同一个通信连接。此时所使用的正是 NAPT。

图 5.20 中，主机 163.221.120.9 的端口号是 80，LAN 中有两个客户端 10.0.0.10 和 10.0.0.11 同时进行通信，并且这两个客户端的本地端口都是 1025。此时，仅仅转换 IP 地址为某个全局地址 202.244.174.37，会令转换后的所有数字完全一致。为此，只要将 10.0.0.11 的端口号转换为 1026 就可以解决问题。如图 5.20 所示，生成一个 NAPT 路由器的转换表，就可以正确地转换地址跟端口的组合，令客户端 A、B 能同时与服务器之间进行通信。

这种转换表在 NAT 路由器上自动生成。例如，在 TCP 的情况下，建立 TCP 连接首次握手时的 SYN 包一经发出，就会生成这个表。而后又随着收到关闭连接时发出 FIN 包的确认应答从表中被删除▼。

▼ UDP 中两端应用进行通信时起止时间不一定保持一致，因此在这种情况下生成转换表相对较难。

5.6.3 NAT-PT（NAPT-PT）

现在很多互联网服务都基于 IPv4。如果这些服务不能做到在 IPv6 中也能正常使用的话，搭建 IPv6 网络环境的优势也就无从谈起了。

为了解决这个问题，就产生了 NAT-PT（NAPT-PT）▼ 规范。NAT-PT 是将 IPv6 的首部转换为 IPv4 的首部的一种技术。有了这种技术，那些只有 IPv6 地址的主机也就能够与 IPv4 地址的其他主机进行通信了。

▼ PT 是 Protocol Translation 的缩写。严格来讲 NAT-PT 用来翻译 IP 地址，而 NATP-PT 则是用来翻译 IP 首部与端口号的。

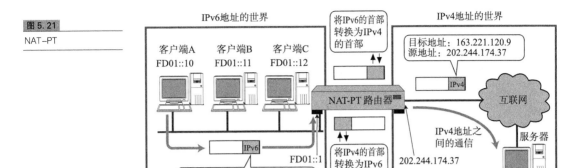

图 5.21

NAT-PT

在局域网内设定成IPv6地址，与外部通信时改为IPv4地址。

NAT-PT 有很多形式，其中最让人们期待的当属结合 DNS 和 IP 首部替换的 DNS-ALG[▼]。不过，不论采用哪种形式，它们都避免不了下一小节所涉及的问题。

> ▼ ALG 是 Application Level Gateway 的缩写。

5.6.4 NAT 的潜在问题

由于 NAT（NAPT）都依赖于自己的转换表，因此会有如下几点限制：

> ▼虽然可以指定端口号允许向内部访问，但是数量要受限于全局 IP 地址的个数。

- 无法从 NAT 的外部向内部服务器建立连接[▼]。
- 转换表的生成与转换操作都会产生一定的开销。
- 通信过程中一旦 NAT 遇到异常需重新启动时，所有的 TCP 连接都将被重置。
- 即使备置两台 NAT 做容灾备份，TCP 连接还是会被断开。

5.6.5 解决 NAT 的潜在问题与 NAT 穿越

解决 NAT 上述潜在的问题有两种方法：

第一种方法就是改用 IPv6。在 IPv6 环境下可用的 IP 地址范围有了极大的扩展，以至于公司或家庭当中所有设备都可以配置一个全局 IP 地址[▼]。因为如果地址枯竭的问题得到解决，那么也就没必要再使用 NAT 了。然而，IPv6 的普及到现在为止都远不及人们的预期，前景不容乐观。

> ▼然而，如果不是所有设备都有 IPv6 的地址，其意义也就不大了。

另一种方法是，即使是在一个没有 NAT 的环境里，根据所制作的应用，用户可以完全忽略 NAT 的存在而进行通信。在 NAT 内侧（私有 IP 地址的一边）主机上运行的应用为了生成 NAT 转换表，需要先发送一个虚拟的网络包给 NAT 的外侧。而 NAT 并不知道这个虚拟的包究竟是什么，还是会照样读取包首部中的内容并自动生成一个转换表。这时，如果转换表构造合理，那么还能实现 NAT 外侧的主机与内侧的主机建立连接进行通信。有了这个方法，就可以让那些处在不同 NAT 内侧的主机之间也能够进行相互通信。此外，应用还可以与 NAT 路由器进行通信生成 NAT 表，并通过一定的方法将 NAT 路由器上附属的全局 IP 地址传给应用[▼]。

> ▼可以使用微软提供的 UPnP（Universal Plug and Play）规范。

如此一来，NAT 外侧与内侧可以进行通信，这种现象叫做"NAT 穿越"。于是 NAT 那个"无法从 NAT 的外部向内部服务器建立连接"的问题也就迎刃而解

▼由此，IPv4 的寿命又被延长，向 IPv6 的迁移也就放慢脚步了。

▼迁移到 IPv6 以后，系统会变得更为简单，因此它有着相当大的优势。如果同时使用 IPv4 和 IPv6，会导致系统变得更为复杂。这对于系统开发、设计、运用等人员来说，是一件非常麻烦的事。

了。而且这种方法与已有的 IPv4 环境的兼容性非常好，即使不迁移到 IPv6 也能通信自如。出于这些优势，市面上已经出现了大量与 NAT 紧密集合的应用▼。

　　然而，NAT 友好的应用程序也有它的问题。例如，NAT 的规范越来越复杂，应用的实现变得更耗时。而且应用一旦运行在一个开发者未预想到的特殊网络环境中时，会出现无法正常工作、遇到状况时难于诊断等问题▼。

5.7 IP 隧道

在一个如图 5.22 所示的网络环境里，网络 A、B 使用 IPv6，如果处于中间位置的网络 C 支持使用 IPv4 的话，网络 A 与网络 B 之间将无法直接进行通信。为了让它们之间正常通信，这时必须得采用 IP 隧道的功能。

图 5.22

夹着 IPv4 网络的两个
IPv6 网络

IP 隧道中可以将那些从网络 A 发过来的 IPv6 的包统和为一个数据，再为之追加一个 IPv4 的首部以后转发给网络 C。

一般情况下，紧接着 IP 首部的是 TCP 或 UDP 的首部。然而，现在的应用当中"IP 首部的后面还是 IP 首部"或者"IP 首部的后面是 IPv6 的首部"等情况与日俱增。这种在网络层的首部后面继续追加网络层首部的通信方法就叫做"IP 隧道"。

图 5.23

IP 隧道

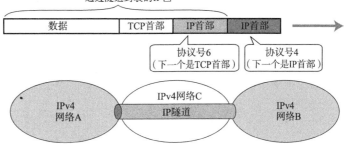

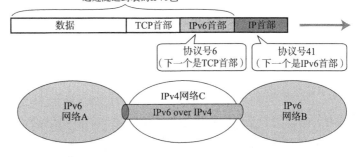

构造一个既支持 IPv4 又支持 IPv6 的网络是一项极其庞大的工程。在这种网络环境中，由于其路由表的量有可能会涨到平常的两倍，所以会给网络管理员增加不小的负担，而在路由器进行两种协议都要支持的设置也是相当费劲的事情。骨干网上通常使用 IPv6 或 IPv4 进行传输。因此，那些不支持的路由器就可以采用 IP 隧道的技术转发数据包，而对应的 IP 地址也可以在一旁进行统一管理。这就在一定程度上减轻了管理员的部分工作▼。此外，由于骨干网的设备上仅在一旁应对 IP 隧道即可，这也可以大量地减少投资成本。

▼隧道一旦设置有误，会导致数据包在网络上无限循环等严重问题。因此此处的设置需要极其谨慎。

▼指用 IPv4 包封装 IPv6 包的方式。IPv6 的地址中包含全局 6to4 路由器（在 IPv4 网络入口）的 IPv4 地址。

▼将数据链路的 PPP 包用 IP 包转发的一种技术。

- Mobile IP
- 多播包的转播
- IPv4 网络中传送 IPv6 的包（6to4▼）
- IPv6 网络中传送 IPv4 的包
- 数据链路帧通过 IP 包发送（L2TP▼）

　　图 5.24 展示了一个利用 IP 隧道转发多播消息的例子。由于现在很多路由器上没有多播包的路由控制信息，多播消息也就无法穿越路由器发送信息。那么在这类环境当中，如果使用 IP 隧道，就可以使路由器用单播的形式发包，也就能够向距离较远的链路转发多播消息。

图 5.24

多播隧道

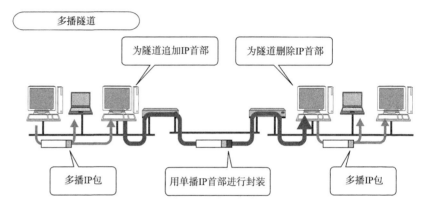

5.8 其他 IP 相关技术

5.8.1 IP 多播相关技术

在多播通信中，确认接收端是否存在非常重要。如果没有接收端，发送多播消息将会造成网络流量的浪费。

而确认是否有接收端，要通过 MLD▼ 实现。它是 IPv4 中 IGMP▼ 和 IPv6 中 IC-MPv6▼ 的重要功能之一。

IGMP（MLD）主要有两大作用：

1. 向路由器表明想要接收多播消息（并通知想接收多播的地址）。

2. 向交换集线器通知想要接收多播的地址。

首先，路由器会根据第 1 个作用，了解到想要接收多播的主机，并将这个信息告知给其他的路由器，准备接收多播消息。而多播消息的发送路径则由 PIM-SM、PIM-DM、DVMRP、DOSPF 等多播路由协议决定▼。

其次，第 2 个作用也被称作 IGMP（MLD）探听。通常交换集线器只会习得单播地址▼。而多播帧▼则跟广播帧一样不经过滤就会全部被拷贝到端口上。这会导致网络负荷加重，甚至给那些通过多播实现高质量图像传播的广播电视带来严重影响。

为了解决此类问题，可以采用作为第二个作用的 IGMP（MLD）探听。支持IGMP（MLD）探听的交换集线器可以过滤多播帧，从而也能降低网络的负荷。

在 IGMP（MLD）探听中，交换集线器对所通过的 IGMP（MLD）包进行监控▼。由于从 IGMP（MLD）包中可获知多播发送的地址和端口，从而不会再向毫无关系的端口发送多播帧。这也可以减轻那些不接收多播消息的端口的负荷。

▼ Multicast Listener Discovery。多播监听发现。ICMPv6 的类型 130、131、132。

▼ Internet Group Management Protocol

▼ 关于 ICMPv6 的更多细节请参考 5.4.4 节。

▼ 关于单播路由协议可参考第 7 章。

▼ 通常交换集线器可以习得发送端的 MAC 地址。而由于多播地址只用于目标地址，因此无法从包中习得。

▼ 指目标 MAC 地址是多播地址的意思。如图 3.5 所示，第 1 比特位为 1。

▼ IGMP（MLD）包由 IP（IPv6）的包进行传送，而非数据链路层的包。支持 IGMP（MLD）的交换集线器不仅需要解析数据链路层的包，还能够解析 IP（IPv6）和 IGMP（MLD）的包。之所以称为"探听"（snooping）也正是因为它需要监控"职责"以外的包。

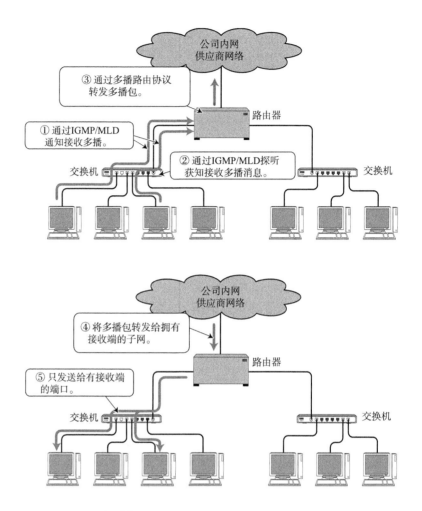

图 5.25

基于 IGMP（MLD）的
多播实现

5.8.2　IP 任播

　　IP 任播主要用于报警电话 110 与消防电话 119 系统。当人们拨打 110 或 119 时，其接收电话并不是只有一个，而是可以拨打到一个区域管辖范围内的所有公安或消防部门。省、市、县、乡等不同级别的区域都各自设置着 110 与 119 的急救电话，而且数量极其庞大。

　　这种机制的实现，在互联网上就是 IP 任播。

　　IP 任播是指为那些提供同一种服务的服务器配置同一个 IP 地址，并与最近的服务器进行通信的一种方法▼。它可适用于 IPv4 和 IPv6。

　　在 IP 任播的应用当中最为有名的当属 DNS 根域名服务器▼。DNS 根域名服务器，出于历史原因，对 IP 地址的分类限制为 13 种类型。从负载均衡与灾备应对的角度来看，全世界根域名服务器不可能只设置 13 处。为此，使用 IP 任播可以让更多的 DNS 根域名服务器散布到世界的各个角落。因此，当发送一个请求包给 DNS 根域名服务器时，一个适当区域的 IP 地址也将被发送出去，从而可以从这个服务器获得应答。

　　IP 任播机制虽然听起来非常方便，实际上也有不少限制。例如，它无法保证

▼选择哪个服务器由路由协议的类型和设置方法决定。关于路由协议的更多细节请参考第 7 章。

▼可参考 5.2.3 节中的 "域名服务器" 一节。

将第一个包和第二个包发送给同一个主机。这在面向非连接的 UDP 发出请求而无需应答的情况下没有问题，但是对于面向连接的 TCP 通信或在 UDP 中要求通过连续的多个包进行通信的情况，就显得力不从心了。

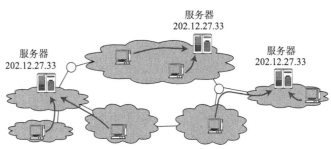

服务器
202.12.27.33

服务器
202.12.27.33

服务器
202.12.27.33

IP任播中多个服务器设有同一个IP地址。当客户端发出请求时，
可以由一个离客户端最近的服务器进行处理。

5.8.3　通信质量控制

■ 通信质量的定义

近些年，IP 协议的实用性被认可，并应用于各种各样的通信领域中。IP 协议的设计和开发初衷是作为一个"尽力服务"的协议，是一款"没有通信服务质量保证"的协议。在"尽力服务"型的通信中，如果遇到通信线路拥堵的情况，可能会导致通信性能下降。这就好比在高速公路上，如果一下子有太多的车辆涌入高速，将会导致堵车，谁也无法确保何时能够达到目的地。"尽力服务"型网络中也存在此类问题。

▼ queue。等待队列。

通信线路上的拥塞也叫做收敛。当网络发生收敛时，路由器和集线器（交换集线器）的队列▼（Buffer）溢出，会出现大量的丢包现象，从而极端影响通信性能。这时如果正在访问 Web 页面，可能会出现点击任何链接都迟迟无法显示，或声音中断、视频画面停顿不前等现象。

近几年，特别是随着音频和视频服务对实时性要求的逐渐提高，在使用 IP 通信过程当中能够保证服务质量（QoS：Quality of Service）的技术受到了前所未有的追捧。

■ 控制通信质量的机制

控制通信质量的工作机制类似于高速公路上的 VIP 通道。对于需要保证通信质量的包，路由器会进行特殊处理，并且在力所能及的范围之内对其进行优先处理。

通信质量包括带宽、延迟、时延波动等内容。路由器在内部的队列（缓存）中可以优先处理这些要求保证通信质量的包，有时甚至不得不丢弃那些没有优先级的包以保证通信质量。

▼ Resolution Reservation Protocol

为了控制通信质量，人们提出了 RSVP▼ 技术，它包括两个内容，一是提供点对点的详细优先控制（IntServ）另一个是提供相对较粗粒度的优先控制（DiffServ）。

■ IntServ

IntServ 是针对特定应用之间的通信进行质量控制的一种机制。这里的"特定

▼源端口与目标端口是 TCP/UDPQN 首部中的信息，具体可参考第 6 章。

的应用"是指源 IP 地址、目标 IP 地址、源端口、目标端口以及协议号五项完全内容一致▼。

　　IntServ 所涉及的通信并非一直进行，只是在必要的时候进行。因此 IntServ 也只有在必要的时候才要求在路由器上进行设置，这也叫"流量设置"。实现这种流量控制的协议正是 RSVP。RSVP 中在接收端针对发送端传送控制包，并在它们之间所有的路由器上进行有质量控制的设定▼。路由器随后就根据这些设置对包进行有针对性的处理。

▼具体可以是带宽、延迟、时延波动（抖动）、丢包率，等。

　　不过 RSVP 的机制相对复杂，在大规模的网络中实施和应用比较困难。此外，如果流量设置要求过高，超过现有网络资源上限时，不仅会影响后续的使用，还会带来一定的不便。因此，出现了灵活性更强的 DiffServ。

图 5.27

RSVP 中的流量设置

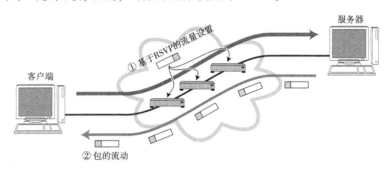

■ DiffServ

　　IntServ 针对应用的连接进行详细的通信质量控制。相比之下，DiffServ 则针对特定的网络进行较粗粒度的通信质量控制。例如，针对某个特定的供应商进行顾客排名，从而进行数据包的优先处理。

▼DSCP 字段是 IP 首部 TOS 字段的替代。具体请参考 4.7 节。

　　进行 DiffServ 质量控制的网络叫做 DiffServ 域。在 DiffServ 域中的路由器会对所有进入该域 IP 包首部中的 DSCP▼字段进行替换。对于期望被优先处理的包设置一个优先值，对于没有这种期望的包设置无需优先的值。DiffServ 域内部的路由器则根据 IP 首部的 DSCP 字段的值有选择性地进行优先处理。在发生网络拥塞时还可以丢弃优先级较低的包。

　　IntServ 中每进行一次通信都要设置一次流量设置。路由器也必须得针对不同流量进行质量控制，因此机制太过复杂，影响了实用性。而 DiffServ 则根据供应商的合约要求以比较粗粒度进行质量控制，机制相对简单，实用性较好。

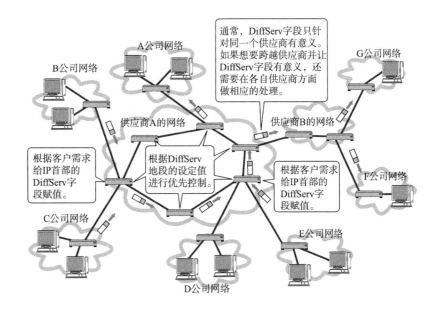

图 5.28

DiffServ

通常，DiffServ字段只针对同一个供应商有意义。如果想要跨越供应商并让DiffServ字段有意义，还需要在各自供应商方面做相应的处理。

A公司网络

B公司网络

G公司网络

供应商A的网络

供应商B的网络

根据客户需求给IP首部的DiffServ字段赋值。

根据DiffServ地段的设定值进行优先控制。

根据客户需求给IP首部的DiffServ字段赋值。

F公司网络

C公司网络

E公司网络

D公司网络

▌5.8.4　显式拥塞通知

当发生网络拥塞时，发送主机应该减少数据包的发送量。作为 IP 上层协议，TCP 虽然也能控制网络拥塞，不过它是通过数据包的实际损坏情况来判断是否发生拥塞[▼]。然而这种方法并不能在数据包损坏之前减少数据包的发送量。

为了解决这个问题，人们在 IP 层新增了一种使用显式拥塞通知的机制，即 ECN[▼]。

ECN 为实现拥塞通知的功能，将 IP 首部的 TOS 字段置换为 ECN 字段，并在 TCP 首部的保留位中追加 CWR[▼] 标志和 ECE[▼] 标志。

通知拥塞的时候，要将当前的拥塞情况传达给那个发送数据包的源地址主机[▼]。然而，这个通知能不能发出去还是一个问题。而且，即使通知被发送出去，如果遇到一个不支持拥塞控制的协议[▼]，那么也就没有什么实质的意义。

因此，ECN 的机制概括起来就是在发送包的 IP 首部中记录路由器是否遇到拥塞，并在返回包的 TCP 首部中通知是否发生过拥塞。拥塞检查在网络层进行，而拥塞通知则在传输层进行，这两层的互相协助实现了拥塞通知的功能。

▼关于 TCP 拥塞控制请参考第 6 章。

▼ Explicit Congestion Notification，显式拥塞通知。

▼ Congestion Window Reduced，拥塞窗口减少。

▼ ECN-Echo

▼虽然 5.4.3 节介绍过的 IC-MP 原点抑制消息正是由此产生的，但是实际上几乎从未被使用过。

▼例如使用 UDP 的通路等。

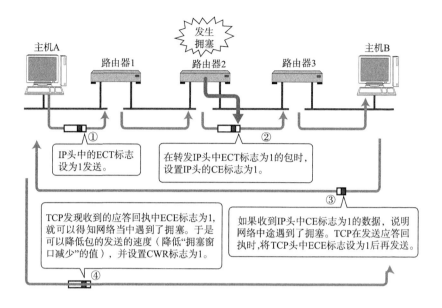

图 5.29

拥塞通知

5.8.5 Mobile IP

■ Mobile IP 的定义

IP 地址由"网络地址"和"主机地址"两部分组成。其中"网络地址"表示全网中子网的位置，因此对于不同的地域它的值也会有所不同。

读者可以以智能手机和笔记本电脑等移动设备的情况做参考。通常，这些设备每连接到不同的子网，都会由 DHCP 或手动的方式分配到不同的 IP 地址。那么 IP 地址的变更会不会有什么问题呢？

与移动设备进行通信时，所连接的子网一旦发生变化，则无法通过 TCP 继续通信。这是因为 TCP 是面向连接的协议，自始至终都需要发送端和接收端主机的 IP 地址不发生变化。

在 UDP 的情况下也无法继续通信，不过鉴于 UDP 是面向非连接的协议，或许可以在应用层面上处理变更 IP 地址的问题▼。然而，改造所有应用让其适应 IP 地址变更不是件容易的事。

▼ TCP 的情况下，会断开 TCP 连接，不过通过修复等方法使应用上应对 IP 地址的变更也不是不可能的。

由此，Mobile IP 登上历史舞台。这种技术在主机所连接的子网 IP 发生变化时，主机 IP 地址仍保持不变。应用不需要做任何改动，即使是在 IP 地址发生变化的环境下，通信也能够继续。

■ IP 隧道与 Mobile IP

Mobile IP 的工作机制如图 5.30 所示。

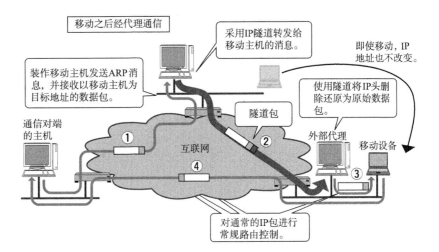

图 5.30

Mobile IP

- 移动主机 (MH: Mobile Host)

  是指那些移动了位置, IP 地址却不变的设备。在没移动的时候, 所连接的网络叫做归属网络, IP 地址叫做归属地址。归属地址如同一个人的户籍, 移动也不会改变地址。即使移动了也会被设置成所处子网中的 IP 地址。这种地址被称为移动地址 (CoA: Care-of Address)。

- 归属代理 (HA: Home Agent)

  处于归属网络下, 可监控移动设备的位置, 并转发数据包给移动主机。这很像注册户籍信息的政府机关。

- 外部代理 (FA: Foreighn Agent)

  使用于支持移动主机的移动设备。所有需要接入网络的移动主机都需要它。

  如图 5.30, Mobile IP 中的移动主机, 在移动之前按照以往的模式进行通信, 而移动之后则通过外部代理发送转发数据包向归属代理通知自己的地址。

  从应用层看移动主机, 会发现它永远使用归属地址进行通信。然而, 实际上 Mobile IP 是使用转交地址转发数据包的。

■ Mobile IPv6

  Mobile IP 中存在一些问题:

- 没有外部代理的网络不能通信。
- IP 包呈三角形路径被转发因此效率不高。
- 为提高安全，一个域可以做这样的设置，即如果从自己的域向外部发送包的源地址不是本域在用的 IP 地址，则丢弃该包。而且这种设置已经越来越多。是因为从移动主机发给通信对端的 IP 包的源地址是归属地址，与另一个域的 IP 地址不符（如图 5.30④中的 IP 包），因此目的地路由器可能会丢弃这个包▼。

以上问题在 Mobile IPv6 中已经得到了相应的解决。

- 外部代理的功能由市县 Mobile IPv6 的移动主机自己承担。
- 考虑路径最优化，可以不用经过归属代理进行直接通信▼。
- IPv6 首部的源地址中赋与移动地址，不让防火墙丢弃▼。

移动主机和通信对端的主机都需要支持 Mobile IPv6▼才能使用以上所有功能。

▼为了避免该问题的发生，现在 Mobile IP 中移动主机向通信对端发送 IP 包时要经由归属代理，这也叫做双向隧道。事实上这种方式比三角形通路效率还低。

▼使用 IPv6 扩展首部中的"Mobility Header"（协议号135）。

▼使用 IPv6 扩展首部中的"目标地址选项"（协议号60）中的归属地址。

▼由于 IPv6 的普及比较缓慢，今后支持 IPv6 的设备也支持 Mobile IPv6 的可能性非常高。

第6章

TCP与UDP

本章旨在介绍传输层的两个主要协议TCP（Transmission Control Protocol）与UDP（User Datagram Protocol）。

7 应用层
6 表示层
5 会话层
4 传输层
3 网络层
2 数据链路层
1 物理层

```
<应用层>
TELNET, SSH, HTTP, SMTP, POP,
SSL/TLS, FTP, MIME, HTML,
SNMP, MIB, SIP, RTP ...

<传输层>
TCP, UDP, UDP-Lite, SCTP, DCCP

<网络层>
ARP, IPv4, IPv6, ICMP, IPsec

以太网、无线LAN、PPP……
（双绞线电缆、无线、光纤……）
```

6.1　传输层的作用

TCP/IP 中有两个具有代表性的传输层协议，它们分别是 TCP 和 UDP。TCP 提供可靠的通信传输，而 UDP 则常被用于让广播和细节控制交给应用的通信传输。总之，根据通信的具体特征，选择合适的传输层协议是非常重要的。

6.1.1　传输层定义

在第 4 章中也曾提到，IP 首部中有一个协议字段，用来标识网络层（IP）的上一层所采用的是哪一种传输层协议。根据这个字段的协议号，就可以识别 IP 传输的数据部分究竟是 TCP 的内容，还是 UDP 的内容。

同样，传输层的 TCP 和 UDP，为了识别自己所传输的数据部分究竟应该发给哪个应用，也设定了这样一个编号。

以包裹为例，邮递员（IP）根据收件人地址（目标 IP 地址）向目的地（计算机）投递包裹（IP 数据报）。包裹到达目的地以后由对方（传输层协议）根据包裹信息判断最终的接收人（接收端应用程序）。

图 6.1

一台计算机中运行着众多应用程序

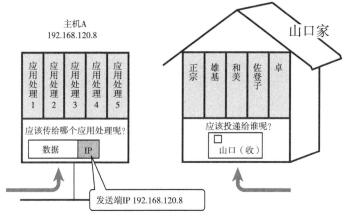

通常一台计算机中运行着多个应用程序，因此有必要将其区分进行识别。

如果快递单上只写了家庭地址和姓氏，那该如何是好呢？你根本无法判断快递究竟应该投递给哪一位家庭成员。同样，如果收件人地址是学校或公司[注]，而且也只写了一个姓氏，会给投递工作带来麻烦。因此，在日本的投递业务中都会要求寄件人写清楚接收人的全名。其实在中国，一个人的姓氏不像日本那样复姓居多[注]，人们也通常不会仅以姓氏称呼一个人。但是也有一种特殊情况，那就是如果一个收件地址中有多个同名同姓的接收者该怎么办？此时，往往会通过追加电话号码来加以区分。

在 TCP/IP 的通信当中也是如此，需要指定"姓氏"，即"应用程序"。而传输层必须指出这个具体的程序，为了实现这一功能，使用端口[注]号这样一种识别码。根据端口号就可以识别在传输层上一层的应用层中所要进行处理的具体程序[注]。

▼投递给公司或学校，还需要填写具体的部门或所属机构名称。

▼在中国邮政快递业务中通常也需要收件人的详细地址和全称。甚至在普通快递中可能还需要追加联系电话加以区分同名同姓的收件人。

▼注意此处的端口与路由器、交换机等设备上指网卡的端口有所不同。

▼一个程序可以使用多个端口。

▼6.1.2　通信处理

再以邮递包裹为例，详细分析一下传输层的协议工作机制。

前面提到的"应用程序"其实就是用来进行 TCP/IP 应用协议的处理。因此，TCP/IP 中所要识别的"姓氏"就可以被理解为应用协议。

TCP/IP 的众多应用协议大多以客户端/服务端的形式运行。客户端▼类似于客户的意思，是请求的发起端。而服务端▼则表示提供服务的意思，是请求的处理端。另外，作为服务端的程序有必要提前启动，准备接收客户端的请求。否则即使有客户端的请求发过来，也无法做到相应的处理。

▼客户端（Client）具有客户的意思。在计算机网络中是接受服务和使用服务的一方。
▼服务端（Server）在计算机网络中则意味着提供服务的程序或计算机。

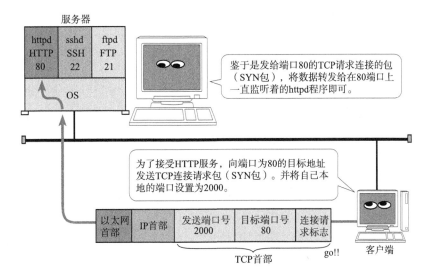

图 6.2

HTTP 连接请求

这些服务端程序在 UNIX 系统当中叫做守护进程。例如 HTTP 的服务端程序是 httpd（HTTP 守护进程），而 ssh 的服务端程序是 sshd（SSH 守护进程）。在 UNIX 中并不需要将这些守护进程逐个启动，而是启动一个可以代表它们接收客户端请求的 inetd（互联网守护进程）服务程序即可。它是一种超级守护进程。该超级守护进程收到客户端请求以后会复刻（fork）新的进程并转换（exec）为 sshd 等各个守护进程。

确认一个请求究竟发给的是哪个服务端（守护进程），可以通过所收到数据包的目标端口号轻松识别。当收到 TCP 的建立连接请求时，如果目标端口为 22，则转给 sshd，如果是 80 则转给 httpd。然后，这些守护进程会继续对该连接上的通信传输进行处理。

传输协议 TCP、UDP 通过接收数据中的目标端口号识别目标处理程序。以图 6.2 为例，传输协议的数据将被传递给 HTTP、TELNET 以及 FTP 等应用层协议。

▼6.1.3　两种传输层协议 TCP 和 UDP

在 TCP/IP 中能够实现传输层功能的、具有代表性的协议是 TCP 和 UDP。

■ TCP

TCP 是面向连接的、可靠的流协议。流就是指不间断的数据结构，你可以把它想象成排水管道中的水流。当应用程序采用 TCP 发送消息时，虽然可以保证发

▼例如，在发送端应用程序发送了 10 次 100 字节的消息，那么在接收端，应用程序有可能会收到一个 1000 字节连续不间断的数据。因此在 TCP 通信中，发送端应用可以在自己所要发送的消息中设置一个表示长度或间隔的字段信息。

送的顺序，但还是犹如没有任何间隔的数据流发送给接收端▼。

TCP 为提供可靠性传输，实行"顺序控制"或"重发控制"机制。此外还具备"流控制（流量控制）"、"拥塞控制"、提高网络利用率等众多功能。

■ UDP

▼例如，发送端应用程序发送一个 100 字节的消息，那么接收端应用程序也会以 100 字节为长度接收数据。UDP 中，消息长度的数据也会发送到接收端，因此在发送的消息中不需要设置一个表示消息长度或间隔的字段信息。然而，UDP 不具备可靠传输。所以，发送端发出去的消息在网络传输途中一旦丢失，接收端将收不到这个消息。

UDP 是不具有可靠性的数据报协议。细微的处理它会交给上层的应用去完成。在 UDP 的情况下，虽然可以确保发送消息的大小▼，却不能保证消息一定会到达。因此，应用有时会根据自己的需要进行重发处理。

▎6.1.4　TCP 与 UDP 区分

可能有人会认为，鉴于 TCP 是可靠的传输协议，那么它一定优于 UDP。其实不然。TCP 与 UDP 的优缺点无法简单地、绝对地去做比较。那么，对这两种协议应该如何加以区分使用呢？下面，我就对此问题做一简单说明。

TCP 用于在传输层有必要实现可靠传输的情况。由于它是面向有连接并具备顺序控制、重发控制等机制的，所以它可以为应用提供可靠传输。

▼在实时传送动画或声音时，途中一小部分网络的丢包可能会导致画面或声音的短暂停顿甚至出现混乱。但在实际使用当中，这一点干扰并无大碍。

而在一方面，UDP 主要用于那些对高速传输和实时性有较高要求的通信或广播通信。我们举一个通过 IP 电话进行通话的例子。如果使用 TCP，数据在传送途中如果丢失会被重发，但这样无法流畅地传输通话人的声音，会导致无法进行正常交流。而采用 UDP，它不会进行重发处理。从而也就不会有声音大幅度延迟到达的问题。即使有部分数据丢失，也只是会影响某一小部分的通话▼。此外，在多播与广播通信中也使用 UDP 而不是 TCP。RIP（7.4 节）、DHCP（5.5 节）等基于广播的协议也要依赖于 UDP。

因此，TCP 和 UDP 应该根据应用的目的按需使用。

■ 套接字（Socket）

应用在使用 TCP 或 UDP 时，会用到操作系统提供的类库。这种类库一般被称为 API（Application Programming Interface，应用编程接口）。

使用 TCP 或 UDP 通信时，又会广泛使用到套接字（socket）的 API。套接字原本是由 BSD UNIX 开发的，但是后被移植到了 Windows 的 Winsock 以及嵌入式操作系统中。

应用程序利用套接字，可以设置对端的 IP 地址、端口号，并实现数据的发送与接收。

图 6.3
套接字

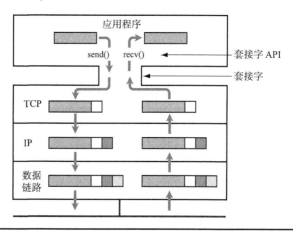

6.2 / 端口号

▼ 6.2.1 端口号定义

数据链路和 IP 中的地址，分别指的是 MAC 地址和 IP 地址。前者用来识别同一链路中不同的计算机，后者用来识别 TCP/IP 网络中互连的主机和路由器。在传输层中也有这种类似于地址的概念，那就是端口号。端口号用来识别同一台计算机中进行通信的不同应用程序。因此，它也被称为程序地址。

▼ 6.2.2 根据端口号识别应用

一台计算机上同时可以运行多个程序。例如接受 WWW 服务的 Web 浏览器、电邮客户端、远程登录用的 ssh 客户端等程序都可同时运行。传输层协议正是利用这些端口号识别本机中正在进行通信的应用程序，并准确地将数据传输。

图 6.4

根据端口号识别应用

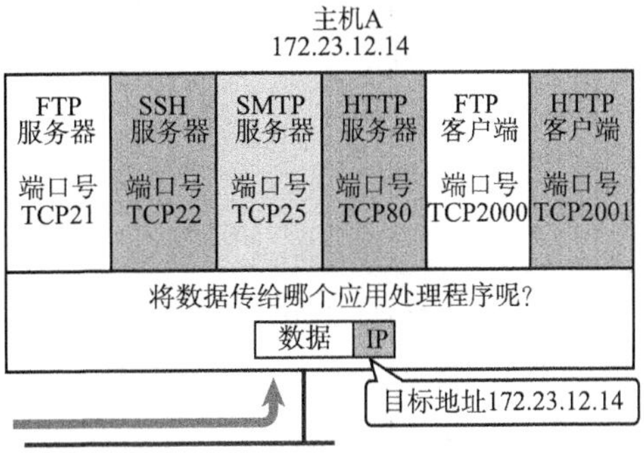

主机A
172.23.12.14

FTP 服务器	SSH 服务器	SMTP 服务器	HTTP 服务器	FTP 客户端	HTTP 客户端
端口号 TCP21	端口号 TCP22	端口号 TCP25	端口号 TCP80	端口号 TCP2000	端口号 TCP2001

将数据传给哪个应用处理程序呢？

数据 IP

目标地址172.23.12.14

▼ 6.2.3 通过 IP 地址、端口号、协议号进行通信识别

仅凭目标端口识别某一个通信是远远不够的。

如图 6.5 所示，①和②的通信是在两台计算机上进行的。它们的目标端口号相同，都是 80。例如打开两个 Web 浏览器，同时访问服务器上两个不同的页面，就会在这个浏览器跟服务器之间产生类似前面的两个通信。在这种情况下也必须严格区分这两个通信。因此可以根据源端口号加以区分。

下图中③跟①的目标端口号和源端口号完全相同，但是它们各自的源 IP 地址不同。此外，还有一种情况上图中并未列出，那就是 IP 地址和端口全都一样，只是协议号（表示上层是 TCP 或 UDP 的一种编号）不同。这种情况下，也会认为是两个不同的通信。

▼这个信息可以在 Unix 或 Windows 系统中通过 netstat – n 命令显示。

因此，TCP/IP 或 UDP/IP 通信中通常采用 5 个信息来识别▼一个通信。它们是 "源 IP 地址"、"目标 IP 地址"、"协议号"、"源端口号"、"目标端口号"。只要其中某一项不同，则被认为是其他通信。

图 6.5

识别多个请求

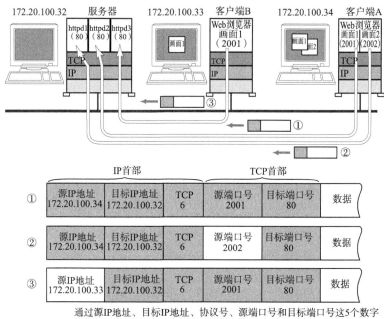

通过源IP地址、目标IP地址、协议号、源端口号和目标端口号这5个数字
识别一个通信。

6.2.4　端口号如何确定

在实际进行通信时，要事先确定端口号。确定端口号的方法分为两种：

▋ 标准既定的端口号

这种方法也叫静态方法。它是指每个应用程序都有其指定的端口号。但并不是说可以随意使用任何一个端口号。每个端口号都有其对应的使用目的▼。

▼当然，这也不是说"绝对地只能有这样一个目的"。在更高级的网络应用中有时也会别作他用。

例如，HTTP、TELNET、FTP 等广为使用的应用协议中所使用的端口号就是固定的。这些端口号也被称之为知名端口号（Well-Known Port Number）。表 6.1 与表 6.2 中就列出了 TCP 与 UDP 具有代表性的知名端口号。知名端口号一般由 0 到 1023 的数字分配而成。应用程序应该避免使用知名端口号进行既定目的之外的通信，以免产生冲突。

除知名端口号之外，还有一些端口号也被正式注册。它们分布在 1024 到 49151 的数字之间。不过，这些端口号可用于任何通信用途。关于知名端口号以及注册端口号的最新消息，请参考如下网址：

`http: //www.iana.org/assignments/port-numbers`

▋ 时序分配法

第二种方法也叫时序（或动态的）分配法。此时，服务端有必要确定监听端口号，但是接受服务的客户端没必要确定端口号。

在这种方法下，客户端应用程序可以完全不用自己设置端口号，而全权交给操作系统进行分配。操作系统可以为每个应用程序分配互不冲突的端口号。例如，每需要一个新的端口号时，就在之前分配号码的基础上加 1。这样，操作系统就可以动态地管理端口号了。

根据这种动态分配端口号的机制，即使是同一个客户端程序发起的多个 TCP
连接，识别这些通信连接的 5 部分数字也不会全部相同。

动态分配的端口号取值范围在 49152 到 65535 之间▼。

▼在较老的系统中有时会依次
使用 1024 以上空闲的端口。

6.2.5　端口号与协议

端口号由其使用的传输层协议决定。因此，不同的传输协议可以使用相同的
端口号。例如，TCP 与 UDP 使用同一个端口号，但使用目的各不相同。这是因为
端口号上的处理是根据每个传输协议的不同而进行的。

数据到达 IP 层后，会先检查 IP 首部中的协议号，再传给相应协议的模块。
如果是 TCP 则传给 TCP 模块、如果是 UDP 则传给 UDP 模块去做端口号的处理。
即使是同一个端口号，由于传输协议是各自独立地进行处理，因此相互之间不会
受到影响。

▼由域名确定 IP 地址时所用的
协议。更多细节请参考 5.2 节。

此外，那些知名端口号与传输层协议并无关系，只要端口一致都将分配同一
种程序进行处理。例如，53 号端口在 TCP 与 UDP 中都用于 DNS▼ 服务，而 80 端
口用于 HTTP 通信。从目前来看，由于 HTTP 通信必须使用 TCP，因此 UDP 的 80
端口并未投入使用。但是将来，如果 HTTP 协议的实现也开始应对 UDP 协议以及
应用协议被相应扩展的情况下，就可以原样使用与 TCP 保持相同的 80 端口号了。

表 6.1
TCP 具有代表性的知名端口号

端口号	服务名	内容
1	tcpmux	TCP Port Service Multiplexer
7	echo	Echo
9	discard	Discard
11	systat	Active Users
13	daytime	Daytime
17	qotd	Quote of the Day
19	chargen	Character Generator
20	ftp-data	File Transfer [Default Data]
21	ftp	File Transfer [Control]
22	ssh	SSH Remote Login Protocol
23	telnet	Telnet
25	smtp	Simple Mail Transfer Protocol
43	nicname	Who Is
53	domain	Domain Name Server
70	gopher	Gopher
79	finger	Finger
80	http（www，www-http）	World Wide Web HTTP
95	supdup	SUP DUP
101	hostname	NIC Host Name Server

（续）

端口号	服务名	内　容
102	iso-tsap	ISO-TSAP
109	pop2	Post Office Protocol - Version 2
110	pop3	Post Office Protocol - Version 3
111	sunrpc	SUN Remote Procedure Call
113	auth（ident)	Authentication Service
117	uucp-path	UUCP Path Service
119	nntp	Network News Transfer Protocol
123	ntp	Network Time Protocol
139	netbios-ssn	NETBIOS Session Service（SAMBA)
143	imap	Internel Message Access Protocol v2，v4
163	cmip-man	CMIP/TCP Manager
164	cmip-agent	CMIP/TCP Agent
179	bgp	Border Gateway Protocol
194	irc	Internet Relay Chat Protocol
220	Imap3	Interactive Mail Access Protocol v3
389	ldap	Lightweight Directory Access Protocol
434	mobileip-agent	Mobile IP Agent
443	https	http protocol over TLS/SSL
515	printer	Printer spooler（lpr)
587	submission	Message Submission
636	ldaps	ldap protocol over TLS/SSL
989	ftps-data	ftp protocol，data，over TLS/SSL
990	ftps	ftp protocol，control，over TLS/SSL
993	imaps	imap4 protocol over TLS/SSL
995	pop3s	pop3 protocol over TLS/SSL

表 6.2
UDP 具有代表性的知名端口号

端口号	服务名	内　容
7	echo	Echo
9	discard	Discard
11	systat	Active Users
13	daytime	Daytime
17	qotd	Quote of the Day
19	chargen	Character Generator

（续）

端口号	服务名	内　容
49	tacacs	Login Host Protocol（TACACS）
53	domain	Domain Name Server
67	bootps	Bootstrap Protocol Server（DHCP）
68	bootpc	Bootstrap Protocol Client（DHCP）
69	tftp	Trivial File Transfer Protocol
111	sunrpc	SUN Remote Procedure Call
123	ntp	Network Time Protocol
137	netbios-ns	NETBIOS Name Service（SAMBA）
138	netbios-dgm	NETBIOS Datagram Service（SAMBA）
161	snmp	SNMP
162	snmptrap	SNMP TRAP
177	xdmcp	X Display Manager Control Protocol
201	at-rtmp	AppleTalk Routing Maintenance
202	at-nbp	AppleTalk Name Binding
204	at-echo	AppleTalk Echo
206	at-zis	AppleTalk Zone Information
213	ipx	IPX
434	mobileip-agent	Mobile IP Agent
520	router	RIP
546	dhcpv6-client	DHCPv6 Client
547	dhcpv6-server	DHCPv6 Server

6.3   UDP

UDP 的特点及其目的

UDP 是 User Datagram Protocol 的缩写。

UDP 不提供复杂的控制机制，利用 IP 提供面向无连接的通信服务。并且它是将应用程序发来的数据在收到的那一刻，立即按照原样发送到网络上的一种机制。

即使是出现网络拥堵的情况下，UDP 也无法进行流量控制等避免网络拥塞的行为。此外，传输途中即使出现丢包，UDP 也不负责重发。甚至当出现包的到达顺序乱掉时也没有纠正的功能。如果需要这些细节控制，那么不得不交由采用 UDP 的应用程序去处理▼。UDP 有点类似于用户说什么听什么的机制，但是需要用户充分考虑好上层协议类型并制作相应的应用程序。因此，也可以说，UDP 按照"制作程序的那些用户的指示行事"。

▼由于互联网中没有一个能够控制全局的机制，因此通过互联网发送大量数据时，各个节点将力争不给其他用户添麻烦。为此，拥塞控制成为必要的功能（拥塞控制往往不是因为自身需要）。然而，当不想实现拥塞控制时，有必要使用 TCP。

由于 UDP 面向无连接，它可以随时发送数据。再加上 UDP 本身的处理既简单又高效，因此经常用于以下几个方面：

- 包总量较少的通信（DNS、SNMP 等）
- 视频、音频等多媒体通信（即时通信）
- 限定于 LAN 等特定网络中的应用通信
- 广播通信（广播、多播）

> **■ 用户与程序员**
>
>   此处所使用的"用户"并不单单指"互联网的使用者"。曾经它也表示为那些编写程序的程序员。因此，UDP 的"用户"（User）在现在看来其实就相当于程序员。也就是说，认为 UDP 是按照程序员的编程思路在传送数据报也情有可原▼。

▼与之相比，由于 TCP 拥有各式各样的控制机制，所以它在发送数据时未必按照程序员的编程思路进行。

6.4 TCP

UDP 是一种没有复杂控制，提供面向无连接通信服务的一种协议。换句话说，它将部分控制转移给应用程序去处理，自己却只提供作为传输层协议的最基本功能。

与 UDP 不同，TCP 则"人如其名"，可以说是对"传输、发送、通信"进行"控制"的"协议"。

TCP 与 UDP 的区别相当大。它充分地实现了数据传输时各种控制功能，可以进行丢包时的重发控制，还可以对次序乱掉的分包进行顺序控制。而这些在 UDP 中都没有。此外，TCP 作为一种面向有连接的协议，只有在确认通信对端存在时才会发送数据，从而可以控制通信流量的浪费▼。

根据 TCP 的这些机制，在 IP 这种无连接的网络上也能够实现高可靠性的通信。

▼由于 UDP 没有连接控制，所以即使对端从一开始就不存在或中途退出网络，数据包还是能够发送出去。（当 ICMP 错误返回时，有时也实现了不再发送的机制。）

■ 连接

连接是指各种设备、线路，或网络中进行通信的两个应用程序为了相互传递消息而专有的、虚拟的通信线路，也叫做虚拟电路。

一旦建立了连接，进行通信的应用程序只使用这个虚拟的通信线路发送和接收数据，就可以保障信息的传输。应用程序可以不用顾虑提供尽职服务的 IP 网络上可能发生的各种问题，依然可以转发数据。TCP 则负责控制连接的建立、断开、保持等管理工作。

图 6.6

连接

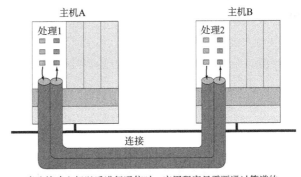

当连接建立好以后进行通信时，应用程序只需要通过管道的出入口发送或接受数据，就可以实现与对端的网络通信。

▼ 6.4.1　TCP 的特点及其目的

为了通过 IP 数据报实现可靠性传输，需要考虑很多事情，例如数据的破坏、丢包、重复以及分片顺序混乱等问题。如不能解决这些问题，也就无从谈起可靠传输。

TCP 通过检验和、序列号、确认应答、重发控制、连接管理以及窗口控制等机制实现可靠性传输。

▼ 6.4.2　通过序列号与确认应答提高可靠性

在 TCP 中，当发送端的数据到达接收主机时，接收端主机会返回一个已收到消息的通知。这个消息叫做确认应答（ACK▼）。

通常，两个人对话时，在谈话的停顿处可以点头或询问以确认谈话内容。如果对方迟迟没有任何反馈，说话的一方还可以再重复一遍以保证对方确实听到。因此，对方是否理解了此次对话内容，对方是否完全听到了对话的内容，都要靠对方的反应来判断。网络中的"确认应答"就是类似这样的一个概念。当对方听懂对话内容时会说："嗯"，这就相当于返回了一个确认应答（ACK）。而当对方没有理解对话内容或没有听清时会问一句"咦？"这好比一个否定确认应答（NACK▼）。

▼ ACK（Positive Acknowledgement）意指已经接收。

▼ NACK（Negative Acknowledgement）

图 6.7

正常的数据传输

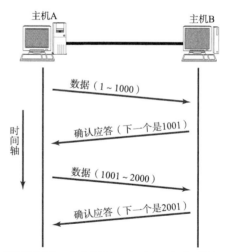

当数据从主机A发送到主机B时，主机B会返回给主机A一个确认应答。

TCP 通过肯定的确认应答（ACK）实现可靠的数据传输。当发送端将数据发出之后会等待对端的确认应答。如果有确认应答，说明数据已经成功到达对端。反之，则数据丢失的可能性很大。

如图 6.8 所示，在一定时间内没有等到确认应答，发送端就可以认为数据已经丢失，并进行重发。由此，即使产生了丢包，仍然能够保证数据能够到达对端，实现可靠传输。

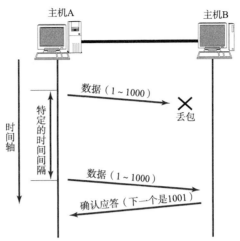

图 6.8

数据包丢失的情况

当数据由主机A发出后如果因网络拥堵等原因丢失的话，
该数据将无法到达主机B。此时，如果主机A在一个特定时
间间隔内都未收到主机B发来的确认应答，将会对此数据进
行重发。

　　未收到确认应答并不意味着数据一定丢失。也有可能是数据对方已经收到，
只是返回的确认应答在途中丢失。这种情况也会导致发送端因没有收到确认应答，
而认为数据没有到达目的地，从而进行重新发送。如图 6.9 所示。

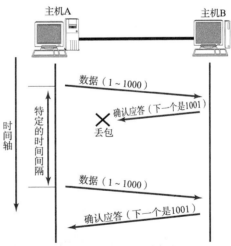

图 6.9

确认应答丢失的情况

由主机B返回的确认应答，因网络拥堵等原因在
传送的途中丢失，没有到达主机A。主机A会等
待一段时间，若在特定的时间间隔内始终未能
收到这个确认应答，主机A会对此数据进行重发。
此时，主机B将第二次发送已接收此数据的确认
应答。由于主机B其实已经收到过1~1000的数据，
当再有相同数据送达时它会放弃。

　　此外，也有可能因为一些其他原因导致确认应答延迟到达，在源主机重发数
据以后才到达的情况也履见不鲜。此时，源发送主机只要按照机制重发数据即可。
但是对于目标主机来说，这简直是一种"灾难"。它会反复收到相同的数据。而
为了对上层应用提供可靠的传输，必须得放弃重复的数据包。为此，就必须引入

一种机制，它能够识别是否已经接收数据，又能够判断是否需要接收。

上述这些确认应答处理、重发控制以及重复控制等功能都可以通过序列号实现。序列号是按顺序给发送数据的每一个字节（8 位字节）都标上号码的编号▼。接收端查询接收数据 TCP 首部中的序列号和数据的长度，将自己下一步应该接收的序号作为确认应答返送回去。就这样，通过序列号和确认应答号，TCP 可以实现可靠传输。

▼序列号的初始值并非为 0。而是在建立连接以后由随机数生成。而后面的计算则是对每一字节加一。

· 发送的数据

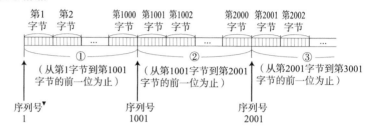

图 6.10

发送数据

▼序列号（或确认应答号）也指字节与字节之间的分隔。

▼ TCP 的数据长度并未写入 TCP 首部。实际通信中求得 TCP 包的长度的计算公式是：IP 首部中的数据包长度－IP 首部长度－TCP 首部长度。

* 1 到 1000 的记录方法是指从第 1 字节开始到第 1000 字节全部包含的意思。
* 从本图开始，为了易于阅读，书中多处图中序列号都从 1 开始，MSS▼都为 1000。

▼关于 MSS（报文最大长度）的更多细节请参考 6.4.5 节。

▚ 6.4.3　重发超时如何确定

重发超时是指在重发数据之前，等待确认应答到来的那个特定时间间隔。如果超过了这个时间仍未收到确认应答，发送端将进行数据重发。那么这个重发超时的具体时间长度又是如何确定的呢？

最理想的是，找到一个最小时间，它能保证"确认应答一定能在这个时间内返回"。然而这个时间长短随着数据包途径的网络环境的不同而有所变化。例如在高速的 LAN 中时间相对较短，而在长距离的通信当中应该比 LAN 要长一些。即使是在同一个网络中，根据不同时段的网络拥堵程度时间的长短也会发生变化。

TCP 要求不论处在何种网络环境下都要提供高性能通信，并且无论网络拥堵情况发生何种变化，都必须保持这一特性。为此，它在每次发包时都会计算往返时间▼及其偏差▼。将这个往返时间和偏差相加，重发超时的时间就是比这个总和

▼ Round Trip Time 也叫 RTT。是指报文段的往返时间。

▼ RTT 时间波动的值、方差。有时也叫抖动。

要稍大一点的值。

重发超时的计算既要考虑往返时间又要考虑偏差是有其原因。如图 6.11 所示，根据网络环境的不同往返时间可能会产生大幅度的摇摆，之所以发生这种情况是因为数据包的分段是经过不同线路到达的。TCP/IP 的目的是即使在这种环境下也要进行控制，尽量不要浪费网络流量。

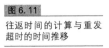

图 6.11

往返时间的计算与重发超时的时间推移

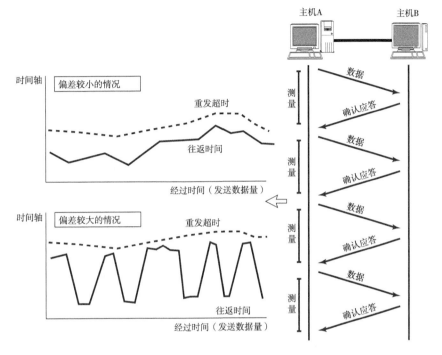

footnote on left margin

▼偏差的最小值也是 0.5 秒。因此最小的重发时间至少是 1 秒。

在 BSD 的 Unix 以及 Windows 系统中，超时都以 0.5 秒为单位进行控制，因此重发超时都是 0.5 秒的整数倍▼。不过，由于最初的数据包还不知道往返时间，所以其重发超时一般设置为 6 秒左右。

数据被重发之后若还是收不到确认应答，则进行再次发送。此时，等待确认应答的时间将会以 2 倍、4 倍的指数函数延长。

此外，数据也不会被无限、反复地重发。达到一定重发次数之后，如果仍没有任何确认应答返回，就会判断为网络或对端主机发生了异常，强制关闭连接。并且通知应用通信异常强行终止。

6.4.4 连接管理

TCP 提供面向有连接的通信传输。面向有连接是指在数据通信开始之前先做好通信两端之间的准备工作。

UDP 是一种面向无连接的通信协议，因此不检查对端是否可以通信，直接将 UDP 包发送出去。TCP 与此相反，它会在数据通信之前，通过 TCP 首部发送一个 SYN 包作为建立连接的请求等待确认应答▼。如果对端发来确认应答，则认为可以进行数据通信。如果对端的确认应答未能到达，就不会进行数据通信。此外，在通信结束时会进行断开连接的处理（FIN 包）。

可以使用 TCP 首部用于控制的字段来管理 TCP 连接▼。一个连接的建立与断开，正常过程至少需要来回发送 7 个包才能完成▼。

▼ TCP 中发送第一个 SYN 包的一方叫做客户端，接收这个的一方叫做服务端。

▼也叫控制域。更多细节请参考 6.7 节。

▼建立一个 TCP 连接需要发送 3 个包。这个过程也称作 "三次握手"。

图 6.12
TCP 连接的建立与断开

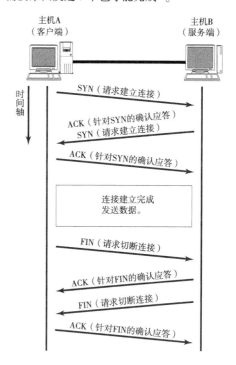

6.4.5   TCP 以段为单位发送数据

在建立 TCP 连接的同时，也可以确定发送数据包的单位，我们也可以称其为 "最大消息长度"（MSS：Maximum Segment Size）。最理想的情况是，最大消息长度正好是 IP 中不会被分片处理的最大数据长度。

TCP 在传送大量数据时，是以 MSS 的大小将数据进行分割发送。进行重发时也是以 MSS 为单位。

MSS 是在三次握手的时候，在两端主机之间被计算得出。两端的主机在发出建立连接的请求时，会在 TCP 首部中写入 MSS 选项，告诉对方自己的接口能够适应的 MSS 的大小▼。然后会在两者之间选择一个较小的值投入使用▼。

▼为附加 MSS 选项，TCP 首部将不再是 20 字节，而是 4 字节的整数倍。如图 6.13 所示的 +4。

▼在建立连接时，如果某一方的 MSS 选项被省略，可以选为 IP 包的长度不超过 576 字节的值（IP 首部 20 字节，TCP 首部 20 字节，MSS 536 字节）。

图 6.13

接入以太网主机与接入
FDDI 主机之间通信的
情况

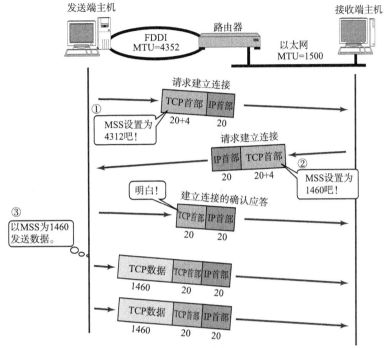

（图中数字表示数据的长度，单位为8位字节。
确认应答的段有一部分已省略。）

① ② 通过建立连接的SYN包相互通知对方网络接口的MSS值。
③ 在两者之间选一个较小的作为MSS的值，发送数据。

▎6.4.6　利用窗口控制提高速度

TCP 以 1 个段为单位，每发一个段进行一次确认应答的处理，如图 6.14。这
样的传输方式有一个缺点。那就是，包的往返时间越长通信性能就越低。

图 6.14

按数据包进行确认应答

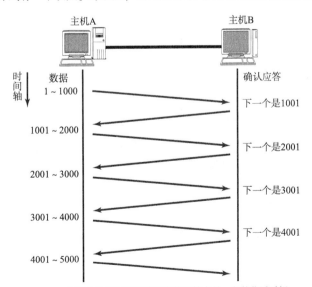

为每个数据包进行确认应答的缺点是，包的往返时间
越长，网络的吞吐量会越差。

为解决这个问题，TCP 引入了窗口这个概念。即使在往返时间较长的情况下，它也能控制网络性能的下降。图 6.15 所示，确认应答不再是以每个分段，而是以更大的单位进行确认时，转发时间将会被大幅度的缩短。也就是说，发送端主机，在发送了一个段以后不必要一直等待确认应答，而是继续发送。

图 6.15

用滑动窗口方式并行处理

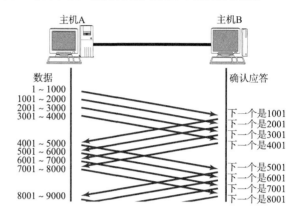

· 根据窗口为4000字节时返回的确认应答，下一步就发送比这个值还要大4000个序列号为止的数据。这跟前面每个段接收确认应答以后再发送另一个新段的情况相比，即使往返时间变长也不会影响网络的吞吐量。

窗口大小就是指无需等待确认应答而可以继续发送数据的最大值。图 6.15 中，窗口大小为 4 个段。

这个机制实现了使用大量的缓冲区▼，通过对多个段同时进行确认应答的功能。

▼缓冲区 （Buffer） 在此处表示临时保存收发数据的场所。通常是在计算机内存中开辟的一部分空间。

如图 6.16 所示，发送数据中高亮圈起的部分正是前面所提到的窗口。在这个窗口内的数据即便没有收到确认应答也可以被发送出去。不过，在整个窗口的确认应答没有到达之前，如果其中部分数据出现丢包，那么发送端仍然要负责重传。为此，发送端主机得设置缓存保留这些待被重传的数据，直到收到它们的确认应答。

在滑动窗口以外的部分包括尚未发送的数据以及已经确认对端已收到的数据。当数据发出后若如期收到确认应答就可以不用再进行重发，此时数据就可以从缓存区清除。

收到确认应答的情况下，将窗口滑动到确认应答中的序列号的位置。这样可以顺序地将多个段同时发送提高通信性能。这种机制也被称为滑动窗口控制。

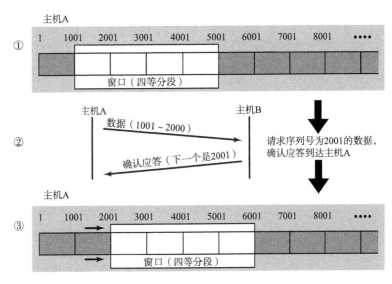

图 6. 16

滑动窗口方式

在①的状态下，如果收到一个请求序列号为2001的确认应答，那么2001之前的数据就没有必要进行重发，这部分的数据可以被过滤掉，滑动窗口成为③的样子。
（这是在1个段为1000个字节，窗口为4个段的情况）

▼6.4.7　窗口控制与重发控制

在使用窗口控制中，如果出现段丢失该怎么办？

首先，我们先考虑确认应答未能返回的情况。在这种情况下，数据已经到达对端，是不需要再进行重发的。然而，在没有使用窗口控制的时候，没有收到确认应答的数据都会被重发。而使用了窗口控制，就如图6.17所示，某些确认应答即便丢失也无需重发。

图 6. 17

没有确认应答也不受影响

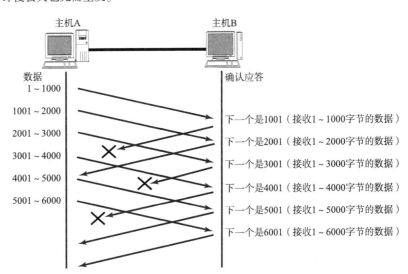

窗口在一定程度上较大时，即使有少部分的确认应答丢失也不会进行数据重发。可以通过下一个确认应答进行确认。

其次，我们来考虑一下某个报文段丢失的情况。如图6.18所示，接收主机如

▼不过即使接收端主机收到的包序号并不连续，也不会将数据丢弃而是暂时保存至缓冲区中。

果收到一个自己应该接收的序号以外的数据时，会针对当前为止收到数据返回确认应答▼。

如图 6.18 所示。当某一报文段丢失后，发送端会一直收到序号为 1001 的确认应答，这个确认应答好像在提醒发送端 "我想接收的是从 1001 开始的数据"。因此，在窗口比较大，又出现报文段丢失的情况下，同一个序号的确认应答将会被重复不断地返回。而发送端主机如果连续 3 次收到同一个确认应答▼，就会将其所对应的数据进行重发。这种机制比之前提到的超时管理更加高效，因此也被称作高速重发控制。

▼之所以连续收到 3 次而不是两次的理由是因为，即使数据段的序号被替换两次也不会触发重发机制。

图 6.18

高 速 重 发 控 制 （Fast Retransmission）

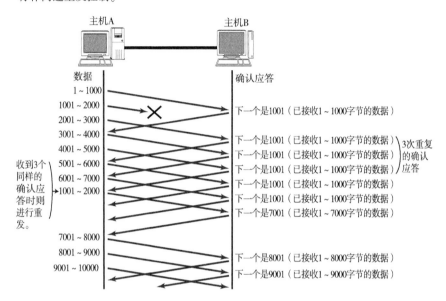

接收端在没有收到自己所期望序号的数据时，会对之前收到的数据进行确认应答。发送端则一旦收到某个确认应答后，又连续3次收到同样的确认应答，则认为数据段已经丢失，需要进行重发。这种机制比起超时机制可以提供更为快速的重发服务。

▼ 6.4.8　流控制

发送端根据自己的实际情况发送数据。但是，接收端可能收到的是一个毫无关系的数据包又可能会在处理其他问题上花费一些时间。因此在为这个数据包做其他处理时会耗费一些时间，甚至在高负荷的情况下无法接收任何数据。如此一来，如果接收端将本应该接收的数据丢弃的话，就又会触发重发机制，从而导致网络流量的无端浪费。

为了防止这种现象的发生，TCP 提供一种机制可以让发送端根据接收端的实际接收能力控制发送的数据量。这就是所谓的流控制。它的具体操作是，接收端主机向发送端主机通知自己可以接收数据的大小，于是发送端会发送不超过这个限度的数据。该大小限度就被称作窗口大小。在前面 6.4.6 节中所介绍的窗口大小的值就是由接收端主机决定的。

TCP 首部中，专门有一个字段用来通知窗口大小。接收主机将自己可以接收的缓冲区大小放入这个字段中通知给发送端。这个字段的值越大，说明网络的吞吐量越高。

不过，接收端的这个缓冲区一旦面临数据溢出时，窗口大小的值也会随之被设置为一个更小的值通知给发送端，从而控制数据发送量。也就是说，发送端主机会根据接收端主机的指示，对发送数据的量进行控制。这也就形成了一个完整的 TCP 流控制（流量控制）。

图 6.19 为根据窗口大小控制流量过程的示例。

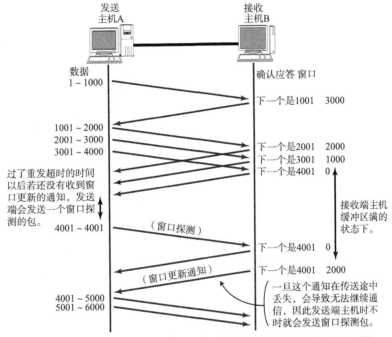

图 6.19

流控制

发送端主机根据接收端主机的窗口大小通知进行流量控制。由此也可以防止发送端主机一次发送过大数据导致接收端主机无法处理的情况发生。

如图 6.19 所示，当接收端收到从 3001 号开始的数据段后其缓冲区即满，不得不暂时停止接收数据。之后，在收到发送窗口更新通知后通信才得以继续进行。如果这个窗口的更新通知在传送途中丢失，可能会导致无法继续通信。为避免此类问题的发生，发送端主机会时不时的发送一个叫做窗口探测的数据段，此数据段仅含一个字节以获取最新的窗口大小信息。

6.4.9 拥塞控制

有了 TCP 的窗口控制，收发主机之间即使不再以一个数据段为单位发送确认应答，也能够连续发送大量数据包。然而，如果在通信刚开始时就发送大量数据，也可能会引发其他问题。

一般来说，计算机网络都处在一个共享的环境。因此也有可能会因为其他主机之间的通信使得网络拥堵。在网络出现拥堵时，如果突然发送一个较大量的数据，极有可能会导致整个网络的瘫痪。

TCP 为了防止该问题的出现，在通信一开始时就会通过一个叫做慢启动的算法得出的数值，对发送数据量进行控制。

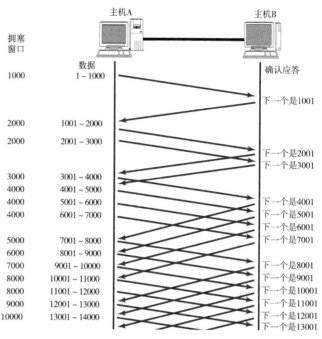

图 6.20

慢启动

最初将发送端的窗口（拥塞窗口）设置为1。每收到一个确认应答，
窗口的值会增加1个段。（图中所示为没有延迟确认应答的情况，因此
与实际情况有所不同）

▼连接建立以后即刻从 1MSS 开始进行慢启动的话，通过卫星通信等手段提高通信吞吐量所耗的时间会比较长。为此，有时也会将慢启动的初始值设置为大于 1MSS 的值。具体来说，MSS 的值小于 1095 字节时最大为 4MSS，小于 2190 字节时最大为 4390 字节，超过 2190 字节时最大值大于 2MSS。以太网的标准 MSS 值为 1460 字节，因此慢启动的初始值从 4380 字节（3MSS）开始就可以。

▼连续发包的情况也叫"爆发"（Burst）。慢启动正是减少爆发等网络拥堵情况的一种机制。

首先，为了在发送端调节所要发送数据的量，定义了一个叫做"拥塞窗口"的概念。于是在慢启动的时候，将这个拥塞窗口的大小设置为 1 个数据段（1MSS）▼ 发送数据，之后每收到一次确认应答（ACK），拥塞窗口的值就加 1。在发送数据包时，将拥塞窗口的大小与接收端主机通知的窗口大小做比较，然后按照它们当中较小那个值，发送比其还要小的数据量。

如果重发采用超时机制，那么拥塞窗口的初始值可以设置为 1 以后再进行慢启动修正。有了上述这些机制，就可以有效地减少通信开始时连续发包▼导致的网络拥堵，还可以避免网络拥塞情况的发生。

不过，随着包的每次往返，拥塞窗口也会以 1、2、4 等指数函数的增长，拥堵状况激增甚至导致网络拥塞的发生。为了防止这些，引入了慢启动阀值的概念。只要拥塞窗口的值超出这个阀值，在每收到一次确认应答时，只允许以下面这种比例放大拥塞窗口：

$$\frac{1\ 个数据段的字节数}{拥塞窗口（字节）} \times 1\ 个数据段字节数$$

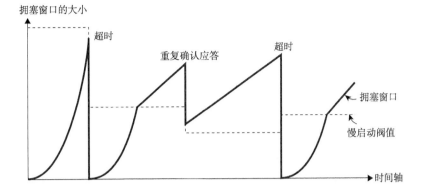

图 6.21

TCP 的窗口变化

拥塞窗口越大，确认应答的数目也会增加。不过随着每收到一个确认应答，其涨幅也会逐渐减少，甚至小过比一个数据段还要小的字节数。因此，拥塞窗口的大小会呈直线上升的趋势。

▼与窗口的最大值相同。

TCP 的通信开始时，并没有设置相应的慢启动阀值▼。而是在超时重发时，才会设置为当时拥塞窗口一半的大小。

由重复确认应答而触发的高速重发与超时重发机制的处理多少有些不同。因为前者要求至少 3 次的确认应答数据段到达对方主机后才会触发，相比后者网络的拥堵要轻一些。

▼严格来说，是设置为"实际已发送但未收到确认应答的数据量"的一半。

而由重复确认应答进行高速重发控制时，慢启动阀值的大小被设置为当时窗口大小的一半▼。然后将窗口的大小设置为该慢启动阀值+3 个数据段的大小。

有了这样一种控制，TCP 的拥塞窗口如图 6.21 所示发生变化。由于窗口的大小会直接影响数据被转发时的吞吐量，所以一般情况下，窗口越大，越会形成高吞吐量的通信。

当 TCP 通信开始以后，网络吞吐量会逐渐上升，但是随着网络拥堵的发生吞吐量也会急速下降。于是会再次进入吞吐量慢慢上升的过程。因此所谓 TCP 的吞吐量的特点就好像是在逐步占领网络带宽的感觉。

▶ 6.4.10 提高网络利用率的规范

■ Nagle 算法

TCP 中为了提高网络的利用率，经常使用一个叫做 Nagle 的算法。

该算法是指发送端即使还有应该发送的数据，但如果这部分数据很少的话，则进行延迟发送的一种处理机制。具体来说，就是仅在下列任意一种条件下才能发送数据。如果两个条件都不满足，那么暂时等待一段时间以后再进行数据发送。

- 已发送的数据都已经收到确认应答时
- 可以发送最大段长度（MSS）的数据时

根据这个算法虽然网络利用率可以提高，但是可能会发生某种程度的延迟。

▼ X Window System 等。

为此，在窗口系统▼以及机械控制等领域中使用 TCP 时，往往会关闭对该算法的启用。

■ 延迟确认应答

接收数据的主机如果每次都立刻回复确认应答的话，可能会返回一个较小的窗口。那是因为刚接收完数据，缓冲区已满。

▼这其实是窗口控制特有的问题，专门术语叫做糊涂窗口综合征（SWS：Silly Window Syndrome）。

当某个接收端收到这个小窗口的通知以后，会以它为上限发送数据，从而又降低了网络的利用率▼。为此，引入了一个方法，那就是收到数据以后并不立即返回确认应答，而是延迟一段时间的机制。

- 在没有收到 2×最大段长度的数据为止不做确认应答（根据操作系统的不同，有时也有不论数据大小，只要收到两个包就即刻返回确认应答的情况。）

▼如果延迟多于 0.5 秒可能会导致发送端重发数据。

▼这个时间越小、CPU 的负荷会越高，性能也下降。反之，这个时间越长，越有可能触发发送主机的重发处理，而窗口为只有 1 个数据段的时候，性能也会下降。

- 其他情况下，最大延迟 0.5 秒发送确认应答▼（很多操作系统设置为 0.2 秒左右▼）

事实上，大可不必为每一个数据段都进行一次确认应答。TCP 采用滑动窗口的控制机制，因此通常确认应答少一些也无妨。TCP 文件传输中，绝大多数是每两个数据段返回一次确认应答。

图 6.22

延迟确认应答

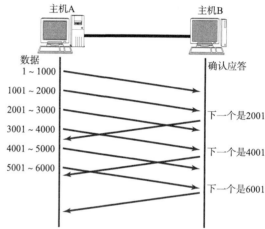

每收到两个数据段发送一次的确认应答。不过，等待0.2秒以后没有其他数据包到达的情况下才会发送确认应答。

■ 捎带应答

根据应用层协议，发送出去的消息到达对端，对端进行处理以后，会返回一个回执。例如，电子邮件协议的 SMTP 或 POP、文件传输协议 FTP 中的连接控制部分等。如图 6.23 所示，这些应用协议使用同一个连接进行数据的交互。即使是使用 WWW 的 HTTP 协议，从 1.1 版本以后也是如此。再例如远程登录中针对输入的字符进行回送校验▼也是对发送消息的一种回执。

▼回送校验是指在远程登录中，从键盘中输入的字符到达服务器以后再返回来显示给客户端的意思。

▼在农村人们到集市上卖猪时，顺便在猪背拖上几篮子菜一起带去集市的场景。其实就是顺带、捎带的意思。

在此类通信当中，TCP 的确认应答和回执数据可以通过一个包发送。这种方式叫做捎带应答▼（PiggyBack Acknowledgement）。通过这种机制，可以使收发的数据量减少。

另外，接收数据以后如果立刻返回确认应答，就无法实现捎带应答。而是将所接收的数据传给应用处理生成返回数据以后进再进行发送请求为止，必须一直等待确认应答的发送。也就是说，如果没有启用延迟确认应答就无法实现捎带应答。延迟确认应答是能够提高网络利用率从而降低计算机处理负荷的一种较优的处理机制。

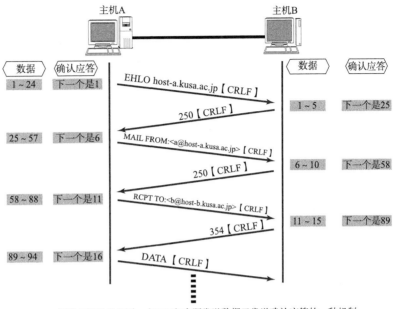

图 6.23
捎带应答

捎带应答是指在同一个TCP包中既发送数据又发送确认应答的一种机制。
由此，网络的利用率会提高，计算机的负荷也会减轻。不过，确认应答
必须得等到应用处理完数据并将作为回执的数据返回为止，才能进行捎
带应答。

6.4.11 使用 TCP 的应用

到此为止，读者可以了解到 TCP 使用各种各样的控制机制。甚至它还会使用
本书中未提及的其他更为复杂的控制机制。TCP 采用这些机制可以提供高速、可
靠的通信服务。

不过，有时这些机制也会受其一定缺陷的困扰。为此，在开发应用的时候，
有必要考虑一下是全权交给 TCP 去处理好，还是由应用自己进行更细微的控
制好。

如果需要应用自己处理一些更为细节上的控制，使用 UDP 协议是不错的选
择。如果转发数据量较多、对可靠性的要求比较高时，可以选择使用 TCP。TCP
和 UDP 两者各有长短，在设计和开发应用时，应准确掌握它们各自协议的特点酌
情选择。

6.5　其他传输层协议

在互联网中，很长一段时间主要使用的传输层协议是 TCP 和 UDP 两种。然而，除了这两个协议之外还有其他几种传输层协议曾被提案并进行了实验。最近更是有几个协议从实验阶段步入了实用阶段。

本节旨在介绍部分已经被提案并在今后可能会广泛使用的传输层协议。

6.5.1　UDP-Lite

UDP-Lite（Lightweight User Datagram Protocol，轻量级用户数据报协议）是扩展 UDP 机能的一种传输层协议。在基于 UDP 的通信当中如果校验和出现错误，所收到的包将被全部丢弃。然而，现实操作中，有些应用▼在面对这种情况时并不希望把已经收到的所有包丢弃。

▼例如那些使用 H.263 +、H.264、MPEG-4 等图像与音频数据格式的应用。

如果将 UDP 中校验和设置为无效，那么即使数据的一部分发生错误也不会将整个包废弃。不过，这不是一个很好的方法。因为如果发生的错误有可能是 UDP 首部中的端口号被破坏或是 IP 首部中的 IP 地址被破坏▼，就会产生严重后果。因此，不建议将校验和关闭。为了解决这些问题，UDP 的修正版 UDP-Lite 协议就出现了。

▼识别一个通信需要 IP 地址，而 UDP 的校验和可以检查 IP 地址是否正确。更多细节请参考 6.6 节。

UDP-Lite 提供与 UDP 几乎相同的功能，不过计算校验和的范围可以由应用自行决定。这个范围可以是包加上伪首部的校验和计算，可以是首部与伪首部的校验和计算，也可以是首部、伪首部与数据从起始到中间某个位置的校验和计算▼。有了这样的机制，就可以只针对不允许发生错误的部分进行校验和的检查。对于其他部分，即使发生了错误，也会被忽略不计。而这个包也不会被丢弃，而是直接传给应用继续处理。

▼在 UDP 首部有一个字段表示"包长"。在这个字段里放入是从协议首部的第 1 字节到第多少个字节要进行校验和计算的部分。如果值为 0 表示整个包都要进行校验和计算，如果值为 8 表示只对首部与伪首部进行校验和计算。

6.5.2　SCTP

SCTP（Stream Control Transmission Protocol，流控制传输协议）▼ 与 TCP 一样，都是对一种提供数据到达与否相关可靠性检查的传输层协议。其主要特点如下：

▼SS7 协议最初被应用于 TCP/IP 上时，由于 TCP 本身使用起来不是很方便，所以人们开发了 SCTP 协议。今后它可能会出现各种各样的使用途径。

- 以消息为单位收发
  TCP 中接收端并不知道发送端应用所决定的消息大小。在 SCTP 中却可以。
- 支持多重宿主
  在有多个 NIC 的主机中，即使其中能够使用的 NIC 发生变化，也仍然可以继续通信▼。

▼这与 TCP 相比提高了故障应对能力。

- 支持多数据流通信
  TCP 中建立多个连接以后才能进行通信的效果，在 SCTP 中一个连接就可以。▼

▼吞吐量得到有效提升。

- 可以定义消息的生存期限
  超过生存期限的消息，不会被重发。

SCTP 主要用于进行通信的应用之间发送众多较小消息的情况。这些较小的应用消息被称作数据块（Chunk），多个数据块组成一个数据包。

此外，SCTP 具有支持多重宿主以及设定多个 IP 地址的特点。多重宿主是指同一台主机具备多种网络的接口。例如，笔记本电脑既可以连接以太网又可以连接无线 LAN。

同时使用以太网和无线 LAN 时，各自的 NIC 会获取到不同的 IP 地址。进行 TCP 通信，如果开始时使用的是以太网，而后又切换为无线 LAN，那么连接将会被断开。因为从 SYN 到 FIN 包必须使用同一个 IP 地址。

然而在 SCTP 的情况下，由于可以管理多个 IP 地址使其同时进行通信，因此即使出现通信过程当中以太网与无线 LAN 之间的切换，也能够保持通信不中断。所以 SCTP 可以为具备多个 NIC 的主机提供更可靠的传输▼。

▼持有多个 NIC 的应用服务器中，即使某一个 NIC 发生故障，只要有一个能够正常工作的 NIC 就可以保持通信无阻。

▼ 6.5.3　DCCP

DCCP（Datagram Congestion Control Protocol，数据报拥塞控制协议）是一个辅助 UDP 的崭新的传输层协议。UDP 没有拥塞控制机制。为此，当应用使用 UDP 发送大量数据包时极容易出现问题。互联网中的通信，即使使用 UDP 也应该控制拥塞。而这个机制开发人员很难将其融合至协议中，于是便出现了 DCCP 这样的规范。

DCCP 具有如下几个特点：

- 与 UDP 一样，不能提供发送数据的可靠性传输。
- 它面向连接，具备建立连接与断开连接的处理。在建立和断开连接上是具有可靠性。
- 能够根据网络拥堵情况进行拥塞控制。使用 DCCP（RFC4340）应用可以根据自身特点选择两种方法进行拥塞控制。它们分别是"类似 TCP（TCP-Like）拥塞控制"和"TCP 友好升级控制"（TCP-Friendly Rate Control）▼（RFC4341）。

▼流控制的一种。它根据单位时间内能够发送的比特数（字节数）进行流控制。相比 TCP 的窗口控制，可以说 TFRC 是针对声频和视频等多媒体的一种控制机制。

- 为了进行拥塞控制，接收端收到包以后返回确认应答（ACK）。该确认应答将被用于重发与否的判断。

6.6 UDP 首部的格式

图 6.24 展示了 UDP 首部的格式。除去数据的部分正是 UDP 的首部。UDP 首部由源端口号，目标端口号，包长和校验和组成。

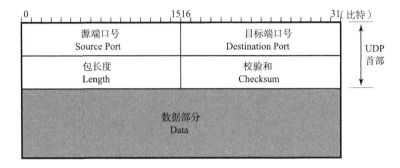

■ 源端口号（Source Port）

表示发送端端口号，字段长 16 位。该字段是可选项，有时可能不会设置源端口号。没有源端口号的时候该字段的值设置为 0。可用于不需要返回的通信中▼。

▼例如，只针对某个主机或应用，亦或针对某个组织，只单方面发送更新消息，不需要接收端返回任何确认或应答。

■ 目标端口号（Destination Port）

表示接收端端口，字段长度 16 位。

■ 包长度（Length）

该字段保存了 UDP 首部的长度跟数据的长度之和▼。单位为字节（8 位字节）。

▼在 UDP - Lite（6.5.1 节）中，该字段变为 Checksum Coverage，表示校验和的计算范围。

■ 校验和（Checksum）

校验和是为了提供可靠的 UDP 首部和数据而设计。在计算校验和时，如图 6.25 所示，附加在 UDP 伪首部与 UDP 数据报之前。通过在最后一位增加一个 "0" 将全长增加 16 倍。此时将 UDP 首部的校验和字段设置为 "0"。然后以 16 比特为单位进行 1 的补码▼和，并将所得到的 1 的补码和写入校验和字段。

▼通常在计算机的整数计算中常用 2 的补码形式。而在校验和计算中之所以使用 1 的补码形式，是因为即使有一位溢出会回到第 1 位，也不会造成信息丢失。而且在这种形式下 0 可以有两种表示方式，因此此用 0 表示两种不同意思的优点。

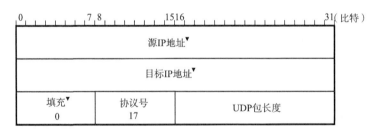

▼源 IP 地址与目标 IP 地址为 IPv4 地址的情况下都是 32 位字段，为 IPv6 地址时都是 128 位字段。

▼填充是为了补充位数，一般填入 0。

接收主机在收到 UDP 数据报以后，从 IP 首部获知 IP 地址信息构造 UDP 伪首部，再进行校验和计算。校验和字段的值是校验和字段以外剩下部分的 1 的补码和。因此，包括校验和字段在内的所有数据之和结果为 "16 位全部为 1▼" 时，才会被认为是所收到的数据是正确的。

▼1 的补码中该值为 0（负数 0）、二进制中为 11111111111 11111，十六进制中为 FFFF，十进制中则为 65535。

另外，UDP 中也有可能不用校验和。此时，校验和字段中填入 0。这种情况下，由于不进行校验和计算，协议处理的开销▼就会降低，从而可以提高数据转

▼在处理实际数据之外，为了进行通信控制的处理而不得不付出的必要的消耗部分。

发的速度。然而，如果 UDP 首部的端口号或是 IP 首部的 IP 地址遇到损坏，那么可能会对其他通信造成不好的影响。因此，在互联网中比较推荐使用校验和检查。

■ 校验和计算中计算 UDP 伪首部的理由

为什么在进行校验和计算时，也要计算 UDP 伪首部呢？关于这个问题，与 6.2 节中所介绍的内容有所关联。

TCP/IP 中识别一个进行通信的应用需要 5 大要素，它们分别为 "源 IP 地址"、"目标 IP 地址"、"源端口"、"目标端口"、"协议号"。然而，在 UDP 的首部中只包含它们当中的两项（源端口和目标端口），余下的 3 项都包含在 IP 首部里。

假定其他 3 项的信息被破坏会产生什么样的后果呢？很显然，这极有可能会导致应该收包的应用收不到包，不该收到包的应用却收到了包。

为了避免这类问题，有必要验证一个通信中必要的 5 项识别码是否正确。为此，在校验和的计算中就引入了伪首部的概念。

此外，IPv6 中的 IP 首部没有校验和字段。TCP 或 UDP 通过伪首部，得以对 5 项数字进行校验，从而实现即使在 IP 首部并不可靠的情况下仍然能够提供可靠的通信传输。

6.7 TCP 首部格式

图 6.26 展示了 TCP 首部的格式。TCP 首部相比 UDP 首部要复杂得多。

图 6.26

TCP 数据段格式

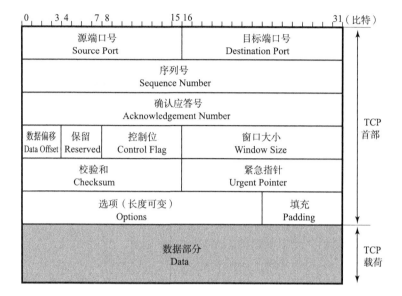

另外，TCP 中没有表示包长度和数据长度的字段。可由 IP 层获知 TCP 的包长，由 TCP 的包长可知数据的长度。

■ 源端口号 （Source Port）

表示发送端端口号，字段长 16 位。

■ 目标端口号 （Destination Port）

表示接收端端口号，字段长度 16 位。

■ 序列号 （Sequence Number）

字段长 32 位。序列号（有时也叫序号）是指发送数据的位置。每发送一次数据，就累加一次该数据字节数的大小。

序列号不会从 0 或 1 开始，而是在建立连接时由计算机生成的随机数作为其初始值，通过 SYN 包传给接收端主机。然后再将每转发过去的字节数累加到初始值上表示数据的位置。此外，在建立连接和断开连接时发送的 SYN 包和 FIN 包虽然并不携带数据，但是也会作为一个字节增加对应的序列号。

■ 确认应答号 （Acknowledgement Number）

确认应答号字段长度 32 位。是指下一次应该收到的数据的序列号。实际上，它是指已收到确认应答号前一位为止的数据。发送端收到这个确认应答以后可以认为在这个序号以前的数据都已经被正常接收。

■ 数据偏移 （Data Offset）

该字段表示 TCP 所传输的数据部分应该从 TCP 包的哪个位开始计算，当然也可以把它看作 TCP 首部的长度。该字段长 4 位，单位为 4 字节（即 32 位）。不包括选项字段的话，如图 6.26 所示 TCP 的首部为 20 字节长，因此数据偏移字段可以设置为 5。反之，如果该字段的值为 5，那说明从 TCP 包的最一开始到 20 字节为止都是 TCP 首部，余下的部分为 TCP 数据。

■ 保留（Reserved）

　　该字段主要是为了以后扩展时使用，其长度为 4 位。一般设置为 0，但即使收到的包在该字段不为 0，此包也不会被丢弃▼。

▼保留字段的第 4 位（如图 6.27 中的第 7 位）用于实验目的，相当于 NS（Nonce Sum）标志位。

■ 控制位（Control Flag）

　　字段长为 8 位，每一位从左至右分别为 CWR、ECE、URG、ACK、PSH、RST、SYN、FIN。这些控制标志也叫做控制位。当它们对应位上的值为 1 时，具体含义如图 6.27 所示。

图 6.27

控制位

0 1 2 3	4 5 6 7	8	9	10	11	12	13	14	15 （比特）
首部长度 Data Offset	保留 Reserved	C W R	E C E	U R G	A C K	P S H	R S T	S Y N	F I N

▼关于 CWR 标志的设定请参考 5.8.4 节。

- CWR（Congestion Window Reduced）

  CWR 标志▼与后面的 ECE 标志都用于 IP 首部的 ECN 字段。ECE 标志为 1 时，则通知对方已将拥塞窗口缩小。

▼关于 ECE 标志的设定请参考 5.8.4 节。

- ECE（ECN-Echo）

  ECE 标志▼表示 ECN-Echo。置为 1 会通知通信对方，从对方到这边的网络有拥塞。在收到数据包的 IP 首部中 ECN 为 1 时将 TCP 首部中的 ECE 设置为 1。

- URG（Urgent Flag）

  该位为 1 时，表示包中有需要紧急处理的数据。对于需要紧急处理的数据，会在后面的紧急指针中再进行解释。

- ACK（Acknowledgement Flag）

  该位为 1 时，确认应答的字段变为有效。TCP 规定除了最初建立连接时的 SYN 包之外该位必须设置为 1。

- PSH（Push Flag）

  该位为 1 时，表示需要将受到的数据立刻传给上层应用协议。PSH 为 0 时，则不需要立即传而是先进行缓存。

- RST（Reset Flag）

  该位为 1 时表示 TCP 连接中出现异常必须强制断开连接。例如，一个没有被使用的端口即使发来连接请求，也无法进行通信。此时就可以返回一个 RST 设置为 1 的包。此外，程序宕掉或切断电源等原因导致主机重启的情况下，由于所有的连接信息将全部被初始化，所以原有的 TCP 通信也将不能继续进行。这种情况下，如果通信对方发送一个设置为 1 的 RST 包，就会使通信强制断开连接。

- SYN（Synchronize Flag）

  用于建立连接。SYN 为 1 表示希望建立连接，并在其序列号的字段进行序列号初始值的设定▼。

▼ Synchronize 本身有同步的意思。也就意味着建立连接的双方，序列号和确认应答号要保持同步。

- FIN（Fin Flag）

  该位为 1 时，表示今后不会再有数据发送，希望断开连接。当通信结束希望断开连接时，通信双方的主机之间就可以相互交换 FIN 位置为 1 的 TCP

段。每个主机又对对方的 FIN 包进行确认应答以后就可以断开连接。不过，主机收到 FIN 设置为 1 的 TCP 段以后不必马上回复一个 FIN 包，而是可以等到缓冲区中的所有数据都因已成功发送而被自动删除之后再发。

■ 窗口大小（Window Size）

该字段长为 16 位。用于通知从相同 TCP 首部的确认应答号所指位置开始能够接收的数据大小（8 位字节）。TCP 不允许发送超过此处所示大小的数据。不过，如果窗口为 0，则表示可以发送窗口探测，以了解最新的窗口大小。但这个数据必须是 1 个字节。

■ 校验和（Checksum）

图 6.28

用于校验和计算的 TCP 伪首部

▼源 IP 地址与目标 IP 地址在 IPv4 的情况下都是 32 位字段，在 IPv6 地址时都为 128 位字段。

▼填充是为了补充位数时用，一般填入 0。

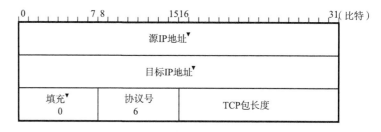

TCP 的校验和与 UDP 相似，区别在于 TCP 的校验和无法关闭。

TCP 和 UDP 一样在计算校验和的时候使用 TCP 伪首部。这个伪首部如图 6.28 所示。为了让其全长为 16 位的整数倍，需要在数据部分的最后填充 0。首先将 TCP 校验和字段设置为 0。然后以 16 位为单位进行 1 的补码和计算，再将它们总和的 1 的补码和放入校验和字段。

接收端在收到 TCP 数据段以后，从 IP 首部获取 IP 地址信息构造 TCP 伪首部，再进行校验和计算。由于校验和字段里保存着除本字段以外其他部分的和的补码值，因此如果计算校验和字段在内的所有数据的 16 位和以后，得出的结果是"16 位全部为 1▼"说明所收到的数据是正确的。

▼1 的补码中该值为 0（负数 0）、二进制中为 1111111111111111，十六进制中为 FFFF，十进制中则为正整数 65535。

■ 使用校验和的目的是什么？

　　有噪声干扰的通信途中如果出现位错误，可以由数据链路的 FCS 检查出来。那么为什么 TCP 或 UDP 中也需要校验和呢？

　　其实，相比检查噪声影响导致的错误，TCP 与 UDP 的校验和更是一种进行路由器内存故障或程序漏洞导致的数据是否被破坏的检查。

　　有过 C 语言编程经验的人都知道，如果指针使用不当，极有可能会破坏内存中的数据结构。路由器的程序中也可能会存在漏洞，或程序异常宕掉的可能。在互联网中发送数据包要经由好多个路由器，一旦在发送途中的某一个路由器发生故障，经过此路由器的包、协议首部或数据就极有可能被破坏。即使在这种情况下，TCP 或 UDP 如果能够提供校验和计算，也可以判断协议首部和数据是否被破坏。

■ 紧急指针（Urgent Pointer）

该字段长为 16 位。只有在 URG 控制位为 1 时有效。该字段的数值表示本报文段中紧急数据的指针。正确来讲，从数据部分的首位到紧急指针所指示的位置为止为紧急数据。因此也可以说紧急指针指出了紧急数据的末尾在报文段中的位置。

如何处理紧急数据属于应用的问题。一般在暂时中断通信，或中断通信的情况下使用。例如在 Web 浏览器中点击停止按钮，或者使用 TELNET 输入 Ctrl + C 时都会有 URG 为 1 的包。此外，紧急指针也用作表示数据流分段的标志。

■ 选项（Options）

选项字段用于提高 TCP 的传输性能。因为根据数据偏移（首部长度）进行控制，所以其长度最大为 40 字节。

另外，选项字段尽量调整其为 32 位的整数倍。具有代表性的选项如表 6.3 所示，我们从中挑些重点进行讲解。

表 6.3
具有代表性的 TCP 选项

类型	长度	意　义	RFC
0	–	End of Option List	RFC793
1	–	No-Operation	RFC793
2	4	Maximum Segment Size	RFC793
3	3	WSOPT-Window Scale	RFC1323
4	2	SACK Permitted	RFC2018
5	N	SACK	RFC2018
8	10	TSOPT-Time Stamp Option	RFC1323
27	8	Quick-Start Response	RFC4782
28	4	User Timeout Option	RFC5482
29	–	TCP Authentication Option（TCP-AO）	RFC5925
253	N	RFC3692-style Experiment 1	RFC4727
254	N	RFC3692-style Experiment 2	RFC4727

类型 2 的 MSS 选项用于在建立连接时决定最大段长度的情况。这选项用于大部分操作系统。

类型 3 的窗口扩大，是一个用来改善 TCP 吞吐量的选项。TCP 首部中窗口字段只有 16 位。因此在 TCP 包的往返时间（RTT）内，只能发送最大 64K 字节的数据▼。如果采用了该选项，窗口的最大值可以扩展到 1G 字节。由此，即使在一个 RTT 较长的网络环境中，也能达到较高的吞吐量。

▼例如在 RTT 为 0.1 秒时，不论数据链路的带宽多大，最大也只有 5Mbps 的吞吐量。

类型 8 时间戳字段选项，用于高速通信中对序列号的管理。若要将几个 G 的数据高速转发到网络时，32 位序列号的值可能会迅速使用完。在传输不稳定的网络环境下，就有可能会在较晚的时间点却收到散布在网络中的一个较早序列号的包。而如果接收端对新老序列号产生混淆就无法实现可靠传输。为了避免这个问题的发生，引入了时间戳这个选项，它可以区分新老序列号。

类型 4 和 5 用于选择确认应答（SACK：Selective ACKnowledgement）。TCP 的

▼这个形象的比喻是指数据段在
途中丢失的情况。尤其是时不时
丢失的情况。其结果就是在接收
方收到的数据段的序号不连续,
呈有一个没一个的状态。

确认应答一般只有 1 个数字, 如果数据段总以 "豁牙子状态▼" 到达的话会严重
影响网络性能。有了这个选项, 就可以允许最大 4 次的 "豁牙子状态" 确认应
答。因此在避免无用重发的同时, 还能提高重发的速度, 从而也能提高网络的吞
吐量。

■ 窗口大小与吞吐量

　　TCP 通信的最大吞吐量由窗口大小和往返时间决定。假定最大吞吐
量为 T_{max}, 窗口大小为 W, 往返时间是 RTT 的话, 那么最大吞吐量的公式
如下:

$$T_{max} = \frac{W}{RTT}$$

　　假设窗口为 65535 字节, RTT 为 0.1 秒, 那么最大吞吐量 T_{max} 如下:

$$T_{max} = \frac{65535（字节）}{0.1（秒）} = \frac{65535 \times 8（比特）}{0.1（秒）}$$

$$= 5242800（bps）\fallingdotseq 5.2（Mbps）$$

　　以上公式表示 1 个 TCP 连接所能传输的最大吞吐量为 5.2Mbps。如果
建立两个以上连接同时进行传输时, 这个公式的计算结果则表示每个连
接的最大吞吐量。也就是说, 在 TCP 中, 与其使用一个连接传输数据,
使用多个连接传输数据会达到更高的网络吞吐量。在 Web 浏览器中一般
会通过同时建立 4 个左右连接来提高吞吐量。

第7章

路由协议

　　在互联网世界中，夹杂着复杂的LAN和广域网。然而，再复杂的网络结构中，也需要通过合理的路由将数据发送到目标主机。而决定这个路由的，正是路由控制模块。本章旨在详细介绍路由控制以及实现路由控制功能的相关协议。

7 应用层	**<应用层>** TELNET, SSH, HTTP, SMTP, POP, SSL/TLS, FTP, MIME, HTML, SNMP, MIB, SIP, RTP …
6 表示层	
5 会话层	
4 传输层	**<传输层>** TCP, UDP, UDP-Lite, SCTP, DCCP
3 网络层	**<网络层>** ARP, IPv4, IPv6, ICMP, IPsec
2 数据链路层	**以太网、无线LAN、PPP……** （双绞线电缆、无线、光纤……）
1 物理层	

7.1 路由控制的定义

7.1.1　IP 地址与路由控制

互联网是由路由器连接的网络组合而成的。为了能让数据包正确达地到达目标主机，路由器必须在途中进行正确地转发。这种向 "正确的方向" 转发数据所进行的处理就叫做路由控制或路由。

路由器根据路由控制表（Routing Table）转发数据包。它根据所收到的数据包中目标主机的 IP 地址与路由控制表的比较得出下一个应该接收的路由器。因此，这个过程中路由控制表的记录一定要正确无误。但凡出现错误，数据包就有可能无法到达目标主机。

7.1.2　静态路由与动态路由

▼ Static Routring

▼ Dynamic Routing

那么，是谁又是怎样制作和管理路由控制表的呢？路由控制分静态▼和动态▼两种类型。

静态路由是指事先设置好路由器和主机中并将路由信息固定的一种方法。而动态路由是指让路由协议在运行过程中自动地设置路由控制信息的一种方法。这些方法都有它们各自的利弊。

静态路由的设置通常是由使用者手工操作完成的。例如，有 100 个 IP 网的时候，就需要设置近 100 个路由信息。并且，每增加一个新的网络，就需要将这个新被追加的网络信息设置在所有的路由器上。因此，静态路由给管理者带来很大的负担，这是其一。还有一个不可忽视的问题是，一旦某个路由器发生故障，基本上无法自动绕过发生故障的节点，只有在管理员手工设置以后才能恢复正常。

图 7.1

静态路由与动态路由

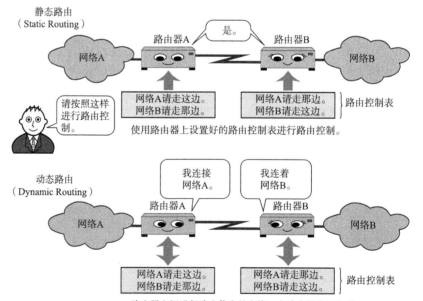

使用动态路由的情况下，管理员必须设置好路由协议，其设定过程的复杂程度与具体要设置路由协议的类型有直接关系。例如在 RIP 的情况下，基本上无需过多的设置。而根据 OSPF 进行较详细路由控制时，设置工作将会非常繁琐。

如果有一个新的网络被追加到原有的网络中时，只要在新增加网络的路由器上进行一个动态路由的设置即可。而不需要像静态路由那样，不得不在其他所有路由器上进行修改。对于路由器个数较多的网络，采用动态路由显然是一个能够减轻管理员负担的方法。

况且，网络上一旦发生故障，只要有一个可绕的其他路径，那么数据包就会自动选择这个路径，路由器的设置也会自动重置。路由器为了能够像这样定期相互交换必要的路由控制信息，会与相邻的路由器之间互发消息。这些互换的消息会给网络带来一定程度的负荷。

不论是静态路由还是动态路由，不要只使用其中一种，可以将它们组合起来使用。

7.1.3　动态路由的基础

▼图 7.2 中的传输，只有在没有循环的情况下才能很好地运行。例如路由器 C 和路由器 D 之间如果有连接，那么将无法正常工作。

动态路由如图 7.2 所示，会给相邻路由器发送自己已知的网络连接信息，而这些信息又像接力一样依次传递给其他路由器，直至整个网络都了解时，路由控制表也就制作完成了。而此时也就可以正确转发 IP 数据包了▼。

图 7.2
根据路由协议交换路由信息

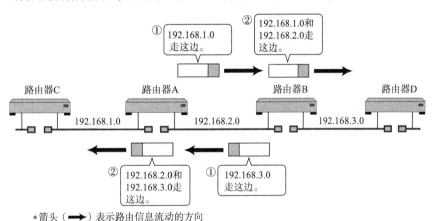

*箭头（➡）表示路由信息流动的方向

7.2 路由控制范围

随着 IP 网络的发展，想要对所有网络统一管理是不可能的事。因此，人们根据路由控制的范围常使用 IGP（Interior Gateway Protocol）和 EGP（Exterior Gateway Protocol）▼两种类型的路由协议。

▼ EGP 是特定的路由协议名称，请不要与其他同名词汇混淆。

7.2.1 接入互联网的各种组织机构

互联网连接着世界各地的组织机构，不仅包括语言不相通的，甚至包括宗教信仰全然不同的组织。没有管理者，也没有被管理者，每个组织之间保持着平等的关系。

7.2.2 自治系统与路由协议

企业内部网络的管理方针，往往由该企业组织内部自行决定。因此每个企业或组织机构对网络管理和运维的方法都不尽相同。为了提高自己的销售额和生产力，各家企业和组织机构都会相应购入必要的机械设备、构建合适的网络以及采用合理的运维体制。在这种环境下，可以对公司以外的人士屏蔽企业内部的网络细节，更不必对这些细节上的更新请求作出回应。这好比我们的日常生活，每个人对家庭内部的私事，都不希望过多暴露给外界，听从外界指挥。

制定自己的路由策略，并以此为准在一个或多个网络群体中采用的小型单位叫做自治系统（AS：Autonomous System）或路由选择域（Routing Domain）。

图 7.3
EGP 与 IGP

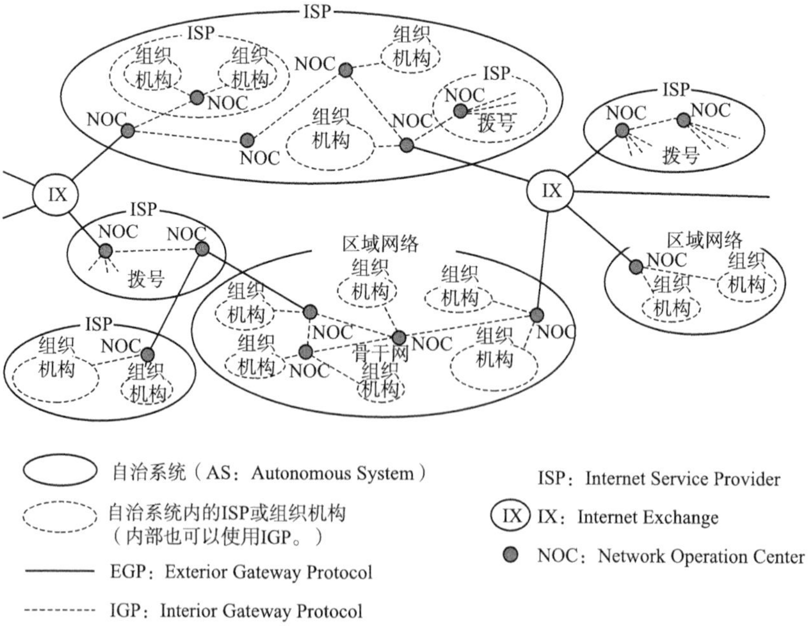
ISP
组织
机构
NOC
拨号
IX
区域网络
骨干网
自治系统（AS：Autonomous System）
自治系统内的ISP或组织机构
（内部也可以使用IGP。）
EGP：Exterior Gateway Protocol
IGP：Interior Gateway Protocol
ISP：Internet Service Provider
IX：Internet Exchange
NOC：Network Operation Center

说到自治系统，区域网络、ISP（互联网服务提供商）等都是典型的例子。在区域网络及 ISP 内部，由构造、管理和运维网络的管理员、运营者制定出路由控制相关方针，然后根据此方针进行具体路由控制的设定。

而接入到区域网络或 ISP 的组织机构，则必须根据管理员的指示进行路由控制设定。如果不遵循这个原则，会给其他使用者带来负面影响，甚至使自己也无法与任何组织机构进行通信。

自治系统（路由选择域）内部动态路由采用的协议是域内路由协议，即 IGP。而自治系统之间的路由控制采用的是域间路由协议，即 EGP。

▼ 7.2.3 IGP 与 EGP

如前面述，路由协议大致分为两大类。一类是外部网关协议 EGP，另一类是内部网关协议 IGP（Interior Gateway Protocol）。

IP 地址分为网络部分和主机部分，它们有各自的分工。EGP 与 IGP 的关系与 IP 地址网络部分和主机部分的关系有相似之处。就像根据 IP 地址中的网络部分在网络之间进行路由选择、根据主机部分在链路内部进行主机识别一样，可以根据 EGP 在区域网络之间（或 ISP 之间）进行路由选择，也可以根据 IGP 在区域网络内部（或 ISP 内部）进行主机识别。

由此，路由协议被分为 EGP 和 IGP 两个层次。没有 EGP 就不可能有世界上各个不同组织机构之间的通信。没有 IGP 机构内部也就不可能进行通信。

IGP 中还可以使用 RIP（Routing Information Protocol，路由信息协议）、RIP2、OSPF（Open Shortest Path First，开放式最短路径优先）等众多协议。与之相对，EGP 使用的是 BGP（Border Gateway Protocol，边界网关协议）协议。

7.3 / 路由算法

路由控制有各种各样的算法，其中最具代表性的有两种，是距离向量（Distance-Vector）算法和链路状态（Link–State）算法。

▶ 7.3.1　距离向量算法

▼ Metric 是指转发数据时衡量路由控制中距离和成本的一种指标。在距离向量算法中，代价相当于所要经过的路由器的个数。

距离向量算法（DV）是指根据距离（代价▼）和方向决定目标网络或目标主机位置的一种方法。

图 7.4

距离向量

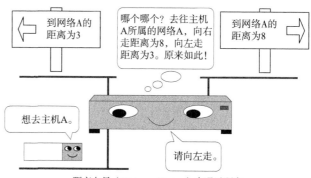

距离向量（Distance-Vector）中通过距离
与方向确定通往目标网络的路径。

路由器之间可以互换目标网络的方向及其距离的相关信息，并以这些信息为基础制作路由控制表。这种方法在处理上比较简单，不过由于只有距离和方向的信息，所以当网络构造变得分外复杂时，在获得稳定的路由信息之前需要消耗一定时间▼，也极易发生路由循环等问题。

▼也叫做路由收敛。

▶ 7.3.2　链路状态算法

链路状态算法是路由器在了解网络整体连接状态的基础上生成路由控制表的一种方法。该方法中，每个路由器必须保持同样的信息才能进行正确的路由选择。

距离向量算法中每个路由器掌握的信息都不相同。通往每个网络所耗的距离（代价）也根据路由器的不同而不同。因此，该算法的一个缺点就是不太容易判断每个路由器上的信息是否正确。

而链路状态算法中所有路由器持有相同的信息。对于任何一台路由器，网络拓扑都完全一样。因此，只要某一台路由器与其他路由器保持同样的路由控制信息，就意味着该路由器上的路由信息是正确的。只要每个路由器尽快地与其他路由器同步▼路由信息，就可以使路由信息达到一个稳定的状态。因此，即使网络结构变得复杂，每个路由器也能够保持正确的路由信息、进行稳定的路由选择。这也是该算法的一个优点。

▼同步一词常用于分布式系统，意指所有系统中保持同样的值。

为了实现上述机制，链路状态算法付出的代价就是如何从网络代理获取路由信息表。这一过程相当复杂，特别是在一个规模巨大而又复杂的网络结构中，管理和处理代理信息需要高速 CPU 处理能力和大量的内存▼。

▼为此，OSPF 正致力于将网络分割为不同的区域，以减少路由控制信息。

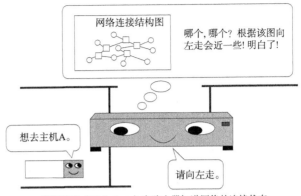

链路状态（Link-State）中路由器知道网络的连接状态,
并根据该图的信息确定通往目标网络的路径。

▼7.3.3　主要路由协议

路由协议分很多种。表7.1列出了主要的几种路由协议。

其中，由于EGP▼不支持CIDR，现在已经不再用作互联网的对外连接协议
了。在以后的章节中将详细介绍RIP、RIP2、OSPF、BGP等协议的基础知识。

路由协议名	下一层协议	方　式	适用范围	循环检测
RIP	UDP	距离向量	域内	不可以
RIP2	UDP	距离向量	域内	不可以
OSPF	IP	链路状态	域内	可以
EGP	IP	距离向量	对外连接	不可以
BGP	TCP	路径向量	对外连接	可以

7.4 RIP

▼在 UNIX 系统上的一个守护
进程。该进程实现了 RIP 协
议。

RIP（Routing Information Protocol）是距离向量型的一种路由协议，广泛用于 LAN。被 BSD UNIX 作为标准而提供的 routed▼ 采用了 RIP，因此 RIP 得到了迅速的普及。

7.4.1 广播路由控制信息

RIP 将路由控制信息定期（30 秒一次）向全网广播。如果没有收到路由控制信息，连接就会被断开。不过，这有可能是由于丢包导致的，因此 RIP 规定等待 5 次。如果等了 6 次（180 秒）仍未收到路由信息，才会真正关闭连接。

图 7.6

RIP 概要

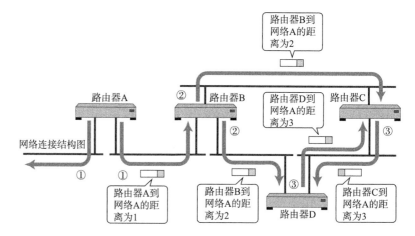

① 30 秒一次，将自己所知道的路由信息广播出去。
② 将已知的路由信息经过一跳之后继续广播。
③ 以此类推，逐步传播路由信息。

7.4.2 根据距离向量确定路由

RIP 基于距离向量算法决定路径。距离（Metrics）的单位为"跳数"。跳数是指所经过的路由器的个数。RIP 希望尽可能少通过路由器将数据包转发到目标 IP 地址，如图 7.7 所示。根据距离向量生成距离向量表，再抽出较小的路由生成最终的路由控制表。

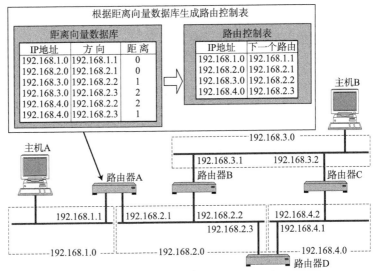

图 7.7
根据距离向量生成路由控制表

▼如果距离相等，那么根据路由器的类型选择的路由也会不同，通常是随机选择一个或是轮换使用。

距离向量型的协议中根据网络的距离和方向生成路由控制表。
针对同一个网络如果有两条路径，那么选择距离较短的一个▼。

7.4.3　使用子网掩码时的 RIP 处理

RIP 虽然不交换子网掩码信息，但可以用于使用子网掩码的网络环境。不过在这种情况下需要注意以下几点：

- 从接口的 IP 地址对应分类得出网络地址后，与根据路由控制信息流过此路由器的包中的 IP 地址对应的分类得出的网络地址进行比较。如果两者的网络地址相同，那么就以接口的网络地址长度为准。
- 如果两者的网络地址不同，那么以 IP 地址的分类所确定的网络地址长度为准。

例如，路由器的接口地址为 192.168.1.33/27。很显然，这是一个 C 类地址，因此按照 IP 地址分类它的网络地址为 192.168.1.33/24。与 192.168.1.33/24 相符合的 IP 地址，其网络地址长度都被视为 27 位。除此之外的地址，则采用每个地址的分类所确定的网络地址长度。

因此，采用 RIP 进行路由控制的范围内必须注意两点：一是，因 IP 地址的分类而产生不同的网络地址时；二是，构造网络地址长度不同的网络环境时。

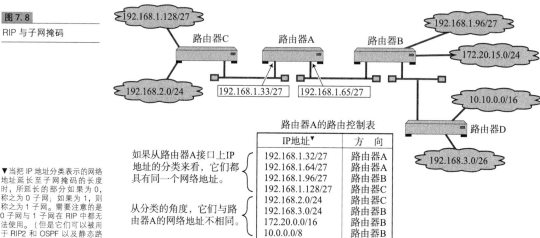

图 7.8

RIP 与子网掩码

▼当把 IP 地址分类表示的网络地址延长至子网掩码的长度时，所延长的部分如果为 0，称之为 0 子网；如果为 1，则称之为 1 子网。需要注意的是 0 子网与 1 子网在 RIP 中都无法使用。（但是它们可以被用于 RIP2 和 OSPF 以及静态路由中。）

如果从路由器A接口上IP地址的分类来看，它们都具有同一个网络地址。

从分类的角度，它们与路由器A的网络地址不相同。

路由器A的路由控制表

IP地址▼	方　向
192.168.1.32/27	路由器A
192.168.1.64/27	路由器A
192.168.1.96/27	路由器B
192.168.1.128/27	路由器C
192.168.2.0/24	路由器C
192.168.3.0/24	路由器B
172.20.0.0/16	路由器B
10.0.0.0/8	路由器B

7.4.4　RIP 中路由变更时的处理

RIP 的基本行为可归纳为如下两点：

- 将自己所知道的路由信息定期进行广播。
- 一旦认为网络被断开，数据将无法流过此路由器，其他路由器也就可以得知网络已经断开。

不过，这两点不论哪种方式都存在一些问题。

如图 7.9，路由器 A 将网络 A 的连接信息发送给路由器 B，路由器 B 又将自己掌握的路由信息在原来的基础上加 1 跳后发送给路由器 A 和路由器 C。假定这时路由器 A 与网络 A 的连接发生了故障。

路由器 A 虽然觉察到自己与网络 A 的连接已经断开，无法将网络 A 的信息发送给路由器 B，但是它会收到路由器 B 曾经获知的消息。这就使得路由器 A 误认为自己的信息还可以通过路由器 B 到达网络 A。

像这样收到自己发出去的消息，这个问题被称为无限计数（Counting to Infinity）。为了解决这个问题可以采取以下两种方法：

▼ "距离为 16" 这个信息只会被保留 120 秒。一旦超过这个时间，信息将会被删除，无法发送。这个时间由一个叫做垃圾收集计时器（Garbage – collection Timer）的工具进行管理。

- 一是最长距离不超过 16▼。由此即使发生无限计数的问题，也可以从时间上进行控制。
- 二是规定路由器不再把所收到的路由消息原路返还给发送端。这也被称作水平分割（Split Horizon）。

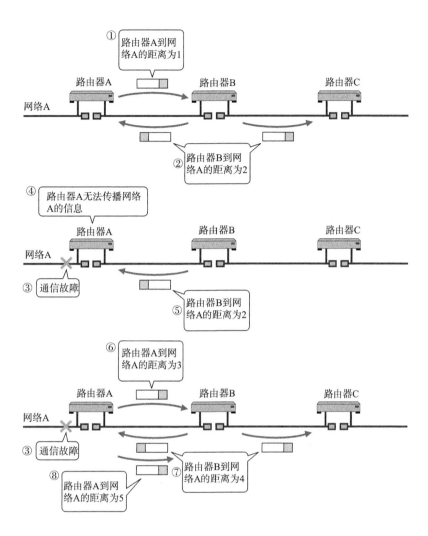

图 7.9

无限计数问题

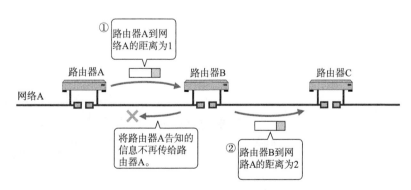

图 7.10

水平分割

　　然而，这种方法对有些网络来说是无法解决问题的。如图 7.11 所示，在网络本身就有环路的情况下。

　　在有环路情况下，反向的回路会成为迂回的通道，路由信息会不断地被循环往复地转发。当环路内部某一处发生通信故障时，通常可以设置一个正确的迂回

通道。但是对于图 7.11 中的情况，当网络 A 的通信发生故障时，将无法传送正确
的路由信息。尤其是在环路有多余的情况下，需要很长时间才能产生正确的路由
信息。

　　为了尽可能解决这个问题，人们提出了"毒性逆转"（Poisoned Reverse）和
"触发更新"（Triggered Update）两种方法。

图 7.11
带有环路的网络

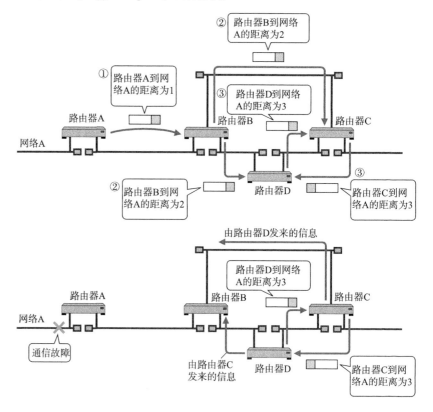

　　毒性逆转是指当网络中发生链路被断开的时候，不是不再发送这个消息，而
是将这个无法通信的消息传播出去。即发送一个距离为 16 的消息。触发更新是指
当路由信息发生变化时，不等待 30 秒而是立刻发送出去的一种方法。有了这两种
方法，在链路不通时，可以迅速传送消息以使路由信息尽快收敛。

图 7.12
毒性逆转和触发更新

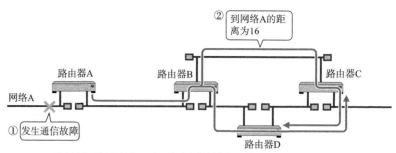

通过触发更新的行为，可以使路由控制信息的传递比每30秒发送一次
的情况快很多，因此可以有效避免错误路由信息被不断发送。

　　然而，纵然使用了到现在为止所介绍的方法，在一个具有众多环路的复杂的
网络环境中，路由信息想要达到一个稳定的状态是需要花一段时间的。为了解决

这个问题，必须明确地掌握网络结构，在了解究竟哪个链路断开后再进行路由控制非常重要。为此，可以采用 OSPF。

▼ 7.4.5 RIP2

RIP2 的意思是 RIP 第二版。它是在 RIP 使用过程中总结了经验的基础上进行改良后的一种协议。第二版与第一版的工作机制基本相同，不过仍有如下几个新的特点。

■ 使用多播

RIP 中当路由器之间交换路由信息时采用广播的形式，然而在 RIP2 中改用了多播。这样不仅减少了网络的流量，还缩小了对无关主机的影响。

■ 支持子网掩码

与 OSPF 类似的，RIP2 支持在其交换的路由信息中加入子网掩码信息。

■ 路由选择域

与 OSPF 的区域类似，在同一个网络中可以使用逻辑上独立的多个 RIP。

■ 外部路由标志

通常用于把从 BGP 等获得的路由控制信息通过 RIP 传递给 AS 内。

■ 身份验证密钥

与 OSPF 一样，RIP 包中携带密码。只有在自己能够识别这个密码时才接收数据，否则忽略这个 RIP 包。

7.5 OSPF

▼ Intermediate System to Intermediate System Intra-Domain routing information exchange protocol，中间系统到中间系统的路由选择协议。

OSPF（Open Shortest Path First）是根据 OSI 的 IS-IS▼ 协议而提出的一种链路状态型路由协议。由于采用链路状态类型，所以即使网络中有环路，也能够进行稳定的路由控制。

另外，OSPF 支持子网掩码。由此，曾经在 RIP 中无法实现的可变长度子网构造的网络路由控制成为现实。

甚至为了减少网络流量，OSPF 还引入了“区域”这一概念。区域是将一个自治网络划分为若干个更小的范围。由此，可以减少路由协议之间不必要的交换。

OSPF 可以针对 IP 首部中的区分服务（TOS）字段，生成多个路由控制表。不过，也会出现已经实现了 OSPF 功能的路由器无法支持这个 TOS 的情况。

7.5.1 OSPF 是链路状态型路由协议

OSPF 为链路状态型路由器。路由器之间交换链路状态生成网络拓扑信息，然后再根据这个拓扑信息生成路由控制表。

图 7.13
由链路状态确定路由

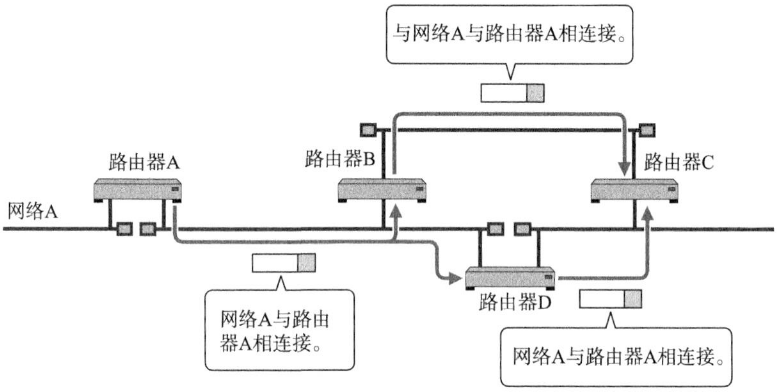

与哪个网络或与哪个路由器相连的信息要通过接力的方式进行发送。

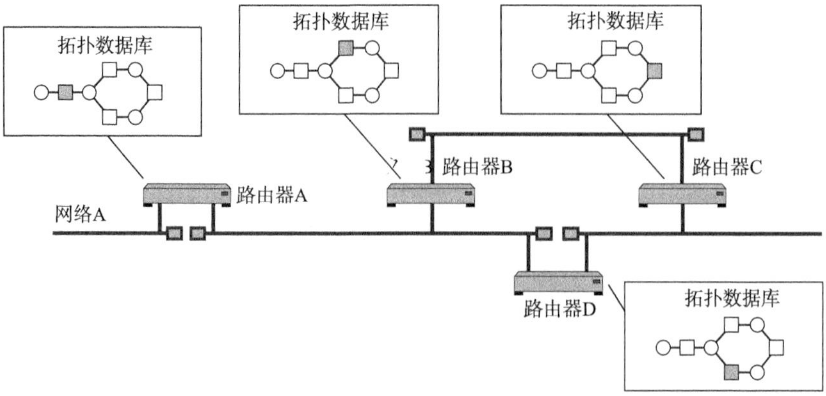

OSPF中掌握着完整的网络拓扑结构，可以从中找出最短路径用来决定最终的路由选择。

RIP 的路由选择,要求途中所经过的路由器个数越少越好。与之相比,OSPF 可以给每条链路▼赋予一个权重(也可以叫做代价),并始终选择一个权重最小的路径作为最终路由。也就是说 OSPF 以每个链路上的代价为度量标准,始终选择一个总的代价最小的一条路径。如图 7.14 对比所示,RIP 是选择路由器个数最少的路径,而 OSPF 是选择总的代价较小的路径。

图 7.14

网络权重与路由选择

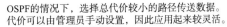

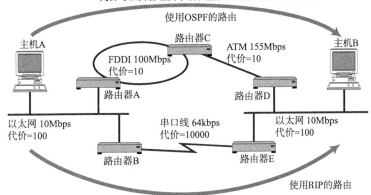

OSPF的情况下,选择总代价较小的路径传送数据。
代价可以由管理员手动设置,因此应用起来较灵活。

RIP的情况下,选择路由器个数较少的路径传送数据。

7.5.2　OSPF 基础知识

在 OSPF 中,把连接到同一个链路的路由器称作相邻路由器(Neighboring Router)。在一个相对简单的网络结构中,例如每个路由器仅跟一个路由器相互连接时▼,相邻路由器之间可以交换路由信息。但是在一个比较复杂的网络中,例如在同一个链路中加入了以太网或 FDDI 等路由器时,就不需要在所有相邻的路由器之间都进行控制信息的交换,而是确定一个指定路由器(Designated Router),并以它为中心交换▼路由信息即可。

RIP 中包的类型只有一种。它利用路由控制信息,一边确认是否连接了网络,一边传送网络信息。但是这种方式,有一个严重的缺点。那就是,网络的个数越多,每次所要交换的路由控制信息就越大。而且当网络已经处于比较稳定的、没有什么变化的状态时,还是要定期交换相同的路由控制信息,这在一定程度上浪费了网络带宽。

而在 OSPF 中,根据作用的不同可以分为 5 种类型的包。

表 7.2

OSPF 包类型

类型	包　名	功　能
1	问候(HELLO)	确认相邻路由器、确定指定路由器
2	数据库描述(Database Description)	链路状态数据库的摘要信息
3	链路状态请求(Link State Request)	请求从数据库中获取链路状态信息
4	链路状态更新(Link State Update)	更新链路状态数据库中的链路状态信息
5	链路状态确认应答(Link State Acknowledgement)	链路状态信息更新的确认应答

通过发送问候（HELLO）包确认是否连接。每个路由器为了同步路由控制信息，利用数据库描述（Database Description）包相互发送路由摘要信息和版本信息。如果版本比较老，则首先发出一个链路状态请求（Link State Request）包请求路由控制信息，然后由链路状态更新（Link State Update）包接收路由状态信息，最后再通过链路状态确认（Link State ACK Packet）包通知大家本地已经接收到路由控制信息。

有了这样一个机制以后，OSPF 不仅可以大大地减少网络流量，还可以达到迅速更新路由信息的目的。

7.5.3　OSPF 工作原理概述

OSPF 中进行连接确认的协议叫做 HELLO 协议。

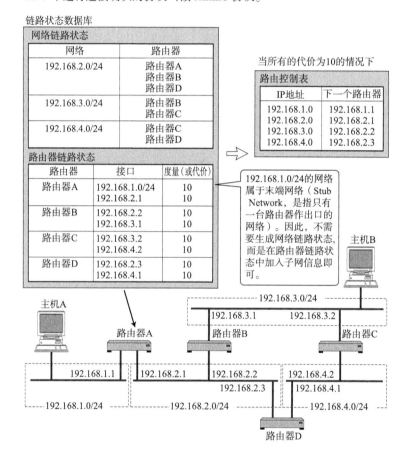

图 7.15
OSPF 中根据链路状态
生成路由控制表

LAN 中每 10 秒发送一个 HELLO 包。如果没有 HELLO 包到达，则进行连接是否断开的判断▼。具体为，允许空等 3 次，直到第 4 次（40 秒后）仍无任何反馈就认为连接已经断开。之后在进行连接断开或恢复连接操作时，由于链路状态发生了变化，路由器会发送一个链路状态更新包（Link State Update Packet）通知其他路由器网络状态的变化。

链路状态更新包所要传达的消息大致分为两类：一是网络 LSA▼，另一个是路由器 LSA▼。

▼管理员可以自定义 HELLO
包的发送间隔和判断连接断开
的时间。只是在同一个链路中
的设备必须配置相同的值。

▼ Network Link State Adver-
tisement，网络链路状态通告。

▼ Router Link State Adver-
tisement，路由器链路状态通
告。

网络 LSA 是以网络为中心生成的信息，表示这个网络都与哪些路由器相连接。而路由器 LSA 是以路由器为中心生成的信息，表示这个路由器与哪些网络相连接。

如果这两种信息▼主要采用 OSPF 发送，每个路由器就都可以生成一个可以表示网络结构的链路状态数据库。可以根据这个数据库、采用 Dijkstra 算法▼（最短路径优先算法）生成相应的路由控制表。

相比距离向量，由上述过程所生成的路由控制表更加清晰不容易混淆，还可以有效地降低无线循环问题的发生。不过，当网络规模逐渐越大时，最短路径优先算法的处理时间就会变得越长，对 CPU 和内存的消耗也就越大。

7.5.4　将区域分层化进行细分管理

链路状态型路由协议的潜在问题在于，当网络规模越来越大时，表示链路状态的拓扑数据库就变得越来越大，路由控制信息的计算也就越困难。OSPF 为了减少计算负荷，引入了区域的概念。

区域是指将连接在一起的网络和主机划分成小组，使一个自治系统（AS）内可以拥有多个区域。不过具有多个区域的自治系统必须要有一个主干区域▼（Backbone Area），并且所有其他区域必须都与这个主干区域相连接▼。

连接区域与主干区域的路由器称作区域边界路由器；而区域内部的路由器叫做内部路由器；只与主干区域内连接的路由器叫做主干路由器；与外部相连接的路由器就是 AS 边界路由器。

▼除这两种信息之外还有网络汇总 LSA（Summary LSA）和自治系统外部 LSA（AS External LSA）信息。

▼ Dijkstra 算法由提出结构化编程的 E. W. Dijkstra 发明。该算法用来获取最短路径。

▼主干区域的 ID 为 0。逻辑上只允许它有 1 个，可实际在物理上又可以划分为多个。

▼如果网络的实际物理构造与此说明不符时，需要采用 OS-PF 的虚拟链路功能设置虚拟的主干或区域。

图 7.16
AS 与区域

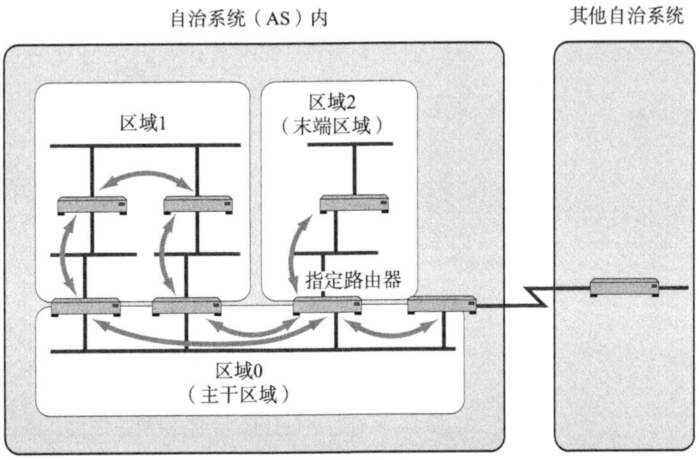

每个区域内的路由器都持有本区域网络拓扑的数据库。然而，关于区域之外的路径信息，只能从区域边界路由器那里获知它们的距离。区域边界路由器也不会将区域内的链路状态信息全部原样发送给其他区域，只会发送自己到达这些路由器的距离信息，内部路由器所持有的网络拓扑数据库就会明显变小。

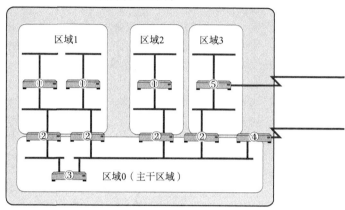

图 7.17

OSPF 的路由器种类

① 内部路由器
② 区域边界路由器
③ 主干路由器
④ AS边界路由器兼主干路由器
⑤ AS边界路由器兼内部路由器

　　换句话，就是指内部路由器只了解区域内部的链路状态信息，并在该信息的基础上计算出路由控制表。这种机制不仅可以有效地减少路由控制信息，还能减轻处理的负担。

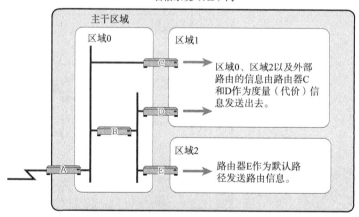

图 7.18

区域内的路由控制和区域之间的路由控制

　　此外，作为区域出口的区域边界路由器若只有一个的话叫做末端区域（如图7.18中的区域2）。末端区域内不需要发送区域外的路由信息。它的区域边界路由器（在本图中为路由器 E）将成为默认路径传送路由信息即可。因此，由于不需要了解到达其他各个网络的距离，所以它可以减少一定地路由信息。

　　要想在 OSPF 中构造一个稳定的网络，物理设计和区域设计同样重要。如果区域设计不合理，就有可能无法充分发挥 OSPF 的优势。

7.6 / BGP

BGP（Border Gateway Protocol），边界网关协议是连接不同组织机构（或者说连接不同自治系统）的一种协议。因此，它属于外部网关协议（EGP）。具体划分，它主要用于 ISP 之间相连接的部分。只有 BGP、RIP 和 OSPF 共同进行路由控制，才能够进行整个互联网的路由控制。

7.6.1 BGP 与 AS 号

在 RIP 和 OSPF 中利用 IP 的网络地址部分进行着路由控制，然而 BGP 则需要放眼整个互联网进行路由控制。BGP 的最终路由控制表由网络地址和下一站的路由器组来表示，不过它会根据所要经过的 AS 个数进行路由控制。

图 7.19
BGP 使用 AS 号管理网络信息

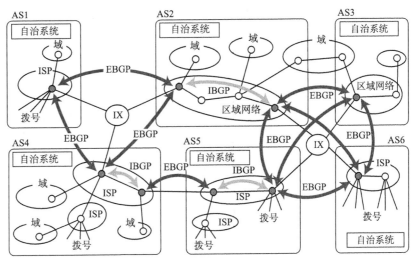

● BGP 扬声器（根据BGP交换路由控制信息的路由器）
○ 使用RIP、OSPF以及静态路由控制的路由器
(IX) Internet Exchange（ISP和区域网络相互对等连接的节点）
EBGP：External BGP（AS之间进行BGP路由控制信息的交换）
IBGP：Internal BGP（在AS内部进行BGP路由控制信息的交换）

ISP、区域网络等会将每个网络域编配成一个个自治系统（AS：Autonomous System）进行管理。它们为每个自治系统分配一个 16 比特的 AS 编号▼。BGP 就是根据这个编号进行相应的路由控制。

▼在日本由 JPNIC 管理着这些 AS 编号。

由 JPNIC 管理的 AS 编号一览可以从如下网站获取：

`http://www.nic.ad.jp/ja/ip/as-numbers.txt`

有了 AS 编号的域，就相当于有了自己一个独立的"国家"。AS 的代表可以决定 AS 内部的网络运营和相关决策。与其他 AS 相连的时候，可以像一位"外交官"一样签署合约再进行连接▼。正是有了这些不同地区的 AS 通过签约的相互连接，才有了今天全球范围内的互联网。

▼也叫对接（Peering）。

举一个例子，如图 7.19 所示，为了使 AS1 与 AS3 之间能够进行通信，需要

▼也叫转接（Transit）。

▼如果进行中转，就意味着网络负荷的加重以及成本的提升。因此，这种中转合约通常都会涉及中转费用。

有 AS2 或者 AS4 与 AS5 组合起来的两者中的一者进行数据中转▼才能够实现。而这两者之间是否中转则由它们自己，即 AS2 或 AS4 与 AS5 决定▼。如果两者都不愿意中转，那么只能在 AS1 与 AS3 之间建立专线连接才能实现通信。

以下，我们将假定这两者都允许中转，详细介绍 BGP。

� 7.6.2　BGP 是路径向量协议

根据 BGP 交换路由控制信息的路由器叫做 BGP 扬声器。BGP 扬声器为了在 AS 之间交换 BGP 信息，必须与所有 AS 建立对等的 BGP 连接。此外，如图 7.20 中的自治系统 AS2、AS4、AS5，它们在同一个 AS 内部有多个 BGP 扬声器。在这种情况下，为了使 AS 内部也可以交换 BGP 信息，就需要建立 BGP 连接。

BGP 中数据包送达目标网络时，会生成一个中途经过所有 AS 的编号列表。这个表格也叫做 AS 路径信息访问列表（AS Path List）。如果针对同一个目标地址出现多条路径时，BGP 会从 AS 路径信息访问列表中选择一个较短的路由。

在做路由选择时使用的度量，RIP 中表示为路由器个数，OSPF 中表示为每个子网的成本，而 BGP 则用 AS 进行度量标准。RIP 和 OSPF 本着提高转发效率为目的，考虑到了网络的跳数和网络的带宽。BGP 则基于 AS 之间的合约进行数据包的转发。BGP 一般选择 AS 数最少的路径，不过仍然要遵循各个 AS 之间签约的细节进行更细粒度的路由选择。

在 AS 路径信息访问列表中不仅包含转发方向和距离，还涵盖了途径所有 AS 的编号。因此它不是一个距离向量型协议。此外，对网络构造仅用一元化表示，因此也不属于链路状态型协议。像 BGP 这种根据所要经过的路径信息访问列表进行路由控制的协议属于路径向量（Path Vector）型协议。作为距离向量型的 RIP 协议，因为无法检测出环路，所以可能发生无限计数的问题▼。而路径向量型由于能够检测出环路，避免了无线计数的问题，所以令网络更容易进入一个稳定的状态。同时，它还有支持策略路由▼的优势。

▼路由进入稳定状态需要一定时间、网络跳数不可超过 15 等限制，导致无法应用于大型的网络等问题。

▼策略路由控制是指在发送数据包时，可以选择或指定所要通过的 AS 的意思。

图 7.20

生成路由控制表时要用到 AS 路径信息访问列表

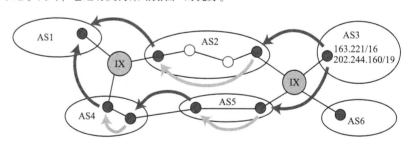

从邻接AS收到的AS路径信息访问列表中加入自己的AS编号，再发送给自己邻接的AS。

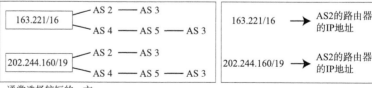

AS1到AS3的AS路径信息访问列表（AS Path List）　AS1 到AS3的AS路由控制表

通常选择较短的一方。

■ **路由控制是跨越整个互联网的分布式系统**

　　分布式系统是指多个系统协同完成一个特定任务的系统。

　　互联网中的路由控制，以网络内所有路由器都持有正确的路由信息为基础。使这些路由器的信息保持准确的协议就是路由协议。没有这些路由协议协同工作，就无法进行互联网上正确的路由控制。

　　总之，路由协议散布于互联网的各个角落，是支撑互联网正常运行的一个巨大的分布式系统。

7.7 MPLS

　　现如今，在转发 IP 数据包的过程中除了使用路由技术外，还在使用标记交换技术。路由技术基于 IP 地址中最长匹配原则进行转发，而标记交换则对每个 IP 包都设定一个叫做"标记"的值，然后根据这个"标记"再进行转发。标记交换技术中最具代表性的当属多协议标记交换技术，即 MPLS（Multi Protocol Label Switching）。

图 7. 21

MPLS 网络

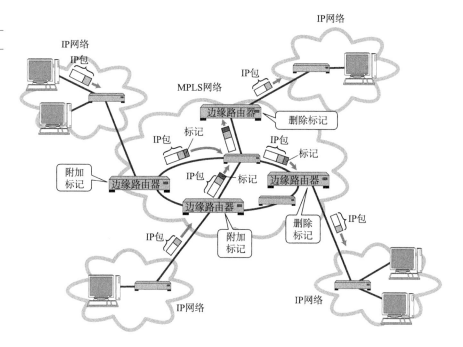

　　MPLS 的标记不像 MAC 地址直接对应到硬件设备。因此，MPLS 不需要具备以太网或 ATM 等数据链路层协议的作用，而只需要关注它与下面一层 IP 层之间的功能和协议即可。

　　由于基于标记的转发通常无法在路由器上进行，所以 MPLS 也就无法被整个互联网采用。如图 7. 22 所示，它的转发处理方式甚至与 IP 网也有所不同。

图 7.22

IP 与 MPLS 转发的基本
行为对比

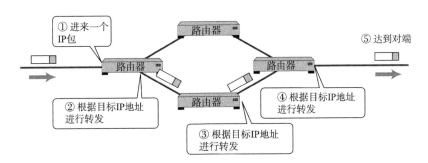

IP网络中转发的基本动作

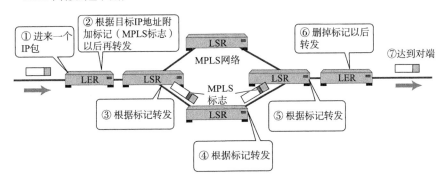

MPLS中转发的基本动作

7.7.1 MPLS 的网络基本动作

MPLS 网络中实现 MPLS 功能的路由器叫做标记交换路由器（LSR，Label Switching Router）。特别是与外部网路连接的那部分 LSR 叫做标记边缘路由器（LER，Label Edge Router）。MPLS 正是在 LER 上对数据包进行追加标记和删除标记的操作。

在一个数据包上附加标记是一个及其简单的动作。如果数据链路本来就有一个相当于标记的信息，那么可以直接进行映射。如果数据链路中没有携带任何相当于标记的信息（最典型的就是以太网），那么就需要追加一个全新的垫片头（Shim Header）。这个垫片头中就包含标记信息▼。

如图 7.23 展示了数据从以太网的 IP 网开始经过 MPLS 网再发送给其他 IP 网的整个转发过程。数据包在进入 MPLS 时，在其 IP 首部的前面被追加了 32 比特的垫片头（其中包含 20 比特的标记值）▼。MPLS 网络内，根据垫片头中的标记进一步进行转发。当数据离开 MPLS 时，垫片头就被去除。在此我们称附加标记转发的动作为 Push，替换标记转发的动作为 Swap，去掉标记转发的动作为 Pop。

▼垫片头像个楔子一样介于 IP 首部与数据链路首部之间。

▼有时也可能会被追加多个垫片头。

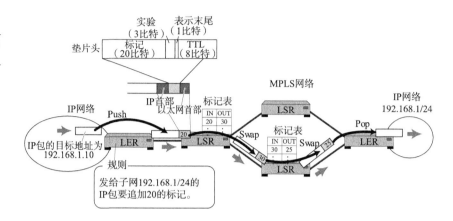

图 7.23
使用 Push、Swap 和 Pop
功能进行转发

▼它们被称作 FEC（Forward-ing Equivalence Class），是指具有相同特性的报文。

MPLS 中目标地址和数据包▼都要通过由标记决定的同一个路径，这个路径叫做标记交换路径（LSP, Label Switch Path）。LSP 又可以划分为一对一连接的点对点 LSP，和一对多绑定的合并 LSP 两类。

扩展 LSP 有两种方式。可以通过各个 LSR 向自己邻接的 LSR 分配 MPLS 标记，也可以由路由协议载着标记信息进行交互。LSP 属于单方向的通路，如果需要双向的通信则需要两个 LSP。

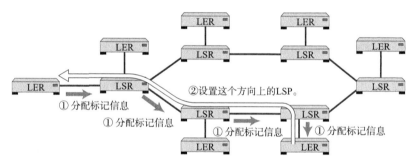

图 7.24
根据 MPLS 标记信息的分配情况设置的 LSP

· LSR之间进行标记信息交换时有两种方法：一是采用标记分配协议（LDP, Label Distribution Protocol）的方法；另一种是通过路由协议捎带信息的方法。本图展示了每个LSR独立生成标记表并将这个表传给上游LSR再进行分配的过程。

▼7.7.2　MPLS 的优点

MPLS 的优势可归纳为两点。第一个是转发速度快。通常，路由器转发 IP 数据包时，首先要对目标地址和路由控制表中可变长的网络地址进行比较，然后从中选出最长匹配的路径才能进行转发。MPLS 则不然。它使用固定长度的标记信息，使得处理更加简单，可以通过高速的硬件实现转发▼。此外，相比互联网中的主干路由器需要保存大量路由表才能进行处理的现状，MPLS 只需要设置必要的几处信息即可，所要处理的数据量也大幅度减少。而且除了 IPv4、IPv6 之外，针对其他协议，MPLS 仍然可以实现高速转发。

第二个优势在于利用标记生成虚拟的路径，并在它的上面实现 IP 等数据包的通信。基于这些特点，被称之为"尽力而为"（Best-Effort▼）的 IP 网也可以提供基于 MPLS 的通信质量控制、带宽保证和 VPN 等功能。

▼现在的路由器也更趋向于硬件化。

▼尽力而为服务是尽自己最大努力提供服务意思。具体请参考4.2.4 节的最后部分。

第8章

应用协议

　　一般情况下，人们不会太在意网络应用程序实际上是按照何种机制正常运行的。本章则旨在介绍TCP/IP中所使用的几个主要应用协议，它们多处于OSI模型的第5层以上。

7 应用层	**<应用层>** TELNET, SSH, HTTP, SMTP, POP, SSL/TLS, FTP, MIME, HTML, SNMP, MIB, SIP, RTP …
6 表示层	
5 会话层	
4 传输层	**<传输层>** TCP, UDP, UDP-Lite, SCTP, DCCP
3 网络层	**<网络层>** ARP, IPv4, IPv6, ICMP, IPsec
2 数据链路层	**以太网、无线LAN、PPP……** （双绞线电缆、无线、光纤……）
1 物理层	

8.1 应用层协议概要

到此为止所介绍的 IP 协议、TCP 协议以及 UDP 协议是通信最基本的部分，它们属于 OSI 参考模型中的下半部分。

从本章开始所要介绍的应用协议主要是指 OSI 参考模型中第 5 层、第 6 层、第 7 层上半部分的协议。

图8.1

OSI 参考模型与 TCP/IP 的应用层

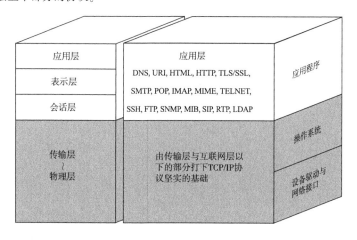

■ 应用协议的定义

利用网络的应用程序有很多，包括 Web 浏览器、电子邮件、远程登录、文件传输、网络管理等。能够让这些应用进行特定通信处理的正是应用协议。

TCP 和 IP 等下层协议是不依赖于上层应用类型、适用性非常广的协议。而应用协议则是为了实现某种应用而设计和创造的协议。

例如，远程登录等应用经常使用的 TELNET 协议，它的支持基于文字的命令与应答，通过命令可以执行各种各样的其他应用。

■ 应用协议与协议的分层

▼应用之间交互的信息叫消息。应用协议定义这些消息的格式以及使用这些消息进行控制或操作的规则。

网络应用由不同的用户和软件供应商开发而成。为了实现网络应用的功能，在应用之间进行通信时将其连接的网络协议是非常重要的▼。设计师和开发人员根据所开发模块的功能和目的，可以利用现有的应用协议，也可以自己定义一个新的应用协议。

应用可以直接享用传输层以下的基础部分。因为开发者只要关心选用哪种应用协议、如何开发即可，而不必担心应用中的数据该以何种方式发送到目标主机等问题。这也是得益于网络层的功劳。

■ 相当于 OSI 中第 5、第 6、第 7 层的协议

TCP/IP 的应用层涵盖了 OSI 参考模型中第 5、第 6、第 7 层的所有功能，不仅包含了管理通信连接的会话层功能、转换数据格式的表示层功能，还包括与对端主机交互的应用层功能在内的所有功能。

从下一节开始我们将逐一介绍几款经典的应用协议。

8.2 远程登录

图8.2
远程登录

主机A的用户A通过远程登录到主机B，就好像坐在
主机B跟前一样，可以利用主机B上各种功能。

▼ TSS (Time Sharing System)
分时系统。参考第1章。

　　远程登录是为了实现 TSS▼（曾在第 1 章介绍）环境，是将主机和终端的关系应用到计算机网络上的一个结果。TSS 中通常有一个处理能力非常强的主机，围绕着这台主机的是处理能力没有那么强的多个终端机器。这些终端通过专线与主机相连。

▼ Secure SHell。

　　类似地，实现从自己的本地计算机登录到网络另一端计算功能的应用就叫做远程登录。通过远程登录到通用计算机或 UNIX 工作站以后，不仅可以直接使用这些主机上的应用，还可以对这些计算机进行参数设置。远程登录主要使用 TEL-NET 和 SSH▼ 两种协议。

8.2.1 TELNET

▼ Shell 是操作系统提供给用户的、便于使用该系统中各种功能的一种用户接口。它可以解释用户从键盘或鼠标输入的内容，并让操作系统执行。UNIX 中的 sh、csh、bash 和 Windows 中的 Expolorer 以及 MAC OS 的 Finder 等都属于同一范畴。

　　TELNET 利用 TCP 的一条连接，通过这一条连接向主机发送文字命令并在主机上执行。本地用户好像直接与远端主机内部的 Shell▼ 相连着似的，直接在本地进行操作。

　　TELNET 可以分为两类基本服务。一是仿真终端功能，二是协商选项机制。

图8.3
TELNET 中输入命令、运行、展示结果的过程

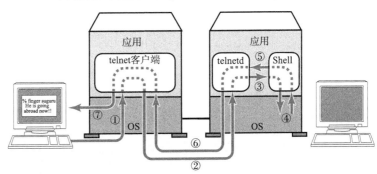

① 键入文字命令
② 进行行模式或透明模式处理后将前一步中的命令传送给telnetd守护进程。
③ 向Shell发送文字命令（严格来说这一步要经过操作系统内部）
④ 解释从Shell收到的命令、执行程序、获取结果
⑤ 获取从Shell返回的结果（严格来说这一步要经过操作系统内部）
⑥ 进行行模式或透明模式等处理后将结果返回给TELNET客户端。
⑦ 根据NVT的设置回显在屏幕上。

▼ 由于路由器和交换机一般都不配备键盘和显示器，因此对它们进行设置时可以通过串行线连接计算机，也可以通过使用 TELNET、HTTP、SNMP 等方法连接网络。

　　TELNET 经常用于登录路由器或高性能交换机等网络设备进行相应的设置▼。

通过 TELNET 登录主机或路由器等设备时需要将自己的登录用户名和密码注册到服务端。

选项

TELNET 中除了处理用户所输入的文字外，还提供选项的交互和协商功能。例如，为实现仿真终端（NVT，Network Virtual Terminal）所用到的界面控制信息就是通过选项功能发送出去的。而且，如图 8.4 所示 TELNET 中的行模式或透明模式两种模式的设置，也是通过 TELNET 客户端与 TELNET 服务端之间的选项功能进行设置的。

图 8.4
行模式与透明模式

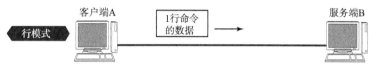

客户端A
服务端B
行模式
1行命令的数据
每从键盘输入一个换行，就将该行的数据作为1整行发送给服务端B。
客户端A
服务端B
透明模式
S
L
客户端A每输入一个字符都要发送给服务端B。

TELNET 客户端

所谓 TELNET 客户端是指利用 TELNET 协议实现远程登录的客户端程序。很多情况下，它的程序名就是 telnet 命令。

TELNET 客户端通常与目标主机的 23 号端口建立连接，并与监听这个端口的服务端程序 telnetd 进行交互。当然，也可以与其他的 TCP 端口号连接，只要在该端口上有监听程序能够处理 telnet 请求即可。在一般的 telnet 命令▼中可以按照如下格式指定端口号▼：

telnet 主机名　TCP 端口号

TCP 端口号为 21 时可以连接到 FTP（8.3 节）应用，为 25 时可以连接到 SMTP（8.4.4 节），为 80 时可连接到 HTTP（8.5 节），为 110 时可连接到 POP3（8.4.5 节）。如此看来，每个服务器都有相应的端口号在等待连接。

因此，以下两个命令可以视为相同：

ftp 主机名

telnet 主机名 21

鉴于 FTP、SMTP、HTTP、POP3 等协议的命令和应答都是字符串，因此通过 TELNET 客户端连接以后可以直接输入这些协议的具体命令。TELNET 客户端也可用于跟踪 TCP/IP 应用开发阶段的问题诊断。

▼在 Windows 的命令行里输入 telnet 命令执行的操作方法并未在本节列出。用户可以通过输入 telnet 以后，在 telnet 的命令行里再输入“open 主机名　端口号”的方式进行连接。但是，从 Windows Vista 系统以后命令行的 telnet 功能默认是关闭的，需要单独安装才能使用。

▼在使用 GUI 类型客户端的情况下可以通过设置菜单等命令修改所要连接的端口号。

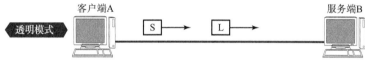

8.2.2 SSH

SSH 是加密的远程登录系统。TELNET 中登录时无需输入密码就可以发送，容易造成通信窃听和非法入侵的危险。使用 SSH 后可以加密通信内容。即使信息被窃听也无法破解所发送的密码、具体命令以及命令返回的结果是什么。

SSH 还包括很多非常方便的功能：

- 可以使用更强的认证机制。
- 可以转发文件▼。
- 可以使用端口转发功能▼。

▼ UNIX 中可以使用 scp、sftp 等命令。

▼ 可以通过 X Window System 串口展现。

端口转发是指将特定端口号所收到的消息转发到特定的 IP 地址和端口号码的一种机制。由于经过 SSH 连接的那部分内容被加密，确保了信息安全，提供了更为灵活的通信▼。

▼ 可以实现虚拟专用网（VPN，Virtual Private Network）。

图 8.5

SSH 的端口转发

使用端口转发的情况下，SSH客户端程序、SSH服务端程序都起着一个网关的作用。下图设置了当连接到客户端的TCP端口10000时，设定连接到POP3服务器的端口110的情况。

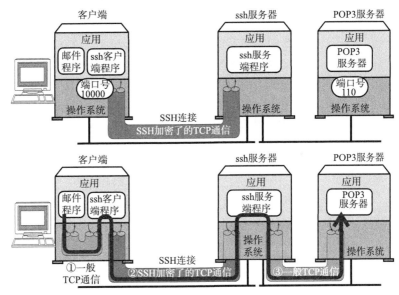

邮件程序使用"一般TCP通信"连接ssh客户端。
SSH客户端则通过"SSH加密的通信"转发给SSH服务端程序。
SSH服务端程序使用"一般TCP通信"连接POP3服务端程序。

就这样，通过建立3个TCP连接进行整个通信。

8.3　文件传输

图 8.6

文件传输 FTP

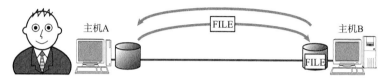

主机A　　　　　　　FILE　　　　　　　主机B

FILE

网络上相连的两台主机之间可以进行文件传输。

　　　FTP 是在两个相连的计算机之间进行文件传输时使用的协议。在 8.2 节中，我们已经讲过"远程登录"的概念，FTP 中也需要在登录到对方的计算机后才能进行相应的操作。

　　　互联网上有一种 FTP 服务器是允许任何人进行访问的，这种服务器叫做匿名服务器（anonymous ftp）。登录这些服务器时使用匿名（anonymous）或 ftp 都可以[▼]。

▼习惯上该用户的密码为电子邮件地址的情况居多。

■ FTP 的工作机制概要

　　　FTP 是通过怎样的机制才得以实现文件传输的呢？它使用两条 TCP 连接：一条用来控制，另一条用于数据（文件）的传输。

　　　用于控制的 TCP 连接主要在 FTP 的控制部分使用。例如登录用户名和密码的验证、发送文件的名称、发送方式的设置。利用这个连接，可以通过 ASCII 码字符串发送请求和接收应答（如表 8.1、表 8.2 所示）。在这个连接上无法发送数据，数据需要一个专门的 TCP 进行连接。

　　　FTP 控制用的连接使用的是 TCP21 号端口。在 TCP21 号端口上进行文件 GET（RETR）、PUT（STOR）、以及文件一览（LIST）等操作时，每次都会建立一个用于数据传输的 TCP 连接。数据的传输和文件一览表的传输正是在这个新建的连接上进行。当数据传送完毕之后，传输数据的这条连接也会被断开，然后会在控制用的连接上继续进行命令或应答的处理。

　　　通常，用于数据传输的 TCP 连接是按照与控制用的连接相反的方向建立的。因此，在通过 NAT 连接外部 FTP 服务器的时候，无法直接建立传输数据时使用的 TCP 连接。此时，必须使用 PASV 命令修改建立连接的方向才行。

▼在文件传输过程中不会断开连接，而是在文件已经传输完成以后，一段时间没有任何其他命令输入，则断开连接。

　　　控制用的连接，在用户要求断开之前会一直保持连接状态。不过，绝大多数 FTP 服务器都会对长时间没有任何新命令输入的用户的连接强制断开[▼]。

　　　数据传输用的 TCP 连接通常使用端口 20。不过可以用 PORT 命令修改为其他的值。最近，出于安全的考虑，普遍在数据传输用的端口号中使用随机数进行分配。

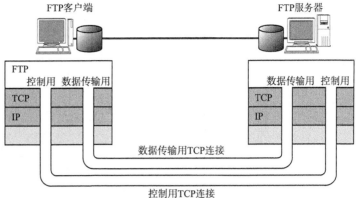

图 8.7

FTP 通信中使用两条 TCP 连接

■ 通过 ASCII 码字符串进行的交互处理

▼ American Standard Code for Information Interchange 的省略。

　　FTP 中请求命令中使用着 "RETR" 等 ASCII▼ 码字符串。而针对这些命令的应答则使用如 "200" 等 3 位数字的 ASCII 码字符串。TCP/IP 的应用协议中有很多使用这种 ASCII 码字符串的协议。

　　对于 ASCII 码字符串型的协议来说换行具有重要意义。很多情况下，一行字符串表示一个命令或一个应答，而空白则用来标识与参数之间的分割符。即，命令和应答的消息通过换行区分、参数用空格区分。换行由 "CR"（ASCII 码的十进制数为 13）和 "LF"（ASCII 码的十进制数为 10）两个控制符号组成。

　　表 8.1 列出了 FTP 主要的命令、表 8.2 汇总了 FTP 的应答信息。

表 8.1

FTP 主要命令

访问控制命令	
USER 用户名	输入用户名
PASS 密码	输入密码（PASSWORD）
CWD 目录名	修改工作目录（CHANGE WORKING DIRECTORY）
QUIT	正常结束

设置传输参数的命令	
PORT h1，h2，h3，h4，p1，p2	指定数据传输时使用的 IP 地址和端口号
PASV	不是从服务器端向客户端建立连接，而是由客户端开始向服务器端建立数据传输用的连接（PASSIVE）
TYPE 类型名	设置发送和接收的数据类型
STRU	指定文件结构（FILE STRUCTURE）

FTP 服务命令	
RETR 文件名	从 FTP 服务器下载文件（RETRIEVE）
STOR 文件名	向服务器上传文件（STORE）
STOU 文件名	向服务器发送文件。当存在同名文件时，为了避免冲突，适当地修改当前文件名后再上传（STORE UNIQUE）
APPE 文件名	向服务器发送文件。当存在同名文件时，将当前文件内容追加到已有文件（APPEND）
RNFR 文件名	指定 RNTO 之前要修改名称的文件（RENAME FROM）
RNTO 文件名	修改由 RNFR 指定文件的文件名（RENAME TO）
ABOR	处理中断，异常退出（ABORT）
DELE 文件名	从服务器上删除指定文件（DELETE）
RMD 目录名	删除目录（REMOVE DIRECTORY）
MKD 目录名	创建目录（MAKE DIRECTORY）
PWD	列出当前目录位置（PRINT WORKING DIRECTORY）
LIST	文件列表的请求（包括文件名，大小，更新日期等信息）
NLST	文件名一览表请求（NAME LIST）
SITE 字符串	执行服务器提供的特殊命令
SYST	获取服务器操作系统的信息（SYSTEM）
STAT	显示服务器 FTP 的状态（STATUS）
HELP	命令帮助（HELP）
NOOP	无操作（NO OPERATION）

表 8.2

FTP 的主要应答消息

提供信息	
120	Service ready in *nnn* minutes.
125	Data connection already open；transfer starting.
150	File status okay；about to open data connection.

连接管理相关应答	
200	Command okay.
202	Command not implemented，superfluous at this site.
211	System status，or system help reply.
212	Directory status.
213	File status.
214	Help message.
215	NAME system type. Where NAME is an official system name from the list in the Assigned Numbers document.

（续）

连接管理相关应答	
220	Service ready for new user.
221	Service closing control connection. Logged out if appropriate.
225	Data connection open；no transfer in progress.
226	Closing data connection. Requested file action successful.
227	Entering Passive Mode（h1，h2，h3，h4，p1，p2）.
230	User logged in，proceed.
250	Requested file action okay，completed.
257	"PATHNAME" created.

验证与用户相关应答	
331	User name okay，need password.
332	Need account for login.
350	Requested file action pending further information.

不固定的错误	
421	Service not available，closing control connection. This may be a reply to any command if the service knows it must shut down.
425	Can't open data connection.
426	Connection closed；transfer aborted.
450	Requested file action not taken. File unavailable.
451	Requested action aborted：local error in processing.
452	Requested action not taken. Insufficient storage space in system.

文件系统相关应答	
500	Syntax error，command unrecognized.
501	Syntax error in parameters or arguments.
502	Command not implemented.
503	Bad sequence of commands.
504	Command not implemented for that parameter.
530	Not logged in.
532	Need account for storing files.
550	Requested action not taken. File unavailable.
551	Requested action aborted：page type unknown.
552	Requested file action aborted. Exceeded storage allocation.
553	Requested action not taken. File name not allowed.

8.4 电子邮件

图 8.8

电子邮件（E-mail）

只要连着网，即使相隔很远，也可以发送邮件。

电子邮件，顾名思义，就是指网络上的邮政。通过电子邮件人们可以发送编写的文字内容、数码相片，还可以发送各种报表计算得出的数据等所有计算机可以存储的信息。

电子邮件的发送距离不受限，可以在全世界互联网中的任何两方之间进行收发。如果没有电子邮件，出差时也就无法接收最新的邮件信息。电子邮件还可以提供邮件组的服务。它是指向邮件组中的所有用户同时发送邮件的功能。邮件组现在被广泛用于公司或学校下达通知、不同国度的人们讨论共同的话题等场景。出于以上这些优点，电子邮件已经成为当前人们普遍使用的一种服务。

▼ 8.4.1 电子邮件的工作机制

提供电子邮件服务的协议叫做 SMTP（Simple Mail Transfer Protocol）。SMTP 为了实现高效发送邮件内容，在其传输层使用了 TCP 协议。

早期电子邮件是在发送端主机与接收端主机之间直接建立 TCP 连接进行邮件传输。发送人编写好邮件以后，其内容会保存在发送端主机的硬盘中。然后与对端主机建立 TCP 连接，将邮件发送到对端主机的硬盘。当发送正常结束后，再从本地硬盘中删除邮件。而在发送过程中一旦发现对端计算机因没有插电等原因没有收到邮件时，发送端将等待一定时间后重发。

这种方法，在提高电子邮件的可靠性传输上非常有效。但是，互联网应用逐渐变得越发复杂，这种机制也将无法正常工作。例如，使用者的计算机时而关机时而开机的情况下，只有发送端和接收端都处于插电并且开机的状态时才可能实现电子邮件的收发。由于日本属于东九时区，和美国之间存在时差。日本的白天相当于美国的夜晚。如果大家都是只在白天开机，那么日本跟美国之间就根本无法实现收发邮件。由于互联网是一个连接全世界所有人进行通信的网络，所以这种时差问题就不得不考虑在内。

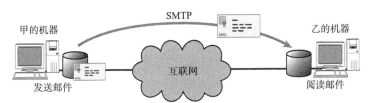

图 8.9

早期的电子邮件发送过程

SMTP
甲的机器
乙的机器
MAIL
互联网
发送邮件
阅读邮件
早期的电子邮件，发送端主机与接收端主机之间会建立一个直接的TCP连接，再进行邮件的收发。
然而，这种方法要求两端主机都必须插电，且一直处于连网的状态才行，否则可能会收不到邮件。
SMTP
甲的机器
乙的机器
互联网
发送邮件
关掉电源
当无法与对端主机进行通信时，发送端会稍等一段时间后尝试重发。然而，如果发送端主机已经拔掉电源，那么在它再次插电之前邮件将无法发送出去。
如果电源已经关闭，则无法接收邮件。
主机如果没有连接互联网，也就无法接收邮件。

图 8.10

现在互联网中电子邮件的发送过程

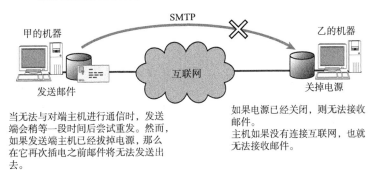

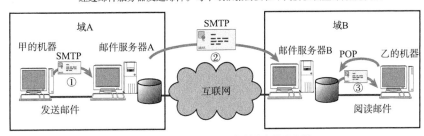

经过邮件服务器发送邮件。每个域根据需要在不同阶段设置邮件服务器。
域A
域B
SMTP
甲的机器
SMTP
邮件服务器A
②
邮件服务器B
POP
乙的机器
①
③
互联网
发送邮件
阅读邮件
① 根据邮件软件的设置，发送邮件给邮件服务器A。
② 参考DNS的MX记录，发送邮件给邮件服务器B。
③ 根据邮件软件的设置，从邮件服务器B接收邮件。

为此，在技术上改变了以往直接在发送端与接收端主机之间建立 TCP 连接的机制，而引进了一种一直会连接电源的邮件服务器▼。发送和接收端通过邮件服务器进行收发邮件。接收端从邮件服务器接收邮件时使用 POP3（Post Office Protocol）协议。

▼由于在传输层以上的网络中对通信进行转播，因此邮件服务器相当于 1.9.7 节中介绍的网关。

电子邮件的机制由 3 部分组成，它们分别是邮件地址，数据格式以及发送协议。

8.4.2 邮件地址

使用电子邮件时需要拥有的地址叫做邮件地址。它就相当于通信地址和姓名。互联网中电子邮件地址的格式如下：

名称@通信地址

例如，master@tcpip.kusa.ac.jp 中的 master 为名称，tcpip.kusa.ac.jp

为地址。电子邮件的地址和域名的构造相同。此处，kusa. ac. jp 表示域名，tcpip 则表示 master 接收邮件的主机名称或为发送邮件所用的子网名称。现在个人邮件地址和邮件组的格式完全相同，因此，光从地址上是无法区分个人电子邮件地址和邮件组的。

现在，电子邮件的发送地址由 DNS 进行管理。DNS 中注册有邮件地址及其作为发送地址时对应的邮件服务器的域名。这些映射信息被称作 MX 记录。例如，kusa. ac. jp 的 MX▼ 记录中指定了 mailserver. kusa. ac. jp。于是任何发给以 kusa. ac. jp 结尾的地址的邮件都将被发送到 mailserver. kusa. ac. jp 服务器。就这样，根据 MX 记录中指定的邮件服务器，可以管理不同邮件地址与特定邮件服务器之间的映射关系。

▼ Mail Exchange

▼ 8.4.3 MIME

▼由文字组成的信息。过去的电子邮件，就日本来说人们只能发送 7 比特 JIS 编码的信息。

▼ Multipurpose Internet Mail Extensions，广泛用于互联网并极大地扩展了数据格式，还可以用于 WWW 和 NetNews 中。

很长一段时间里，互联网中的电子邮件只能处理文本格式的▼邮件。不过现在，电子邮件所能发送的数据类型已被扩展到 MIME▼，可以发送静态图像、动画、声音、程序等各种形式的数据。鉴于 MIME 规定了应用消息的格式，因此在 OSI 参考模型中它相当于第 6 层表示层。

▼ boundary = 后面的字符串，开头一定要写－－。而且，间隔符后面也一定要写－－。

MIME 基本上由首部和正文（数据）两部分组成。首部不能是空行，因为一旦出现空行，其后的部分将被视为正文（数据）。如果 MIME 首部的"Content-Type"中指定"Multipart/Mixed"，并以"boundary ="后面字符作为分隔符▼，那么可以将多个 MIME 消息组合成为一个 MIME 消息。这就叫做 multipart。即，各个部分都由 MIME 首部和正文（数据）组成。

"Content-Type"定义了紧随首部信息的数据类型。以 IP 首部为例，它就相当于协议字段。表 8.3 列出了具有代表性的"Content-Type"。

表 8.3
MIME 具有代表性的 Content-Type

Content-Type	内　容
text/plain	纯文本
message/rfc822	MIME 与正文
multipart/mixed	多部分消息
application/postscript	PostScript
application/octet-stream	二进制数据
image/gif	GIF 图像
image/jpeg	JPEG 图像
audio/basic	AU 格式的音频文件
video/mpeg	MPEG 动画
message/external-body	包含外部消息

图 8.11

MIME 举例

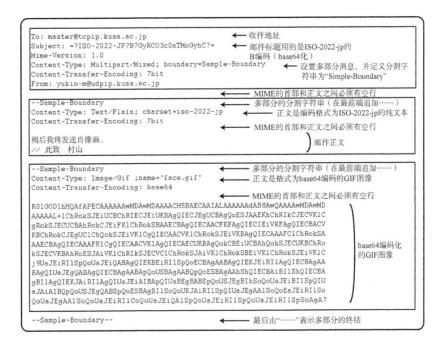

8.4.4　SMTP

　　SMTP 是发送电子邮件的协议。它使用的是 TCP 的 25 号端口。SMTP 建立一个 TCP 连接以后，在这个连接上进行控制和应答以及数据的发送。客户端以文本的形式发出请求，服务端返回一个 3 位数字的应答。

　　每个指令和应答的最后都必须追加换行指令（CR、LF）。

表 8.4

SMTP 主要的命令

HELO <domain>	开始通信
EHLO <domain>	开始通信（扩展 HELO）
MAIL FROM：<reverse-path>	发送人
RCPT TO：<forward-path>	接收人（Receipt to）
DATA	发送电子邮件的正文
RSET	初始化
VRFY <string>	确认用户名
EXPN<string>	将邮件组扩展为邮件地址列表
NOOP	请求应答（NO Operation）
QUIT	关闭

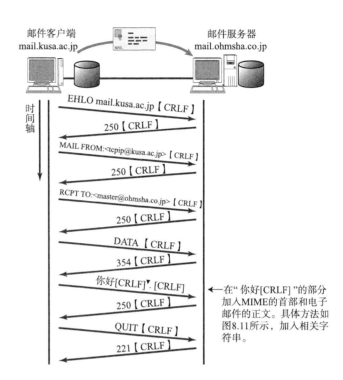

图 8.12

SMTP

▼ SMTP 以 "." 作为邮件正文的结束符，即使正文本身含有这个字符，也能做出识别。具体处理方法为，如果邮件正文的行首有 "." 字符时，会在其后面紧接着再追加一个 "." 字符。接收邮件时如果行首出现两个 "." 字符，则删除其中一个。

→ 在 " 你好[CRLF] "的部分加入MIME的首部和电子邮件的正文。具体方法如图8.11所示，加入相关字符串。

随着电子邮件使用的普及，那些漫天的广告邮件和包含钓鱼连接的垃圾邮件成为了日益严重的问题。由于 SMTP 本身没有验证发送者的功能，因此人们无法避免这类邮件到达自己的邮件服务器。不过现在，通过 "POP before SMTP" 或 "SMTP 认证"（SMTP Authentication）等功能进行认证，以此防止冒充发送者的人也越来越多。

▼这样叫 OP25B（Outbound Port 25 Blocking）。如果出差地的酒店也进行 OP25B 的话，可能会导致无法发送邮件，此时一般会使用 587 端口（Submission Port）。（RFC6409）

并且很多除了自己本域的邮件服务器以外，很多供应商已将网络设置为不与其他网络的 25 号端口进行通信▼。

表 8.5

SMTP 应答

针对请求进行肯定确认应答	
211	系统状态或求助回答
214	求助信息
220 <domain>	服务就绪
221 <domain>	服务结束
250	完成请求命令
251	非本地用户，报文将被转发

数据输入	
354	开始邮件输入。以 "." 结束一行

发送错误消息	
421　〈domain〉	服务不可用, 关闭连接
450	邮箱不可用
451	命令异常终止: 本地差错
452	命令异常终止: 存储容量不足

无法继续处理的错误应答	
500	语法错误, 不能识别的命令
501	语法错误, 不能识别参数或变量
502	命令未实现
503	命令序列不正确
504	命令参数暂时未实现
550	邮箱不可用, 请求未实现
551	非本地用户, 不接受请求
552	存储容量不足, 请求异常终止
553	邮箱不可用, 请求异常终止
554	其他错误

■ 试用 SMTP 命令

当允许使用 TELNET 登录 SMPT 服务器时, 可如表 8.5 的形式在登录▼ SMTP 服务器后输入命令。

telnet　服务器名或其 IP 地址　25

假定自己是 SMTP 客户端, 那么在执行 SMTP 相关命令以后可以收到如表 8.5 所示的应答信息。通过这样的尝试可以加深对 SMTP 协议中各个动作的理解。

▼关于 telnet 命令的使用方式可以参考 8.2.1 节的最后部分。

▍8.4.5　POP

图 8.13

POP

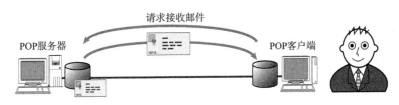

请求接收邮件

POP服务器　　　　　　　POP客户端

前一节提到的 SMTP 是发送邮件的协议, 即, SMTP 是想要发送邮件的计算机向接收邮件的计算机发送电子邮件的一种协议。在以 UNIX 工作站为主的互联网初期, 这种机制没有什么问题, 但是后来用个人电脑连接互联网的环境中就出现很多不便之处。

　　个人电脑不可能长时间处于开机状态。只有用户在使用时才会开机。在这种情况下，人们希望一开机就能接收到邮件。然而 SMTP 没有这种处理机制。SMTP 的一个不利之处就在于它支持的是发送端主机的行为，而不是根据接收端的请求发送邮件。

　　为了解决这个问题，就引入了 POP 协议。如图 8.14 所示，该协议是一种用于接收电子邮件的协议。发送端的邮件根据 SMTP 协议将被转发给一直处于插电状态的 POP 服务器。客户端再根据 POP 协议从 POP 服务器接收对方发来的邮件。在这个过程中，为了防止他人盗窃邮件内容，还要进行用户验证。

图 8.14

POP 的工作机制

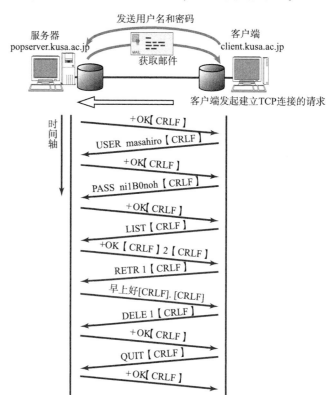

　　POP 与 SMTP 一样，也是在其客户端与服务器之间通过建立一个 TCP 连接完成相应操作。POP 的具体命令和相关应答代码如表 8.6 所示。它的命令都是较短的 ASCII 码字符串，应答更是极其简单，只有两种。正常的情况下为 "+OK"，发生错误或异常的情况下为 "−ERR"。

表 8.6

POP 主要命令

认证时的有效命令	
USER 用户名	发送用户名
PASS 密码	发送密码
QUIT	通信结束
APOP name digest	认证

应答	
+OK	正常时
−ERR	发生错误时

事务状态命令	
STAT	状态通知
LIST［msg］	确认指定邮件大小（获取一览表）
RETR［msg］	取得邮件信息
DELE［msg］	删除服务器中保存的邮件（ QUIT 命令执行时才真正删除）
RSET	撤销所有的 DELE 命令，通信结束
QUIT	执行 DELE 命令，终止通信
TOP msg n	只要邮件的前 n 行内容
UIDL［msg］	获得该邮件的唯一标识

▼关于 telnet 命令的使用方式可以参考 8.2.1 节的最后部分。

■ 试用 POP 命令

　　当允许使用 TELNET 登录 POP 服务器时，在以如下形式登录▼POP 服务器后，可以手工执行表 8.6 所列的命令。

　　telnet 服务器名或其 IP 地址 110

　　与前一节的 SMTP 一样，假定自己是 POP 客户端，在执行 POP 相关命令以后可以收到相应的应答信息。

▌8.4.6　IMAP

▼ Internet Message Access Protocol

　　IMAP▼与 POP 类似，也是接收电子邮件的协议。在 POP 中邮件由客户端进行管理，而在 IMAP 中邮件则由服务器进行管理。

　　使用 IMAP 时，可以不必从服务器上下载所有的邮件也可以阅读。由于 IMAP 是在服务器端处理 MIME 信息，所以它可以实现当某一封邮件含有 10 个附件时"只下载其中的第 7 个附件"的功能▼。这在带宽较窄的线路上起着非常重要的作用。而且 IMAP 在服务器上对"已读/未读"信息和邮件分类进行管理，因此，即使在不同的计算机上打开邮箱，也能保持同步，使用起来非常方便▼。如此一来，使用 IMAP，在服务器上保存和管理邮件信息，就如同在自己本地客户端的某个闪存中管理自己的信息一样简单。

▼在 POP 中无法下载某个特定的附件。因此想要确认附件时就不得不下载邮件中所有的附件。

▼POP 虽然也可以支持在多台计算机中下载邮件内容，但是未读信息和邮箱分组只能在每台计算机的软件中各自进行管理。

　　有了 IMAP 人们就可以通过个人电脑、公司的电脑、笔记本电脑以及智能手机等连接到 IMAP 服务器以后进行收发邮件。由此，在公司下载的电子邮件就不必在笔记本电脑和智能手机上转来转去▼。IMAP 确实为使用多种异构终端的人们提供了非常便利的环境。

▼不过笔记本电脑和智能手机必须能够连上 IMAP 服务器才行。

8.5 WWW

8.5.1 互联网的蓬勃发展

▼超文本用以显示文本及与文本相关的内容。

▼ Web 浏览器（Web Browser），有时也简称为浏览器。

万维网（WWW，World Wide Web）是将互联网中的信息以超文本▼形式展现的系统。也叫做 Web。可以显示 WWW 信息的客户端软件叫做 Web 浏览器▼。目前人们常用的 Web 浏览器包括微软的 Internet Explorer、Mozilla 基金会的 Firefox、Google 公司的 Google Chrome、Opera 软件公司的 Opera 以及 Apple 公司的 Safari 等。

借助浏览器，人们不需要考虑该信息保存在哪个服务器，只需要轻轻点击鼠标就可以访问页面上的链接并打开相关信息。

图 8.15

WWW

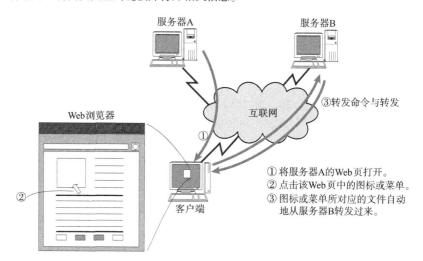

通过浏览器进行访问后回显在浏览器中的内容叫做 "Web 页"（或 WWW 页）。公司或学校等组织以及个人的 Web 页被称作主页。在日本，很多公司的主页地址形式如下：

`http：//www. 公司名称.co.jp/`

这一类主页当中通常会发布公司概况、产品信息、招贤纳士等内容。人们可以通过点击这些标题的图标或链接就可以跳到对应的页面上。而这些页面上所提供的信息不仅仅是文字内容，还有图片或动画乃至声音或其他程序等各式各样的信息。此外，通过 Web 页不仅可以获取信息，还可以通过自己制作 Web 页来向全世界发布信息。

8.5.2 WWW 基本概念

WWW 定义了 3 个重要的概念，它们分别是访问信息的手段与位置（URI，Uniform Resource Identifier）、信息的表现形式（HTML，HyperText Markup Language）以及信息转发（HTTP，HyperText Transfer Protocol）等操作。

8.5.3 URI

URI 是 Uniform Resource Identifier 的缩写，用于标识资源。URI 是一种可以用于 WWW 之外的高效的识别码，它被用于主页地址、电子邮件、电话号码等各种组合中。如下所示：

http://www.rfc-editor.org/rfc/rfc4395.txt

http://www.ietf.org:80/index.html

http://localhost:631/

这些例子属于一般主页地址，也被叫做 URL（Uniform Resource Locator）。URL 常被人们用来表示互联网中资源（文件）的具体位置。但是 URI 不局限于标识互联网资源，它可以作为所有资源的识别码。现在，在有效的 RFC 文档中，已经不再使用 URL，转而在使用 URI▼。相比 URL 狭义的概念，URI 则是一个广义的概念。因此，URI 可以用于除了 WWW 之外的其他应用协议中。

URI 所表示的组合叫方案（Scheme）▼。在众多 URI 的 Scheme 中 WWW 主要用其中的 http 和 https 表示 Web 页的位置和访问 Web 页的方法。关于 URI Schema 一览表，请参考下面的文档。

http://www.iana.org/assignments/uri-schemes.html

URI 的 http 方案的具体格式如下：

http://主机名/路径

http://主机名:端口号/路径

http://主机名:端口号/路径?访问内容#部分信息

其中主机名表示域名或 IP 地址，端口号表示传输端口号。关于端口号的更多细节，读者可以参考 6.2 节。省略端口号时，则表示采用 http 的默认端口 80。路径是指主机上该信息的位置，访问内容表示要传给 CGI▼ 的信息，部分信息表示页面当中的位置等。

这种表示方法可以唯一地标识互联网中特定的数据。不过，由于用 http 方案展现的数据随时都有可能发生变化，所以即使将自己喜欢的页面的 URI（URL）记住，也不能保证下次是否还能够访问到该页。

表 8.7 列出了 URI 的主要方案。

▼它们之间好比比特跟字节的关系。协议定义中经常使用字节，但是在日常生活中却用比特较多。

▼ schema 是指具有体系的计划或方案。

▼关于 CGI 请参考 8.5.6 节。

表 8.7
主要的 URI 方案

方 案 名	内 容
acap	Application Configuration Access Protocol
cid	Content Identifier
dav	WebDAV
fax	Fax
file	Host-specific File Names
ftp	File Transfer Protocol
gopher	The Gopher Protocol
http	Hypertext Transfer Protocol

（续）

方　案　名	内　　容
https	Hypertext Transfer Protocol Security
im	Instant Messaging
imap	Internet Message Access Protocol
ipp	Internet Printing Protocol
ldap	Lightweight Directory Access Protocol
mailto	Electronic Mail Address
mid	Message Identifier
news	USENET news
nfs	Network File System Protocol
nntp	USENET news using NNTP access
rtsp	Real Time Streaming Protocol
service	Service Location
sip	Session Initiation Protocol
sips	Secure Session Initiation Protocol
snmp	Simple Network Management Protocol
tel	Telephone
telnet	The Network Virtual Terminal Emulation Protocol
tftp	Trivial File Transfer Protocol
urn	Uniform Resource Names
z39. 50r	Z39. 50 Retrieval
z39. 50s	Z39. 50 Session

▼ 8.5.4　HTML

HTMP 是记述 Web 页的一种语言（数据格式）。它可以指定浏览器中显示的文字、文字的大小和颜色。此外，不仅可以对图像或动画进行相关设置，还可以设置音频内容。

HTML 具有纯文本的功能。在页面中不仅可以为文字或图像附加链接，当用户点击那些链接时还可以呈现该链接所指示的内容，因此它可以将整个互联网中任何一个 WWW 服务器中的信息以链接的方式展现。绝大多数互联网中的 Web 页，都以链接的形式指向关联的其他信息。逐一点开这些链接就可以了解全世界的信息。

HTML 也可以说是 WWW 通用的数据表现协议。即使是在异构的计算机上，只要是可以用 HTML 展现的数据，那么效果基本上是一致的。如果把它对应到 OSI 参考模型，那么可以认为 HTML 属于 WWW 的表示层▼。不过，鉴于现代计算机网络的表示层尚未完全准备就绪，根据操作系统和所用软件的不同，最终表现出来的效果也可能会出现细微差别。

▼ HTML 不仅用于 WWW，有时还用于电子邮件。

图 8.16 展示了一个通过 HTML 表现数据样本的例子。如果将其用浏览器（例如 Firefox）打开的话，效果如图 8.17 所示。

图 8.16
HTML 举例

```
<!DOCTYPE HTML PUBLIC "-//W3C//DTD HTML 4.01 Transitional//EN"
  "http://www.w3.org/TR/html4/loose.dtd">
<html lang="ja">
<head>
  <meta http-equiv="Content-Type" content="text/html; charset=UTF-8">
  <title>Mastering TCP/IP</title>
</head>
<body>
<h1>《图解TCP/IP（第5版）》简介</h1>
<img src="cover.jpg" alt=图解TCP/IP（第5版）封面图片>
<p>本页旨在介绍《图解TCP/IP（第5版）》一书。</p>
<ul>
  <li><a href="feature.html">本书的特点</a></li>
  <li><a href="feature.html">适用读者群</a></li>
  <li><a href="feature.html">规格/页数/价格</a></li>
  <li><a href="feature.html">作者简介</a></li>
</ul>
</body>
</html>
```

图 8.17
用浏览器读取并显示图
8.16 的内容

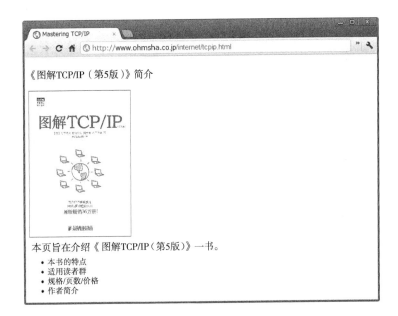

▼ Standard Generalized Markup Language

■ XML 与 Java

　　WWW 中将数据存入文件或在应用之间进行交互时会经常使用 XML（Extensible Markup Language）。XML 是从 SGML▼ 衍生出来的一种语言，与 HTML 类似，也需要在每个项目的前后加入标签以表达其具体含义。一般，从<标签名>到</标签名>为止表示一个数据。

　　最近，开发人员经常结合 Java 与 XML 进行程序开发。原 SUN Microsystems 公司发明的 Java 是一种与平台无关的开发语言。而 XML 又是不依赖于任何软件供应商的数据格式。

　　可以认为 Java 和 XML 都相当于 OSI 参考模型中的第 6 层表示层。这两者一结合，不论连接的是何种类型的网络，其应用上的动作效果能够保持一致。

▛ 8.5.5　HTTP

当用户在浏览器的地址栏里输入所要访问 Web 页的 URI 以后，HTTP 的处理即会开始。HTTP 中默认使用 80 端口。它的工作机制，首先是客户端向服务器的 80 端口建立一个 TCP 连接，然后在这个 TCP 连接上进行请求和应答以及数据报文的发送。

图 8. 18

HTTP 的工作机制

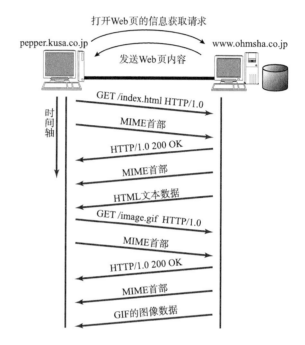

HTTP 中常用的有两个版本，一个 HTTP1. 0，另一个是 HTTP1. 1。在 HTTP1. 0 中每一个命令和应答都会触发一次 TCP 连接的建立和断开。而从 HTTP1. 1 开始，允许在一个 TCP 连接上发送多个命令和应答▼。由此，大量地减少了 TCP 连接的建立和断开操作，从而也提高了效率。

▼这种方式也叫保持连接（keep-alive）。

表8. 8

HTTP 的主要命令以及应答报文

HTTP 的主要命令	
OPTIONS	设置选项
GET	获取指定 URL 的数据
HEAD	仅获取文档首部
POST	请求服务器接收 URI 指定文档作为可执行的信息
PUT	请求服务器保存客户端传送的数据到 URI 指定文档
DELETE	请求服务器删除 URI 指定页面
TRACE	请求消息返回客户端

信息提供	
100	Continue
101	Switching Protocols

肯定应答	
200	OK
201	Created
202	Accepted
203	Non-Authoritative Information
204	No Content
205	Reset Content
206	Partial Content

重定向请求	
300	Multiple Choices
301	Moved Permanently
302	Found
303	See Other
304	Not Modified
305	Use Proxy

客户端请求内容出现错误	
400	Bad Request
401	Unauthorized
402	Payment Required
403	Forbidden
404	Not Found
405	Method Not Allowed
406	Not Acceptable
407	Proxy Authentication Required
408	Request Time-out
409	Conflict
410	Gone
411	Length Required
412	Precondition Failed
413	Request Entity Too Large
414	Request-URI Too Large
415	Unsupported Media Type

服务器错误	
500	Internal Server Error
501	Not Implemented
502	Bad Gateway
503	Service Unavailable
504	Gateway Time-out
505	HTTP Version not supported

▼关于 telnet 命令的使用方式
可以参考 8.2.1 节的最后部
分。

> ■ **试用 HTTP 命令**
>
> 　　当允许 HTTP 服务器和 TELNET 连接时，可以以如下形式登录▼ HT-
> TP 服务器后，再以手动形式执行表 8.8 所列的命令。
>
> 　　telnet 服务器名或其 IP 地址 80
>
> 　　假定自己是 HTTP 客户端，输入 ASCII 码字符串的命令，并确认表
> 8.8 中的应答结果。

8.5.6 JavaScript、CGI、Cookie

■ JavaScript

　　Web 的基本要素为 URI、HTML 和 HTTP。然而仅有这些还无法更改与条件相符的动态内容。为此，通过在浏览器端和服务器端执行特定的程序可以实现更加精彩、多样的内容。例如实现网络购物或搜索功能。

　　我们称 Web 浏览器端执行的程序为客户端程序，在服务器端执行的程序为服务器端程序。

　　JavaScript 是一种嵌入在 HTML 中的编程语言，作为客户端程序可以运行于多种类型的浏览器中。这些浏览器将嵌入 JavaScript 的 HTML 下载后，其对应的 JavaScript 程序就可以在客户端得到执行。这种 JavaScript 程序用于验证客户端输入字符串是否过长、是否填写或选择了页面中的必须选项等功能▼。JavaScript 还可以用于操作 HTML 或 XML 的逻辑结构（DOM，Document Object Model）以及动态显示 Web 页的内容和页面风格上。最近，更是盛行服务器端不需要读取整个页面而是通过 JavaScript 操作 DOM 来实现更为生动的 Web 页面的技术。这就是 Ajax（Asynchronous JavaScrip and XML）技术。

▼如果将用户输入正确与否的
验证都放在服务器端执行的话，
给服务器带来的负荷太大。因
此只要能在客户端进行检查，
就在客户端执行这样也可以保
证效率。

图 8.19

JavaScript、CGI 中的处理流程

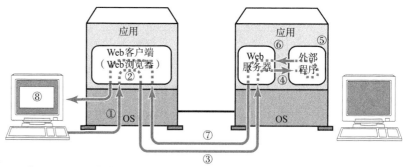

①通过键盘和鼠标输入数据。
②如有必要在 Web 客户端内执行 JavaScript 的预处理。
　遇到错误时可以不进行 HTTP 的请求。
③发出 HTTP 请求将数据从 Web 客户端发送给 Web 服务器。
④使用 CGI 调用外部程序。
⑤程序执行。
⑥将外部程序应答结果返回给 Web 服务器。
⑦根据 HTTP，再将应答报文从 Web 服务器发送给 Web 客户端。
⑧显示处理结果。

■ CGI

▼ Common Gateway Interface

CGI▼ 是 Web 服务器调用外部程序时所使用的一种服务端应用的规范。

一般的 Web 通信中，只是按照客户端请求将保存在 Web 服务器硬盘中的数据转发而已。这种情况下客户端每次收获的信息也是同样（静态）的内容。而引入 CGI 以后客户端请求会触发 Web 服务器端运行另一个程序，客户端所输入的数据也会传给这个外部程序。该程序运行结束后会将生成的 HTML 和其他数据再返回给客户端▼。

▼外部程序并不仅局限于使用 CGI 启动，它也有可能被包含在 Web 服务器内部的程序里，或是嵌入了解释器的 Web 服务器程序里。

利用 CGI 可以针对用户的操作返回给客户端有各种各样变化（动态）的信息。论坛和网上购物系统中就经常使用 CGI 调用外部程序或访问数据库。

■ Cookie

▼还可以设置 Cookie 的有效期。

Web 应用中为了获取用户信息使用一个叫做 Cookie 的机制。Web 服务器用 Cookie 在客户端保存信息▼（多为"用户名"和"登录名"等信息）。Cookie 常被用于保存登录信息或网络购物中放入购物车的商品信息。

从 Web 服务器检查 Cookie 可以确认是否为同一对端的通信。从而存放于购物车里的商品信息就不必要在保存到服务器了。

■ 博客与 RSS

博客（blog）是 weblog 的缩写。它是一种在使用者完全不懂 HTML、也不需要使用 FTP 的情况下，轻松建立 Web 页并更新内容的网络服务应用。常用于网络日记、报表等。

RSS 是用来交互与 Web 站点内容更新相关的摘要信息的一种数据格式，也叫做 Really Simple Syndication 或 RDF（Resource Description Framework）Site Summary。Web 上的数据看起来虽然比 HTML 等顺眼些。但是，通过这些数据，若要立即抽取该页面的概要信息或根据关键字自动集合显示那些自己感兴趣的页面，还是一件比较困难的事情。然而，如果使用 RSS，则可以将页面的标题、内容中的章节标题和概要、分类、关键字等信息记述下来，只显示页面的概要，提高关键字搜索的精度。作为发布消息为主的 Web 站点如果支持 RSS，那么用户可以轻松地通过 RSS 获取该站点的最新消息。

通过博客公开信息已经成为现代信息通信中不可阻挡的趋势。而 RSS 也将会成为人们从日益增多的互联网海量信息中收集自己感兴趣内容的必不可少的工具。

8.6 / 网络管理

8.6.1 SNMP

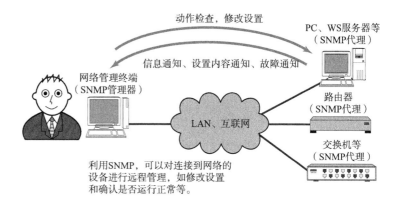

动作检查，修改设置

PC、WS服务器等
（SNMP代理）

信息通知、设置内容通知、故障通知

网络管理终端
（SNMP管理器）

LAN、互联网

路由器
（SNMP代理）

交换机等
（SNMP代理）

利用SNMP，可以对连接到网络的
设备进行远程管理，如修改设置
和确认是否运行正常等。

以前，网络管理都是凭借管理员的记忆和直觉进行。然而随着网络规模变得越来越大，个人的记忆、经验或直觉已经无法与之匹配，需要一个严密的管理工具或方法显得格外重要。在 TCP/IP 的网络管理中可以使用 SNMP（Simple Network Management Protocol）收集必要的信息。它是一款基于 UDP/IP 的协议。

SNMP 中管理端叫做管理器（Manager，网络监控终端），被管理端叫做代理（路由器、交换机等）▼。决定管理器与代理之间的通信中所要交互信息的正是 SNMP。SNMP 中如果将 MIB▼ 看做代理所管理的信息在数据库中的值，那么它可以新增一个值。

▼ SNMPv3 中管理器和代理都叫做实体（Entity）。

▼ 关于 MIB（Management Information Base），请参考 8.6.2 节。

起初 SNMP 的安全机制并不完备。虽然在 SNMPv2 中有人提出过安全方面的建议，但是由于最终意见未能达成一致，所以支持基于团体认证方式的 SNMPv2c 成为了当时的标准。不过，该标准并没有采用安全机制。

后来的 SNMPv3，不仅集合了所有 SNMP 的功能于同一个版本，定义了个别的功能模块（Component），并可以结合各种不同版本进行通信。

SNMPv3 中将"消息处理"、"用户安全"和"访问控制"三部分分开考虑，可以为每一个部选择各自必要的机制。

例如，在消息处理中除了有 SNMPv3 中所定义的处理模型以外，还有 SNMPv1 和 SNMPv2 的处理模型可供选择。实际上，在 SNMPv3 中选用 SNMPv2 的消息处理模型进行通信的情况居多。

消息处理中如果选择了 SNMPv2 的模型，那么会进行以下 8 种操作。它们分别是：查询请求，上次要求的下一个信息的查询请求（GetNextRequest-PDU）、应答、设置请求、批量查询请求（GetBulkRequest-PDU）、向其他管理器发送信息通知（InformRequest-PDU）、事件通知、用管理系统定义的命令（Report-PDU）等操作。

网络管理终端
（SNMP管理器）

路由器，交换机等
（SNMP代理）

动作检查　　查询请求（GetRequest-PDU）

信息请求应答（Response-PDU）

定期检查信息记录网络拥堵情况以及检查设备异常。

修改设置　　设置请求（SetRequest-PDU）

应答（Response-PDU）

按照设置要求进行修改，并确认设置正确与否。
（请注意SNMP是基于UDP的协议，因此可能存在丢包的情况。）

事件通知　　事件通知（SNMPv2-Trap▼）

遇到某些特殊情况时，还可以设置为从代理端主动通知。
（届时会通过SetRequest进行设置）

▼ SNMP 的 Trap 有类似于陷阱的意思。

通常，根据查询请求和应答可以定期检查设备的运行动作，根据设置请求可以修改设备的参数。SNMP 的处理可以分为从设备读取数据和向设备写入数据两种。它们采用 Fetch 和 Store 模式。这些操作类似于计算中的输入输出等基本操作▼。

如果出于某种原因网络设备的状况发生变化，将这个变化通知给 SNMP 管理器时就可以使用 Trap。有了 Trap，即使没有管理器到代理的请求，也能在设备发生变化时收到从代理发来的通知。

▼计算机中可以向内存中特定的地址写入信息，也可以读取内存中特定地址中的内容，据此进行键盘输入、屏幕显示、磁盘存取等操作。这些过程叫做内存映射 I/O，是 Fetch/Store 模式的典型代表。SNMP 正是将这些操作应用到了网络上。

8.6.2　MIB

SNMP 中交互的信息是 MIB（Management Information Base）。MIB 是在树形结构的数据库中为每个项目附加编号的一种信息结构。

SNMP 访问 MIB 信息时使用数字序列。这些数字序列各自都有其易于理解的名字。MIB 分为标准 MIB▼（MIB、MIB-II、FDDI-MIB 等）和各个提供商提供的扩展 MIB。不论是哪种类型的 MIB 都通过 SMI（Structure of Management Information）定义，其中 SMI 使用 ISO 提出的 ASN.1▼方法。

MIB 相当于 SNMP 的表示层，它是一种能够在网络上传输的结构。SNMP 中可以将 MIB 值写入代理，也可以从代理中读取 MIB 值。通过这些操作可以收集冲突的次数和流量统计等信息，可以修改接口的 IP 地址，还可以进行路由器的启停、设备的启动和关闭等处理。

▼有时也叫私有 MIB。

▼ ASN.1（Abstract Syntax Notation 1）是指抽象语法标记法。为标记 OSI 参考模型中表示层协议而被开发的一种语言。用 ASN.1 标记的数据可以在网络上传输。

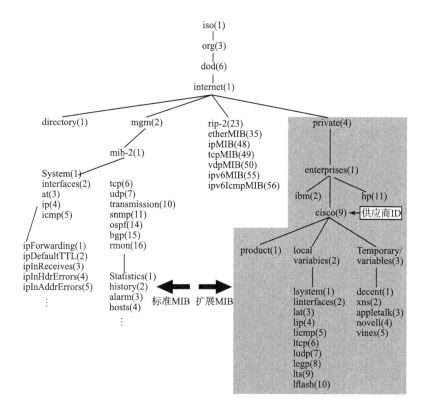

图 8. 22

MIB 树举例（Cisco Systems 相关）

8. 6. 3　RMON

　　RMON 是 Remote Monitoring MIB 的缩写。MIB 由监控网络中某个设备接口（某个点）的众多参数构成。相比之下，RMON 则由监控网络上线路的众多参数构成。

　　RMON 中可监控的信息从原来的一个点扩展到了一条线上。这样可以更高效率地监控网络。可监控的内容上也增加了很多从用户角度看极为有意义的信息，如网络流量统计等。

　　通过 RMON 可以监控某个特定的主机在哪里通过什么样的协议正在与谁进行通信的统计信息，从而可以更加详细地了解网络上成为负荷的主体并进行后续分析。

　　RMON 中从当前使用状况到通信方向性为止，可以以终端为单位也可以以协议为单位进行监控。此外，它不仅可以用于网络监控，以后还可以用于收集网络扩展和变更时期更为有意义的数据。尤其是通过 WAN 线路或服务器段部分的网络流量信息，可以统计网络利用率，还可以定位负载较大的主机及其协议相关信息。因此，RMON 是判断当前网络是否被充分利用的重要资料。

8. 6. 4　SNMP 应用举例

　　下面举一个使用 SNMP 的例子。

　　MRTG（Multi Router Traffic GRAPHER）是利用 RMON 定期收集网络中路由器

的网络流量信息的工具。该用具可以从以下网站获取：

http：// oss. oetiker. ch/ mrtg/

图 8.23

MRTG 可以图像化显示
网络流量

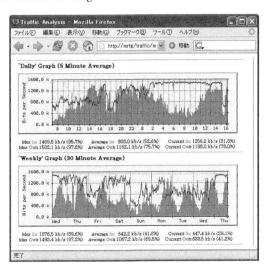

8.7　其他应用层协议

互联网一直以来作为数据通信网络得到了蓬勃的发展。最近它的利用范围有了更进一步的扩大。不仅用于实时收发音频、图像、视频等多媒体数据领域，还被用于电视电话会议、现场转播等即时性、双向性的领域。

8.7.1　多媒体通信实现技术

▼ Voice Over IP 的缩写。

由于 TCP 具有流控制、拥塞控制、重发机制等功能，有时应用所发出去的数据可能无法迅速到达对端目标主机。然而在互联网电话（使用的 VoIP▼）和电视会议当中，即使有少许丢包，也希望系统延时少一点，非常注重系统的即时性。因此，在实时多媒体通信当中采用 UDP。

然而，只使用 UDP 还不足以达到进行实时多媒体通信的目的。例如，在互联网电视电话议会中需要提供查询对方号码、模拟电话机的拨号以及以什么形式交互数据等功能。为此，需要一个叫做"呼叫控制"的支持。呼叫控制主要采用 H.323 与 SIP 协议。此外，还需要 RTP 协议（结合多媒体数据本身的特性进行传输的一种协议）和压缩技术（在网络上传输音频、视频等大型多媒体数据时进行压缩）的支持。

结合上述众多技术才能够真正实现实时多媒体通信。此外，互联网电视电话会议对实时性的要求远远高于到目前为止的任何一个数据通信领域。因此在搭建网络环境时有必要考虑 QoS、线路容量和线路质量等方面的要求。

H.323

H.323 是由 ITU 开发用于在 IP 网上传输音频、视频的一种协议。起初，它主要是作为接入 ISDN 网和 IP 网之上的电话网为目的的一种规范而被提出的。

H.323 定义了 4 个主要组件。它们分别是终端（用户终端）、网关（吸收用户数据压缩顺序的不一致性）、网闸（电话本管理、呼叫管理）以及多点控制单元（允许多个终端同时使用）。

图 8.24

H.323 的基本构成

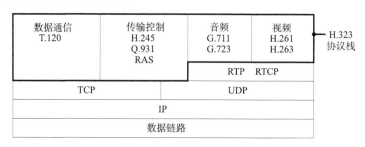

SIP

与 H.323 相对的 TCP/IP 协议即是 SIP（Session Initiation Protocol）协议。SIP 的提出要晚于 H.323，但是被普遍认为更适用于互联网。H.323 的规范内容较多、对应起来比较复杂，而相比之下 SIP 的构成则简单了许多。

终端之间进行多媒体通信时，需要具备事先解析对方地址、呼出对方号码并对所要传输的媒体信息进行处理等功能。此外，还需要具备中断会话和数据转发的功能。这些功能（呼叫控制与信令）都被统一于 SIP 协议中。它相当于 OSI 参考模型中的会话层。

通过终端之间收发消息，可以令 SIP 进行呼叫控制并做一些多媒体通信中必要的准备。不过仅凭 SIP 对数据收发的准备工作还不足以进行多媒体数据的传输。SIP 消息通常都由终端进行直接处理，但是也有在服务器上进行处理的情况。由于 SIP 非常相似于 HTTP 的工作机制▼，不仅在 VoIP，在其他应用当中也已经被广泛使用。

▼ HTTP 中进行 Web 页的获取与发送依赖于 ASCII 码字符串的请求命令和数字序列的应答报文。SIP 在这一点是与 HTTP 一样采用 ASCII 码字符串。

图 8.25

SIP 基本组成

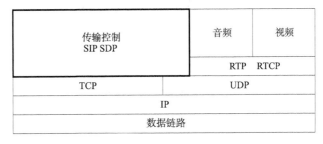

图 8.26

通过 SIP 服务器的呼叫控制的顺序

▼ 根据 RTP 通信可以不必经过 SIP 服务器，可直接在 SIP 终端之间进行。

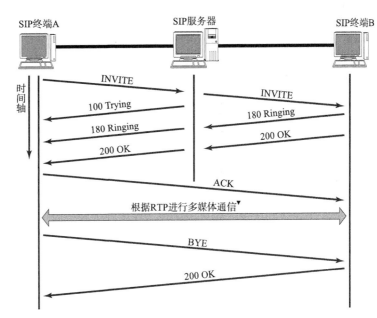

表 8.9

主要 SIP 命令

报　　文	内　　容
INVITE	开始会话
ACK	针对 INVITE 的确认应答
BYE	结束会话
CANCEL	取消会话
REGISTER	注册用户 URI

表 8.10
主要 SIP 响应消息

报　　文	内　　容
100 系列	临时应答
100	Trying 正在处理中
180	Ringing 振铃
200 系列	会话成功
200	OK 会话成功
300 系列	重定向
400 系列	客户端错误
500 系列	服务器错误
600 系列	其他错误

■ RTP

UDP 不是一种可靠性传输协议。因此有可能发生丢包或乱序等现象。因此采用 UDP 实现实时的多媒体通信需要附加一个表示报文顺序的序列号字段，还需要对报文发送时间进行管理。这些正是 RTP（Real-Time Protocol）的主要职责。

RTP 为每个报文附加时间戳和序列号。接收报文的应用，根据时间戳决定数据重构的时机。序列号则根据每发出一次报文加一的原则进行累加。RTP 使用这个序列号对同一时间戳的数据▼进行排序，掌握是否有丢包的情况发生。

RTCP（RTP Control Protocol）是辅助 RTP 的一种协议。通过丢包率等线路质量的管理，对 RTP 的数据传送率进行控制。

▼尤其是对于视频的数据。视频中一个帧的数据往往要超过一个包，然而它们发送的时间戳一致。此时就可以使用同一时间戳内不同的序列号加以区分。

图 8.27
RTP 通信

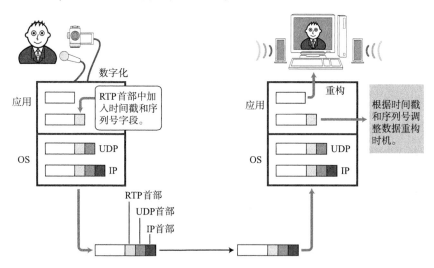

■ 数字压缩技术

通过有效的压缩可以大量减少音频和视频数据的大小。在有限的网络资源中进行多媒体数据的传输，压缩技术成为一个必要的手段。

MPEG（Moving Picture Experts Group）是决定数字压缩规范的 ISO/IEC 工作组。在这里所制定的规范叫做 MPEG。在 MPEG 的众多规范当中，MPEG1 主要用于 VideoCD，而 MPEG2 主要用于 DVD 和数字电视播放领域。此外，还有 MPEG4

▼ 正式的名称为 MPEG1 Audio Layer III。

和 MPEG7 等规范。连音乐压缩的 MP3▼ 也属于 MPEG 的规范。

另一方面，由 ITU-T 的 H.323 所规定 H.261、H.263 与 MPEG 共同协作的产生了 H.264。除此之外，还有微软公司自己的规范。

这些都属于数字压缩技术的范畴。由于它们着重于数据格式上的处理，可以认为它们相当于 OSI 的表示层。

8.7.2　P2P

互联网上电子邮件的通信，普遍属于一台服务器对应多个客户端的 C/S 模式，即 1 对 N 的通信形态。

与之不同，网络上的终端或主机不经服务器直接 1 对 1 相互通信的情况叫做 P2P（Peer To Peer）。这就好比使用无线收发器进行一对一通话。P2P 中主机具备客户端和服务端两方面的功能，以对等的关系相互提供服务。

IP 电话中也有使用 P2P 的例子。使用 P2P 以后，可以分散音频数据给网络带来的负荷，实现更高效的应用。例如互联网电话 Skype 就采用了 P2P 的功能。

除了 IP 电话外，其他实现互联网的文件传输应用如 BitTorrent 协议或一部分群组软件等，也是用到了 P2P 的技术。

图 8.28

集中型与 P2P 型

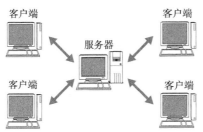
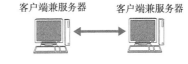

客户端　　　客户端　　　服务器　　　客户端　　　客户端

客户端兼服务器　　　客户端兼服务器

1台服务器连接N台客户端的集中型　　　每个主机兼客户端与服务器进行1对1相连的P2P型

不过，也有不支持 P2P 的环境。例如在服务器与客户端分离型的环境中，服务器要在一个可以由互联网直接访问的地方，而客户端即使是在 NAT 内侧也不会有问题。然而在 P2P 中这个结构却行不通。它必须具备从互联网越过 NAT 令双方终端能够访问的功能。

8.7.3　LDAP

LDAP（Lightweight Directory Access Protocol）是访问目录服务的一种协议，也叫轻量级目录访问协议。所谓"目录服务"是指网络上存在的一种提供相关资源的数据库的服务。这里的目录也有地址簿的意思。可以认为目录服务就是管理网络上资源的一种服务。

▼ ISO 于 1988 年制定的标准目录访问协议（DAP, Directory Access Protocol）。X.500 是它在 ITU-T 中的编号。

LDAP 用于访问这种目录服务。目录服务的规范作为 X.500▼ 于 1988 年由 ISO（国际标准化组织）制定。而 LDAP 在 TCP/IP 上实现了 X.500 中的一部分功能。

就像 DNS 为了更简单地对网络上的各个主机进行管理一样，LDAP 是为了更简单地管理网络上的各种资源。

▼ LDIF（LDAP Interchange Format：LDAP 数据交换格式）

LDAP 定义了目录树的结构、数据格式、命名规则、目录访问顺序和安全认证。图 8.29 列出了 LDAP 设置的一般结构▼。图 8.30 则为单纯目录树的例子。

图 8.29

LDIF 文件

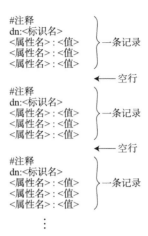

图 8.30

LDAP 目录树（DIT）

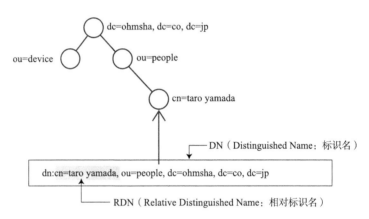

　　在大规模的公司或教育机关中，所要管理的对象如使用者（用户）和设备的数量往往非常庞大。那么为了让这些用户能够使用计算机或某个应用，有必要事先进行可否使用计算机或应用的设置。此时如果这些设备和应用应对了 LDAP，并在一个可以进行统一管理的 LDAP 服务器中注册了所有用户，那么就可以对这些用户是否有效进行判断。LDAP 常被用于这一类的认证管理和资源管理中▼。

▼同一类型同样功能的产品还有微软公司的 Active Directory、Novell 公司的 eDirectory 等。它们都在支持 LDAP 的同时还提供自身扩展的功能，所以每个产品所能提供的服务也都不相同。因此，很多公司会根据自己的需求选择合适的产品。

第9章

网络安全

本章旨在介绍互联网中网络安全的重要性及其相关的实现技术。

7 应用层	<应用层> TELNET, SSH, HTTP, SMTP, POP, SSL/TLS, FTP, MIME, HTML, SNMP, MIB, SIP, RTP …
6 表示层	
5 会话层	
4 传输层	<传输层> TCP, UDP, UDP-Lite, SCTP, DCCP
3 网络层	<网络层> ARP, IPv4, IPv6, ICMP, IPsec
2 数据链路层	以太网、无线LAN、PPP…… （双绞线电缆、无线、光纤……）
1 物理层	

9.1 　 TCP/IP 与网络安全

▼并非不固定数目，而是在一个特定的用户群范围内。

　　起初，TCP/IP 只用于一个相对封闭▼的环境，之后才发展为并无太多限制、可以从远程访问更多资源的形式。因此，"安全"这个概念并没有引起人们太多的关注。然而，随着互联网的日益普及，发生了很多非法访问、恶意攻击等问题，着实影响了企业和个人的利益。由此，网络安全逐渐成为人们不可忽视一个重要内容。

▼安全策略是指在如公司等组织内部，针对信息处理明文规定的统一标准和方法。

　　互联网向人们提供了很多便利的服务。为了让人们能够更好、更安全的利用互联网，只有牺牲一些便利性来确保网络的安全。因此，"便利性"和"安全性"作为两个对立的特性兼容并存，产生了很多新的技术。随着恶意使用网络的技术不断翻新，网络安全的技术也在不断进步。今后，除了基本的网络技术外，通过正确理解安全相关的技术、制定合理的安全策略▼、按照制定的策略进行网络管理及运维成为一个重要的课题。

9.2 网络安全构成要素

随着互联网的发展，对网络的依赖程度越高就越应该重视网络安全。尤其是现在，对系统的攻击手段愈加多样化，某种特定程度的技术远不足以确保一个系统的安全。网络安全最基本的要领是要有预备方案。即不是在遇到问题的时候才去处理，而是通过对可能发生的问题进行预测，在可行的最大范围内为系统制定安保对策，进行日常运维，这才是重中之重。

TCP/IP 相关的安全要素如图 9.1 所示。在此，我们针对每一个要素进行介绍。

图 9.1

构造安全系统的要素

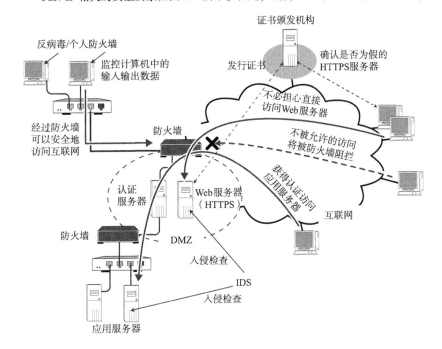

9.2.1 防火墙

组织机构（域）内部的网络与互联网相连时，为了避免域内受到非法访问的威胁，往往会设置防火墙▼。

▼使用 NAT（NAPT）的情况下，由于限定了可以从外部访问的地址，因此也能起到防火墙的作用。

防火墙的种类和形态有很多种。例如，专门过滤（不过滤）特定数据包的包过滤防火墙、数据到达应用以后由应用处理并拒绝非法访问的应用网关。这些防火墙都有基本相同的设计思路，那就是"暴露给危险的主机和路由器的个数要有限"。

如果网络中有 1000 台主机，若为每一台主机都设置非法访问的对策，那将是非常繁琐的工作。而如果设置防火墙的话，可以限制从互联网访问的主机个数▼。将安全的主机和可以暴露给危险的主机加以区分，只针对后者集中实施安全防护。

▼具体请参考 9.2.2 节后面的 DMZ。

如图 9.2 所示，这是一个设置防火墙的例子。图中，对路由器设置了只向其发送特定地址和端口号的包。即设置了一个包过滤防火墙。

当从外部过来 TCP 通信请求时，只允许对 Web 服务器的 TCP 80 端口和邮件服务器的 TCP 25 端口的访问。其他所有类型的包全部丢弃▼。

▼实际上还有一些 DNS 等其他不得不让通过的包。

此外，建立 TCP 连接的请求只允许从内网发起。关于这一点，防火墙可以通过监控 TCP 包首部中的 SYN 和 ACK 标志位来实现。具体为，当 SYN＝1，ACK＝0 时属于互联网发过来的包，应当废弃。有了这样的设置以后，只能从内网向外建立连接，而不能从外网直接连接内网。

图 9.2

防火墙举例

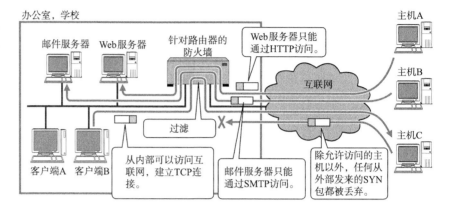

9.2.2   IDS（入侵检测系统）

数据包符合安全策略，防火墙才会让其通过。即只要与策略相符，就无法判断当前访问是否为非法访问，所以全部允许通过。

而 IDS 正是检查这种已经侵入内部网络进行非法访问的情况，并及时通知给网络管理员的系统。

IDS 根据不同的用途可以提供各种不同的功能。从设置形式上看，一般在防火墙或 DMZ 等边界设备上进行设置。有了这样监控、检测边界的功能，就可以设置在网络内部、全网或个别特殊的服务器上进行监控。

从功能上看，IDS 有定期采集日志、长期监控、通知异常等功能。它可以监控网络上流动的所有数据包。为了确保各种不同系统的安全，IDS 可以与防火墙相辅相成，实现更为安全的网络环境。

■ DMZ 定义

在连接互联网的网络中，可以设置一个服务器并在这台服务器上建立一个允许从互联网直接进行通信的专用子网。这种将外网与内网隔开的专用子网就叫做 DMZ（DeMilitarized Zone，非军事化区）。

在 DMZ 中设置的这个服务器对外公开，从而可以排除外部过来的非法访问。万一这台对外公开的服务器遇到侵袭，也不会波及内部网络。

作为 DMZ 的主机必须充分实施安全策略才能得以应付外来入侵。

9.2.3   反病毒/个人防火墙

反病毒和个人防火墙是继 IDS 和防火墙之后的另外两种安全对策，它们往往是用户使用的计算机或服务器上运行的软件。既可以监控计算机中进出的所有包、数据和文件，也可以防止对计算机的异常操作和病毒入侵。

一个企业，通常会保护自己网内所有的客户端 PC。这样可以防范病毒穿过防火墙之后的攻击。

近年来，网络上的攻击形式日趋复杂，其方法的不断演化真可谓"用心良苦"。有些黑客发送带有病毒或蠕虫的邮件感染系统，还有些可能会直接攻击操作系统本身的弱点。这些黑客甚至通过时间差或复杂的传染路径等方式隐藏攻击源，行为及其恶劣，严重影响了人们正常的工作生活。

反病毒/个人防火墙正是为了防范上述威胁、保护客户端 PC 的一种方法。这种方法不仅可以达到防范病毒的目的，一旦某一台机器发生病毒感染时，它可以通过消除病毒，使其尽量避免因病毒的扩散而产生更严重后果的影响。

此外，一般的反病毒/个人防火墙的产品也开始提供诸如防止垃圾邮件的接收、阻止广告弹出以及阻止访问受禁止网站的 URL 过滤等功能。有了这些功能可以防止一些潜在的威胁以及避免降低生产力。

■ PKI（公钥基础结构）

PKI（Public Key Infrastructure，公钥基础结构）是一种通过可信赖的第三方检查通信对方是否真实而进行验证的机制。这里所提到的可信赖的第三方在 PKI 中称作认证机构（CA：Certificate Authority）。用户可以利用 CA 颁发的"数字证书"验证通信对方的真实性。

该数字证书包含用户身份信息、用户公钥信息▼以及证书签发机构对该证书的数字签名信息。其中证书签发机构的数字签名可以确保用户身份信息和公钥信息的真实合法性。而公钥信息可以用于加密数据或验证对应私钥的签名。使用公钥信息加密后的数据，只能由持有数字证书的一方读取，这在使用信用卡等对于安全要求较高的场合极为重要。

PKI 还用于加密邮件和 Web 服务器的 HTTPS▼通信中。

▼公钥信息用于加密数据。持有数字证书的一方若想使用公钥加密的数据，只能由自己持有的私钥进行解密后方可使用。关于公钥、私钥的更多细节请参考 9.5 节。

▼关于 HTTPS 的更多细节请参考 9.4.2 节。

9.3   加密技术基础

一般情况下，网页访问、电子邮件等互联网上流动的数据不会被加密。另外，互联网中这些数据经由哪些路径传输也不是使用者可以预知的内容。因此，通常无法避免这些信息会泄露给第三方。

为了防止这种信息的泄露、实现机密数据的传输，出现了各种各样的加密技术。加密技术分布与 OSI 参考模型的各个阶层一样，相互协同保证通信。

表 9.1
加密技术的逐层分类

▼ Privacy Enhanced Telnet

分　　层	加密技术
应用层	SSH、SSL-Telnet、PET▼ 等远程登录、PGP、S/MIME 等加密邮件
表示层、传输层	SSL/TLS、SOCKS V5 加密
网络层	IPsec
数据链路层	Ethernet、WAN 加密装置、PPTP（PPP）

图 9.3
各层加密应用举例

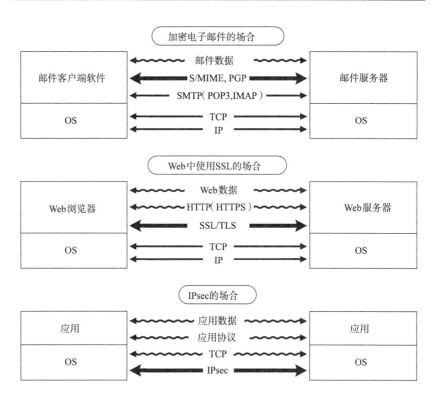

*大箭头表示进行加密的阶层。
从而可以保护在该层以上的数据不被窃听。

� 9.3.1   对称密码体制与公钥密码体制

加密是指利用某个值（密钥）对明文的数据通过一定的算法变换成加密（密文）数据的过程。它的逆反过程叫做解密。

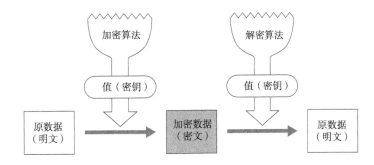

图 9.4
加密过程

加密和解密使用相同的密钥叫做对称加密方式。反之，如果在加密和解密过程中分别使用不同的密钥（公钥和私钥）则叫做公钥加密方式。在对称加密方式中，最大的挑战就是如何传递安全的密钥。而公钥加密方式中，仅有一方的密钥是无法完成解密的，还必须严格管理私钥。通过邮件发送公钥、通过 Web 公开发布公钥、或通过 PKI▼ 分配等方式，才得以在网络上安全地传输密钥。不过，相比对称加密方式，后者在加密和解密上需要花费的时间较长，在对较长的消息进行加密时往往采用两者结合的方式▼。

▼关于 PKI 请参考 9.2.3 节的最后部分。

▼参考 9.2.4 节。

对称加密方式包括 AES（Advanced Encryption Standard）、DES（Data Encryption Standard）等加密标准，而公钥加密方法中包括 RSA、DH（Diffie-Hellman）、椭圆曲线等加密算法。

图 9.5
对称加密方式与公钥加密方式

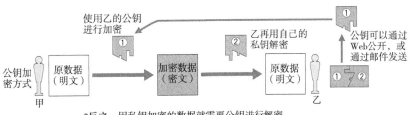

*反之，用私钥加密的数据就需要公钥进行解密。

9.3.2　身份认证技术

在实施安全对策时，有必要验证使用者的正确性和真实性。如果不是正当的使用者要拒绝其访问。为此，需要数据加密的同时还要有认证技术。

认证可以分为如下几类。

● 根据所知道的信息进行认证
指使用密码或私有代码（私有识别码）的方式。为了不让密码丢失或不被轻易推测出来，用户自己需要多加防范。使用公钥加密方式进行的数字认证，就需要验证是否持有私钥。

- 根据所拥有的信息进行认证

  指利用 ID 卡、密钥、电子证书、电话号码等信息的方式。在移动手机互联网中就是利用手机号码或终端信息进行权限认证。

- 根据独一无二的体态特征进行认证

  指根据指纹、视网膜等个人特有的生物特征进行认证的方式。

从认证级别和成本效益的角度考虑，一般会综合上述 3 种方式的情况更为普遍。另外，还有一种集合各种终端、服务器和应用的认证于一起进行综合管理的技术叫做 IDM（IDentity Management）。

9.4 | 安全协议

9.4.1　IPsec 与 VPN

以前，为了防止信息泄露，对机密数据的传输一般不使用互联网等公共网络（Public Network），而是使用由专线连接的私有网络（Private Network）。从而在物理上杜绝了窃听和篡改数据的可能。然而，专线的造价太高是一个不可回避的问题。

为了解决此类问题，人们想出了在互联网上构造一个虚拟的私有网络。即
▼关于 VPN 请参考 3.7.7 节。 VPN（Virtual Private Network，虚拟专用网）▼。互联网中采用加密和认证技术可以达到"即使读取到数据也无法读懂"、"检查是否被篡改"等功效。VPN 正是一种利用这两种技术打造的网络。

图 9.6
互联网上的 VPN

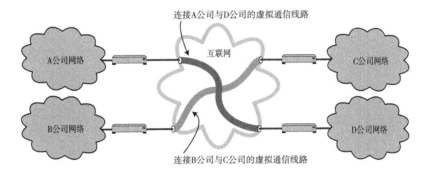

在构建 VPN 时，最常被使用的是 IPsec。它是指在 IP 首部的后面追加"封装安全
▼ ESP, Encapsulating Security 有效载荷"▼和"认证首部"▼，从而对此后的数据进行加密，不被盗取者轻易解读。
Payload。
▼ AH, Authentication Head- 在发包的时候附加上述两个首部，可以在收包时根据首部对数据进行解密，
er。 恢复成原始数据。由此，加密后的数据不再被轻易破解，即使在途中被篡改，也能够被及时检测。

基于这些功能，VPN 的使用者就可以不必设防地使用一个安全的网络环境。

图 9.7
通过 IPsec 加密 IP 包

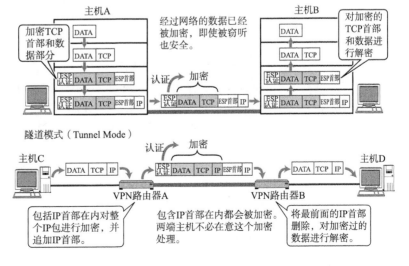

9.4.2　TLS/SSL 与 HTTPS

现在有很多互联网应用已经逐渐进入人们的生活。例如网上购物、网上订车票、订飞机票或预订演出票等。在这些系统的支付过程中经常会涉及信用卡网上支付，而网上银行系统还需要用户直接在网上输入账号和密码。

▼ Transport Layer Security/Secure Sockets Layer。由网景公司最早提出的名称叫SSL，标准化以后被称作 TLS。有时两者统称为 SSL。

而信用卡卡号、银行账号、密码都属于个人的机密信息。因此，在网络上传输这些信息时有必要对它们进行加密处理。

▼对称加密虽然速度快，但是密钥管理是巨大的挑战。公钥加密密钥管理相对简单，但是处理速度非常慢。TLS/SSL 将两者进行取长补短令加密过程达到了极好的效果。由于谁都可以发送公钥，使得密钥管理更为简单。

Web 中可以通过 TLS/SSL▼ 对 HTTP 通信进行加密。使用 TLS/SSL 的 HTTP 通信叫做 HTTPS 通信。HTTPS 中采用对称加密方式。而在发送其公共密钥时采用的则是公钥加密方式▼。

图 9.8

HTTPS

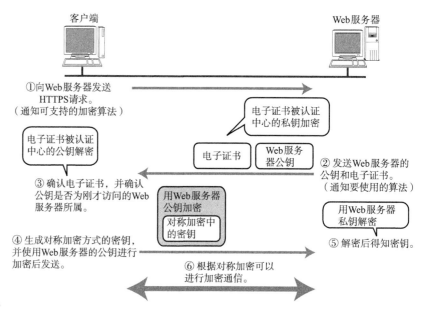

客户端　　　　　　　　　　　　Web 服务器

①向 Web 服务器发送 HTTPS 请求。（通知可支持的加密算法）

电子证书被认证中心的私钥加密

电子证书被认证中心的公钥解密

电子证书　Web 服务器公钥

②发送 Web 服务器的公钥和电子证书。（通知要使用的算法）

③确认电子证书，并确认公钥是否为刚才访问的 Web 服务器所属。

用 Web 服务器公钥加密　对称加密中的密钥

用 Web 服务器私钥解密

⑤解密后得知密钥。

④生成对称加密方式的密钥，并使用 Web 服务器的公钥进行加密后发送。

⑥根据对称加密可以进行加密通信。

▼ Certificate Authority

确认公钥是否正确主要使用认证中心（CA▼）签发的证书，而主要的认证中心的信息已经嵌入到浏览器的出厂设置中。如果 Web 浏览器中尚未加入某个认证中心，那么会在页面上提示一个警告信息。此时，判断认证中心合法与否就要由用户自己决定了。

9.4.3　IEEE802.1X

IEEE802.1X 是为了能够接入 LAN 交换机和无线 LAN 接入点而对用户进行认证的技术。并且它只允许被认可的设备才能访问网络。虽然它是一个提供数据链路层控制的规范，但是与 TCP/IP 关系紧密。一般，由客户端终端、AP（无线基站）或 2 层交换机以及认证服务器组成。

IEEE802.1X 中当有一个尚未经过认证的终端连接 AP（如图 9.9 中的①）时，起初会无条件地让其连接到 VLAN，获取临时的 IP 地址。然而此时终端只能连接认证服务器（如图 9.9 中的②）。

连到认证服务器后，用户被要求输入用户名和密码（如图 9.9 中的③）。认证服务器收到该信息以后，将该用户所能访问的网络信息通知给 AP 和终端（如

图 9.9 中的④)。

　　随后 AP 会进行 VLAN 号码（该终端连接网络必要的信息）的切换（如图9.9中的⑤)。终端则由于 VLAN 的切换进行 IP 地址重置（如图9.9中的⑥)，最后才得以连接网络（如图9.9中的⑦)。

　　公共无线局域网中，一般也会进行用户名和密码的加密和认证。不过也可以通过 IC 卡或证书、MAC 地址确认等第三方信息进行更为严格的认证。

　　IEEE802.1X 中使用 EAP▼。EAP 由 RFC3748 以及 RFC5247 定义。

▼ Extensible Authentication Protocol，可扩展身份认证协议。

图 9.9

IEEE802.1X

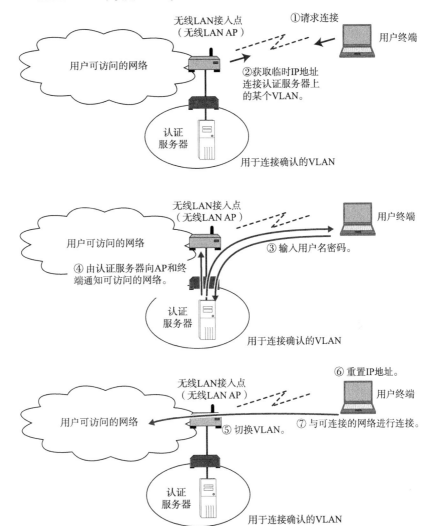

附　　录

附1 互联网上便捷的资源

▶ 国际

■ IETF（The Internet Engineering Task Force）

- http：//www.ietf.org/
  IETF（Internet 工程任务组）的主页。主要介绍对 TCP/IP 协议进行标准化的工作组，及发布邮件组的注册方法等信息。也可以从该网站获取 RFC 和 Internet-Draft。该站点还列出了 IAB、Internet Society 等的链接。

■ ISOC（Internet Society）

- http：//www.isoc.org/
  ISCO（互联网协会）的主页。是进行 TCP/IP 协议标准化活动的 IETF 的上层机构。

■ IANA（Internet Assigned Numbers Authority）

- http：//www.iana.org/
  IANA（互联网数字分配机构）的主页。关于 TCP/IP 中使用到的各种编号如协议编号、端口号等信息进行管理。它提供注册申请端口号的页面。

■ ICANN（Internet Corporation for Assigned Names and Numbers）

- http：//www.icann.org/
  ICANN（互联网名称与数字地址分配机构）的主页。通过该网站可以获取 IP 地址、域名分配等相关的信息。

■ InterNIC

- http：//www.internic.net/
  InterNIC（国际互联网络信息中心）的主页。该机构管理.com,.edu,.net,.org 等域名。

■ ITU（International Telecommunication Union）

- http：//www.itu.int/
  ITU（国际电信联盟）的主页。提供 ITU 标准文档的有偿配送服务。

■ ISO（International Organization for Standardization）

- http：//www.iso.org/
  ISO（国际标准化组织）的主页。提供 ISO 标准文档的有偿配送服务。

■ IEEE（Institute of Electrical and Electronics Engineers）

- http：//www.ieee.org/
  IEEE（电气电子工程师学会）的主页。提供 IEEE 标准文档的有偿配送服务。

■ ANSI（American National Standards Institute）

- http：//www.ansi.org/

  ANSI（美国国家标准学会）的主页。

附2　IP地址分类（A、B、C类）相关基础知识

针对传统的 IP 地址分类进行详细介绍。主要包括 A 类、B 类和 C 类地址相关信息。

附2.1　A类

A 类地址的网络地址部分占 8 比特，主机地址占 24 比特。

附图.1

A 类

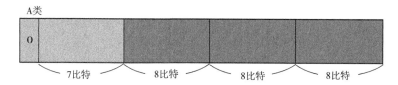

IP 地址第一位的值为 0 时属于 A 类地址，因此其网络地址分布为：

|00000000（0）| → |01111111（127）|

在 0 到 127 总共 128 个网络地址中 0 和 127 被保留，因此只有 128−2 = 126 个可用的网络地址。

00000000. 00000000. 00000000. 00000000（0.0.0.0）	保留
00000001. 00000000. 00000000. 00000000（1.0.0.0）	可用
↓	
01111110. 00000000. 00000000. 00000000（126.0.0.0）	可用
01111111. 00000000. 00000000. 00000000（127.0.0.0）	保留

主机地址在网络地址之后，因此它是从第 9 比特开始到第 32 比特的 24 比特数字。主机地址的分布为：

|00000000.00000000.00000000| → |11111111.11111111.11111111|

相当于 2^{24} = 16777216 个地址。其中全部为 0 和全部为 1 的地址已经是保留地址。因此 A 类 IP 地址的一个网络地址可以分配 16777214 个主机地址。

附2.2　B类

B 类地址的网络地址部分占 16 比特，主机地址占 16 比特。

附图.2

B 类

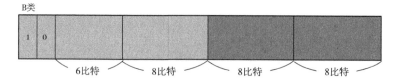

IP 地址前两位的值为 10 时属于 B 类地址，因此其网络地址分布为：

|10000000. 00000000（128.0）| → |10111111.11111111（191.255）|

由于前两位固定为10，后面14位可以有 2^{14} = 16384 个组合。在这16384个地址中128.0和191.255属于保留地址，因此实际B类的网络地址最多可以有16382个。

10000000. 00000000. 00000000. 00000000（128.0.0.0）	保留
10000000. 00000001. 00000000. 00000000（128.1.0.0）	可用
↓	
10111111. 11111110. 00000000. 00000000（191.254.0.0）	可用
10111111. 11111111. 00000000. 00000000（191.255.0.0）	保留

主机地址在网络地址之后，因此它是从第17比特开始到第32比特的16比特数字。主机地址的分布为：

|00000000.00000000| → |11111111.11111111|

相当于 2^{16} = 65536 个地址。其中全部为0和全部为1的地址已经是保留地址。因此B类IP地址的一个网络地址可以分配65534个主机地址。

附2.3　C类

C类地址的网络地址部分占24比特，主机地址占8比特。

附图.3

C类

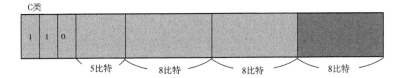

IP地址前三位的值为110时属于C类地址。因此其网络地址分布为：

11000000. 00000000. 00000000（192.0.0）
↓
11011111. 11111111. 11111111（223.255.255）

由于前三位固定为110，后面21位可以有 2^{21} = 2097152 个组合。在这2097152个地址中192.0.0和223.255.255属于保留地址，因此实际C类的网络地址只有2097152-2=2097150个可用地址。

11000000. 00000000. 00000000. 00000000（192.0.0.0）	保留
11000000. 00000001. 00000001. 00000000（192.0.1.0）	可用
↓	
11011111. 11111111. 11111110. 00000000（223.255.254.0）	可用
11011111. 11111111. 11111111. 00000000（223.255.255.0）	保留

因为主机地址在网络地址之后，所以它是从第25比特开始到第32比特的8比特数字。主机地址的分布为：

|00000000| → |11111111|

相当于 2^8 = 256 个地址。其中全部为0和全部为1的地址是保留地址。因此C类IP地址中一个网络地址可以分配254个主机地址。

附3   物理层

附3.1   物理层相关基础知识

通信最终通过物理层实现传输。即，本书中提及的从数据链路层到应用层的数据包发送都要通过物理层才能送达目标地址。

物理层通过把上层的比特流（0、1 的二进制流）转换为电压的高低、灯光的闪灭等物理信号，将数据传输出去。而接收端收到这些物理的信号以后在将这些电压的高低、灯光的闪灭恢复为比特流（0、1 的二进制流）。因此，物理层的规范中包括比特流转换规则、缆线结构和质量以及接口形状等。

公司或家庭内部的网络一般由以太网或无线局域网构成。这些网络连接到互联网时得向通信运营商或互联网提供商提出申请。这些服务提供商可以提供模拟电话、移动电话·PHS、ADSL、FTTH、有线电视以及专线等线路服务。

上述众多通信线路在传输方式上大体可以划分为模拟▼和数字▼两种。其中，模拟方式中传感器采集得到的是连续变化的值，而在数字方式中传输的是将模拟数据经量化（0、1）后得到的离散的值。由于计算机采用二进制表示数值，因此采用的是数字方式。

在计算机网络被广泛普及之前，模拟电话曾一度盛行▼。虽然模拟信号力图模拟存在于自然界的事物现象，但是对于计算机来说进行直接处理是一件非常困难的事情。由于模拟信号连续变化，它的值有一定的模糊性。由于在远距离传输中它的值容易发生变化，因此在计算机之间的通信当中基本未能得到广泛使用▼。

现如今，数字通信方式已经得到普及。数字通信中没有含糊不清的值，即使在较长距离之间传递，数据的值也不易发生变化▼，使得计算机变得更具亲和力。TCP/IP 中全部使用数字通信方式。

数字化已不再局限于通信行业，在现代人的生活当中，几乎所有事物都朝着数字化方向发展。例如 CD、DVD、MP3 播放器、数码相机、地面数字播放等。以前一直使用模拟方式传输音频和视频，现已逐渐转为数字方式。这一切都与 TCP/IP 的发展息息相关。

附3.2   0/1 编码

物理层最重要的作用就是将计算机中的比特流与电压的高低、灯光的闪灭之间的转换。发送端将 0、1 比特流转换为电压的高低、灯光的闪灭。接收端与之相反，需要将电压的高低、灯光的闪灭转换回 0、1 比特流。附图 4 即展示了这种转换方式。不过像 MTL-3 那种 3 层阶段信息在电气中可以实现，但在光的闪灭中无法实现。

使用 100BASE-FX 等电缆的 NRZI 中，如果出现连续的 0 就无法分割不同的比特流▼。为避免这种问题，使用 4B/5B 技术将其转换、发送。它是指每 4 个比特数据插入一个附加比特将其置成为一个 5 比特符号的比特流以后再进行发送处理的意思。在这个 5 比特流中必定有一位为 1，从而可以避免出现连续 4 比特以上为 0 的情况。由于这种转换，使得 100Base-FX 虽然在数据链路层面的传输速率

▼ Analog。通过连续变化的量表示某个量的方法。例如带指针的手表中通过指针的转动表示具体的时刻。

▼ Digital。通过除 0 或 1 之外没有其他中间值的离散数值表示某个量的方法。例如电子手表中用数字表示具体的时刻，但是对于秒与秒之间的信息没有任何值可以表示。

▼以前的模拟电话中通过连续的气压的震动表示声音，并将其转换成连续的电压变化进行传输。

▼使用调制解调器（MODEM：MOdulator-DEModulator）可以将模拟信号转换成为数字信号。它可以将数字信号在模拟线路上进行传输（Modulation），也可以把从模拟线路上收到的信号恢复成为数字信号。

▼由于距离限制，必须通过中继器进行延长。此外，如果再有噪声干扰，可能会破坏正在发送的数据，此时就需要在上一层进行 FCS 或使用校验和进行错误检查。

▼例如，接收方无法区分 0 是持续了 999 个比特，还是 1000 个比特。

为 100Mbps，但在物理层却为 125Mbps。除了 4B/5B 转换之外，类似地还有 8B/6T、5B6B 以及 8B10B 等转换方法。

附图 . 4

主要编码方式

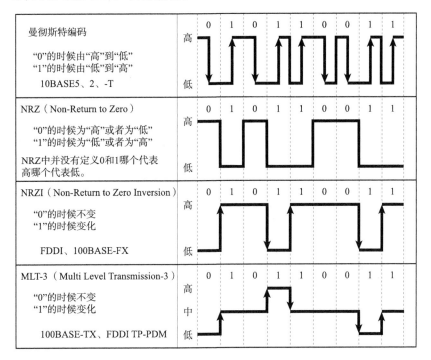

附 4　　传输介质相关基础知识

一台计算机连网时总是需要一个物理的介质。这种物理介质不仅包括同轴电缆、双绞线、光纤等有线介质，还包括电磁波、红外线等无线连接介质。

附 4.1　同轴电缆

▼ Mbps 是 Mega Bits Per Second 的缩写。它是指 1 秒可传输大约 10 的 6 次方比特数据的单位。

以太网或 IEEE802.3 中使用同轴电缆。同轴电缆的两端为 50Ω 的终端电阻。有两种规格，分别为 10BASE5 和 10BASE2，并且两种都保持 10Mbps▼ 的传输速率。

▼ 10BASE5 以前也叫粗缆以太网。

▼ 10BASE2 以前也叫细缆以太网。

两者的区别在于 10BASE5▼ 叫做粗缆，10BASE2▼ 叫做细缆。在连接方法上，粗缆必须安装收发器，在不影响设备使用的情况下可以增设收发器。收发器与计算机的 NIC 之间通过收发器电缆连接。

附图.5

以太网电缆（10BASE5）

附图.6

10BASE5 与 10BASE2 的网络构成

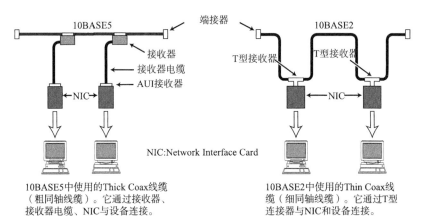

NIC:Network Interface Card

10BASE5中使用的Thick Coax线缆（粗同轴线缆）。它通过接收器、接收器电缆、NIC与设备连接。

10BASE2中使用的Thin Coax线缆（细同轴线缆）。它通过T型连接器与NIC和设备连接。

与之相比，10BASE2 通过 BNC（也叫 T 型连接器）与设备连接，但是新增线路时需要切断电缆。

附 4.2　双绞线

▼ 双绞线电缆（Twisted Pair Cable）也叫双绞线。

双绞线电缆▼是将成对的导线封装在一个绝缘外套中而形成的一种传输介质。比一般导线更可以减少噪声干扰、抑制缆线内数据流动信号的衰减。它可以分为很多种类型，是目前以太网（10BASE-T、100BASE-TX、1000BASE-T）最常用的一种布线材料。

■ 信号传输方式

用双绞线传输信号有两种方式。一是以 RS-232C 为代表的单端信号传输。它是指相对于地信号（0 伏）将二进制流对应的电压变化通过一根线进行传输。另一种是以 RS-422 为代表的，差分信号传输。它不需接地信号，而是将原来的单端信号进行差分变化。变化后是一个和原信号相同（发送数据+）、一个与原信号相反（发送数据-）的两组信号。将这两组信号通过一对线缆（一个绕对）传输，可以对信号的变化相互抵消，从而可以提高抗干扰能力。此外，由于不使用接地信号，而是通过发送数据+与发送数据-之间的电位差进行信号变化的判断，因此可以提高对来自外界电场干扰（噪声）的耐性。使用双绞线的以太网即第二种差分信号传输方式。

附图.7
双绞线构造

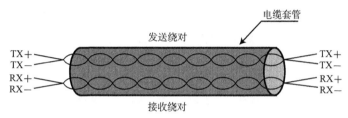

分为发送绕对（Transmit Pair）和接收绕对 (Receive Pair) 进行通信。此处，TX表示发送。TX+表示发送数据+，TX-表示发送数据-。RX表示收消息。

附图.8
双绞线的信号传输方式

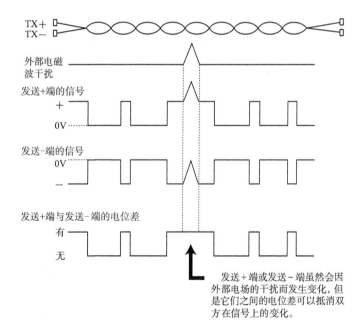

发送+端或发送-端虽然会因外部电场的干扰而发生变化，但是它们之间的电位差可以抵消双方在信号上的变化。

■ 双绞线的种类

双绞线分为屏蔽双绞线（Shielded Twisted Pair，STP）和非屏蔽双绞线（Unshielded Twisted Pair，UTP）。UTP 的电缆套管内只由一对对线缆构成的一种数据传输线。而 STP 的电缆套管与一对对线缆之间增加了一个绝缘的金属屏蔽层，它可以通过一端或两端接地防止电磁干扰或辐射。

STP 虽然比 UTP 抗干扰能力更强，但是布线复杂和价格昂贵是它的主要缺点。

根据网路的不同种类，可以选择不同类型的双绞线。这些类型中包括 1000BASE-TX、FDDI、ATM 等以 100Mbps 为传输目标的网络中使用的 CAT[▼] 5，以及 1000BASE-T 中使用的增强型 CAT5 或 CAT6。

▼ Category 的首三位字母。这是由指定的双绞线规格。CAT 值越高，传输速率越高。

附表.1
具有代表性的双绞线类型

CAT 类型	传输速率	所被使用的数据链路
CAT3	~ 10Mbps	10BASE-T
CAT4	~ 16Mbps	令牌环
CAT5	~ 100Mbps/150Mbps	100BASE-TX、ATM（OC-3）、FDDI
增强型 CAT5	~ 1000Mbps	1000BASE-T
CAT6	~ 10Gbps	10GBASE-T

■ 双绞线的绕对组合

通常，两条铜线组成一个绕对，再以四个绕对（八条铜线）为一组用套管包成一条电缆成为一根双绞线。线缆两端的连接器可以插入交换机、集线器和配线器连接通信设备。如前面小节所介绍，双绞线采用差分信号传输方式时可以发挥较好的效率。因此，线缆连接连接器时哪个绕对连接哪个连接点至关重要。

▼ EIA/TIA568B 是楼宇中配线的规格。所谓的 CATn 也是以此规格定义的。

线缆的绕对跟连接点之间的关系有很多中规格。以太网中使用 EIA/TIA568B[▼]（AT&T-258A）的连接方法，它们实际的连接方式如附图-9 所示。

附图.9
双绞线绕对的组合方式

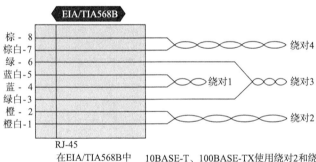

在 EIA/TIA568B 中
10BASE-T、100BASE-TX 使用绕对2和绕对3。
1000BASE-T 使用所有绕对。
FDDI 使用绕对2和绕对4。

附4.3　光纤电缆

▼以太网中使用 UTP 时，只允许交换机到设备之间的电缆最长为 100 米。而且 UTP 和 STP 的导线有时会受到雷电影响。然而使用光纤就不会存在这些问题。

光纤主要用于以下几种场景：为了实现使用同轴电缆和双绞线电缆无法实现的数公里远距离连接；为了防止噪声等电磁干扰；为了实现高速传输[▼]。

通常，实现 100Mbps 左右的通信可以采用多模光纤。如果要实现更高的传输速率就得使用单模光纤。前者的光纤芯径由 50 微米到 100 多微米不等，而后者的光纤芯径仅为数微米，对制造工艺的要求相当高。

光纤相比其他传输介质，连接方法相对复杂，需要专门的技术和设备。当然，价格不菲也是它的特点。因此，采用光纤搭建网络时，应该充分考虑搭建现有网络时所用到的连接介质、铺设线路数目以及未来的设备增加和可扩展性。

▼ WDM（Wavelength Division Multiplexing）是指波分复用的意思。

光纤不仅用于 ATM、千兆以太网、FTTH 等网络中，随着 WDM[▼] 等技术的出现，它作为支撑未来网络的传输介质而崭露头脚。

WDM（波分复用）是将不同波长的光载波信号汇合到同一根光纤中进行传输

的技术。根据这个技术，未来网络可以从 Gbps 一跃达到 Tbps 的传输速率。WDM 网络中没处理转换为电子信号的路由器或光线，而是使用原封不动发光信号的光交换机。

■ 多模与单模光纤

多模将 LED 等光源的光折射到光纤中心进行传输，而单模利用激光直接在纤细的光纤上进行传输。多模的芯径可粗，易于制作，也可以降低施工成本。不过单模可以进行更远距离的高速传输。

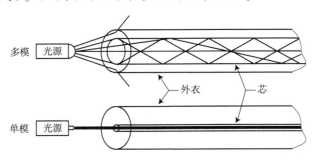

附图 . 10

多模与单模

▚ 附 4.4　无线

无线利用空气中的电磁波传输数据。和移动电话、电视机的遥控器一样不需要任何线缆。

电磁波随其波长的不同，性质也发生变化。从短到长可以排列为 γ 线、X 线、紫外线、可见光、红外线、远红外线、微波、短波、中波、长波等不同用途的电磁波。微波以上的电磁波又统称为无线电波。

在计算机网络的无线通信中经常使用的电磁波是红外线和微波。红外线常用于个人电脑之间或智能手机与个人电脑之间进行 IrDA（Infrared Data Association，红外数据组织）等通信中，不过它只能用于近距离传输。

微波比短波的波长还要小，指向性更强。因此，多用于连接两点之间通信线路或轨道卫星的连接中。这种无线通信技术可以通过在无法使用实体线缆的孤岛或山峰上架设天线即可实现通信。因此，在近几年对它的应用有所上升。

在无线 LAN 中利用 2.4GHz 的超短波频段进行通信。因为无线电波传播范围较广，所以当频段相近时又容易发生干扰，影响正常通信。因此，在使用无线电波进行传输时，必须谨慎管理好频段。由于发送相同无线电波使得最终无法正常通信，有时需要限制其输出和使用环境，甚至还要求具有相应的许可证或通知文件▼才可发送。

▼无线 LAN 使用的 2.4GHz 不需要有许可证。

有一些长距离的无线通信，不需要许可证。例如使用激光这种可见光就不需要。激光的安全性高而且易于处理，但是由于它的指向性相对较高，应时刻防止设备被强风等改变位置。

附图 . 11

无线连接

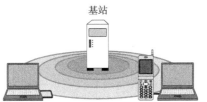

使用传播范围广的无线电波。
（无线LAN、移动电话等）

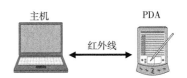

红外线

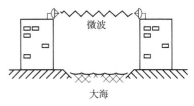

微波

大海

使用微波直接进行通信。

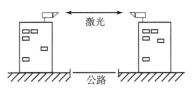

激光

公路

激光中使用可见光和红外线。

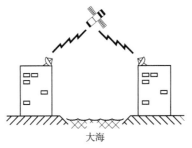

大海

通过卫星进行通信。
（适合于广播）

附 5　插页导图

■ UDP 首部格式（同图 6.24）

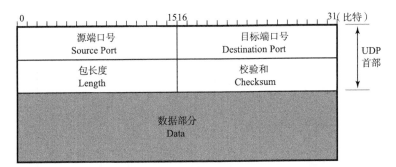

■ TCP 首部格式（同图 6.26）

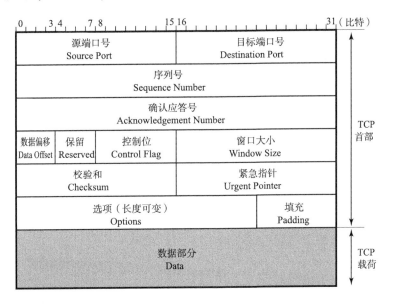

■ IPv4 首部格式（同图 4.31）

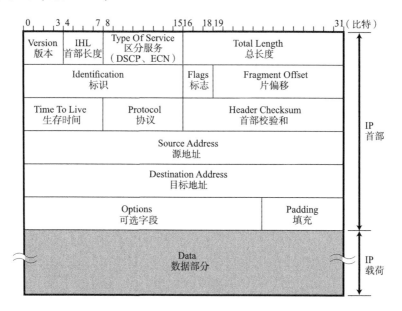

■ IPv6 首部格式（同图 4.33）

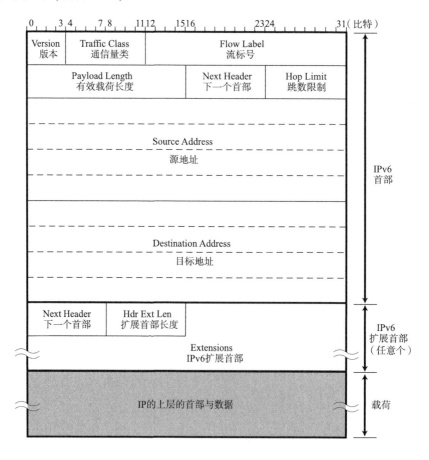

■ IP 地址结构（参考本书 4.3.6 节子网与子网掩码）

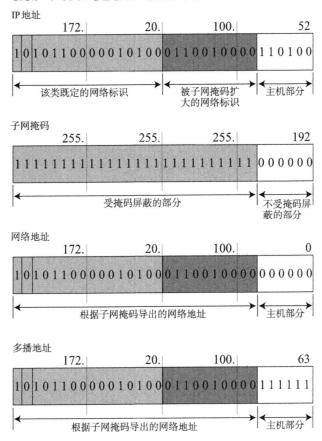

假定有一个B类的IP地址定义了10位子网掩码。

IP 地址

| 172. | 20. | 100. | 52 |

1 0 1 0 1 1 0 0 0 0 0 1 0 1 0 0 | 0 1 1 0 0 1 0 0 0 0 | 1 1 0 1 0 0

该类既定的网络标识 ← 被子网掩码扩大的网络标识 → 主机部分

子网掩码

| 255. | 255. | 255. | 192 |

1 1 1 1 1 1 1 1 1 1 1 1 1 1 1 1 1 1 1 1 1 1 1 1 | 0 0 0 0 0 0

受掩码屏蔽的部分 → 不受掩码屏蔽的部分

网络地址

| 172. | 20. | 100. | 0 |

1 0 1 0 1 1 0 0 0 0 0 1 0 1 0 0 | 0 1 1 0 0 1 0 0 0 0 | 0 0 0 0 0 0

根据子网掩码导出的网络地址 → 主机部分

多播地址

| 172. | 20. | 100. | 63 |

1 0 1 0 1 1 0 0 0 0 0 1 0 1 0 0 | 0 1 1 0 0 1 0 0 0 0 | 1 1 1 1 1 1

根据子网掩码导出的网络地址 → 主机部分

■ IPv6 地址结构（同表 4.3）

未定义	0000 … 0000（128 比特）	::/128
环回地址	0000 … 0001（128 比特）	::1/128
唯一本地地址	1111 110	FC00::/7
链路本地单播地址	1111 1110 10	FE80::/10
多播地址	1111 1111	FF00::/8
全局单播地址	（其他）	

■ 具有代表性的 RFC（同表 2.2）

协议	STD	RFC	状态
IP（v4）	STD5	RFC 791、RFC919、RFC922	标准
IP（v6）		RFC2460	草案标准
ICMP	STD5	RFC792、RFC950	标准
ICMPv6		RFC4443	草案标准
ND for IPv6		RFC4861	草案标准
ARP	STD37	RFC826	标准
RARP	STD38	RFC903	标准
TCP	STD7	RFC793、RFC3168	标准
UDP	STD6	RFC768	标准
IGMP（v3）		RFC3376	提议标准
DNS	STD13	RFC1034、RFC1035	标准
DHCP		RFC2131、RFC2132、RFC3315	草案标准
HTTP（v1.1）		RFC2616	草案标准
SMTP		RFC5321	草案标准
	STD10	RFC821、RFC1869、RFC1870	标准
POP（v3）	STD53	RFC1939	标准
FTP	STD9	RFC959、RFC2228	标准
TELNET	STD8	RFC854、RFC855	标准
SNMP	STD15	RFC1157	历史性
SNMP（v3）	STD62	RFC3411、RFC3418	标准
MIB-II	STD17	RFC1213	标准
RMON	STD59	RFC2819	标准
RIP（v2）	STD34	RFC1058	历史性
RIP（v2）	STD56	RFC2453	标准
OSPF（v2）	STD54	RFC2328	标准
EGP	STD18	RFC904	历史性
BGP（v4）		RFC4271	草案标准
PPP	STD51	RFC1661、RFC1662	标准
PPPoE		RFC2516	信息性
MPLS		RFC3031	提议标准
RTP	STD64	RFC3550	标准
主机实现要求	STD3	RFC1122、RFC1123	标准
路由器实现要求		RFC1812、RFC2644	提议标准